Schnelleinstieg in die SAP® ERP-Vertriebsprozesse (SD)

2., erweiterte Auflage

Christine Kühberger

Willkommen bei Espresso Tutorials!

Unser Ziel ist es, SAP-Wissen wie einen Espresso zu servieren: Auf das Wesentliche verdichtete Informationen anstelle langatmiger Kompendien – für ein effektives Lernen an konkreten Fallbeispielen. Viele unserer Bücher enthalten zusätzlich Videos, mit denen Sie Schritt für Schritt die vermittelten Inhalte nachvollziehen können. Besuchen Sie unseren YouTube-Kanal mit einer umfangreichen Auswahl frei zugänglicher Videos:

https://www.youtube.com/user/EspressoTutorials.

Kennen Sie schon unser Forum? Hier erhalten Sie stets aktuelle Informationen zu Entwicklungen der SAP-Software, Hilfe zu Ihren Fragen und die Gelegenheit, mit anderen Anwendern zu diskutieren:

http://www.fico-forum.de.

Eine Auswahl weiterer Bücher von Espresso Tutorials:

- Ilona Bauer: Preisfindung und Konditionstechniken in SAP® SD
  http://5039.espresso-tutorials.com
- Jürgen Stuber, Jörg Siebert: Umsatzsteuer mit SAP® ERP im internationalen Warenverkehr
  http://4037.espresso-tutorials.de
- Simone Bär: SAP® Agenturgeschäft (LO-AB): Zentralregulierung, Bonus und Provision
  http://5061.espresso-tutorials.com
- Markus Frey: Schnelleinstieg in SAP® CRM
  http://5197.espresso-tutorials.de
- Kerstin Velhorst: Außenhandel mit SAP® GTS – Der Leitfaden für Anwender
  http://5212.espresso-tutorials.de
- Ulrika Garner: SAP® SD – Vertriebsprozesse leicht gemacht
  http://5220.espresso-tutorials.de

LEARN SAP ANYTIME,
ANYWHERE, AND ON ANY
DEVICE
Die digitale SAP-Bibliothek
für Firmen

Bibliografische Information der Deutschen Bibliothek
Die Deutsche Bibliothek verzeichnet diese Publikation in der Deutschen Nationalbibliografie; detaillierte bibliografische Daten sind im Internet über http://dnb.ddb.de abrufbar.

Christine Kühberger
Schnelleinstieg in die SAP® ERP-Vertriebsprozesse (SD) – 2., erweiterte Auflage

ISBN: 978-3-96012-904-2

Lektorat: Anja Achilles

Korrektorat: Christine Weber

Coverdesign: Philip Esch

Coverfoto: istockphoto.com | BrianAJackson No. 488830487

Satz & Layout: Johann-Christian Hanke

2. Auflage 2018

URL: *www.espresso-tutorials.de*

Papier ist FSC-zertifiziert (holzfrei, chlorfrei und säurefrei sowie alterungsbeständig nach ANSI 3948 und ISO 9706).

Feedback:
Wir freuen uns über Fragen und Anmerkungen jeglicher Art. Bitte senden Sie diese an: *info@espresso-tutorials.com*.

Inhaltsverzeichnis

Vorwort

SAP ist eine flexible und mächtige Software – nahezu alle denkbaren betriebswirtschaftlichen Prozesse können damit abgebildet werden. Diese Mächtigkeit macht das Arbeiten mit SAP komplex. Hintergrundwissen zu den Möglichkeiten und der Funktionsweise des SAP-Systems sowie ein tieferes Verständnis für das Zusammenspiel von Systemeinstellungen (Customizing), Stammdaten und User-Eingaben steigern die Effizienz und damit auch die Freude an der Arbeit mit SAP. Sie sind also hier schon auf der richtigen Fährte, denn das Studieren dieses Fachbuchs über die Vertriebsprozesse mit SAP soll Ihnen helfen, Ihr Arbeiten im Modul Vertrieb (engl. Sales and Distribution (SD)) zu optimieren – die Freude kommt mit der Zeit dann von ganz allein!

In anderen Lehrbüchern ist der Einstieg in die Vertriebsprozesse mit SAP meist folgendermaßen aufgebaut: Zunächst werden Organisationseinheiten und Stammdaten in SAP theoretisch erklärt. Dann konzentriert man sich auf Vorverkaufsaktivitäten (Erstellung von Anfragen und Angeboten), und erst irgendwann viel später führt man die zentrale Aktivität beim Verkaufen mit SAP aus: Man legt den ersten Auftrag an. Ich möchte in diesem Buch anders vorgehen. Nach der Behandlung einiger allgemeiner Grundlagen zum Arbeiten mit SAP (Kapitel 1) und nur drei Seiten unabdingbarer Theorie (Kapitel 2) wollen wir in Kapitel 3 direkt unseren ersten Vertriebsprozess im System abbilden. Wir legen einen Auftrag, eine Lieferung und eine Faktura an. Dieses durchgängige Beispiel dient uns in den nachfolgenden Kapiteln als Grundlage, anhand derer wir zu den einzelnen Schritten ins Detail eintauchen. Kleine Übungsanregungen laden Sie an verschiedenen Stellen dazu ein, die angelegten Stammdaten und Belege zu erweitern bzw. genauer zu erkunden. Die obligatorischen Informationen zu Vorverkaufsaktivitäten, Organisationseinheiten und Stammdaten werden Ihnen später nachgereicht. Wie Sie Daten in SAP wiederfinden und Auswertungen durchführen können, ist am Ende des Buchs praxisnah erläutert.

Dieses Buch ist in weiten Teilen für Einsteiger mit keiner oder wenig Erfahrung mit SAP geeignet. Es bietet mit vielen Klick-für-Klick-Anleitungen und Screenshots einen verständlichen und praxisnahen Einstieg in die SAP-Welt. Darüber hinaus geht es an zahlreichen Stellen in die notwendige Tiefe, um Ihnen mit wachsendem Wissen noch über viele Jahre hinweg ein nützlicher Begleiter sein zu können. So kommen auch Anwender mit Erfahrung sowie Key-User auf ihre Kosten. Exkurse ins Customizing an ausgewählten Stellen sollen die Möglichkeiten der Individualisierung des Systems aufzeigen und Ihnen helfen, den technischen Hintergrund für die Funktionsweise von SAP zu verstehen – es handelt sich also um einen Schnelleinstieg mit einer gewissen Tiefe!

Die Beispiele in diesem Buch wurden in einem sogenannten *IDES-System* (Internet Demonstration and Evaluation System) erstellt. Das ist ein von der SAP entwickeltes Standard-System für Schulungszwecke mit vollständigen Einstellungen für ein fiktives Unternehmen (die IDES AG). Falls auch Sie ein IDES-System zur Verfügung haben, können Sie die Beispiele dieses Buches 1:1 nachvollziehen. In einem anderen System ist etwas Flexibilität gefragt, da Sie die Beispiele auf die Gegebenheiten in Ihrem System übertragen müssen.

Danksagung

Bevor wir nun anfangen, möchte ich mich bedanken – bei Ihnen für Ihr Interesse an meinem Buch, bei der Firma Espresso Tutorials für die Umsetzung sowie für die gute Zusammenarbeit und bei der Firma Consolut für die Bereitstellung des IDES-Systems für die Screenshots. Besonders möchte ich meinem Mann, meinen Eltern und Schwiegereltern danken – ohne die fortwährende tatkräftige Unterstützung wäre das Schreiben dieses Buches nicht möglich gewesen.

Im Text verwenden wir Kästen, um wichtige Informationen besonders hervorzuheben. Jeder Kasten ist zusätzlich mit einem Piktogramm versehen, das diesen genauer klassifiziert:

Hinweis

Hinweise bieten praktische Tipps zum Umgang mit dem jeweiligen Thema.

Beispiel

Beispiele dienen dazu, ein Thema besser zu illustrieren.

Warnung

Warnungen weisen auf mögliche Fehlerquellen oder Stolpersteine im Zusammenhang mit einem Thema hin.

Übungsaufgabe

Übungsaufgaben helfen Ihnen, Ihr Wissen zu festigen und zu vertiefen.

Gender-Anmerkung

Um den Lesefluss nicht zu beeinträchtigen, wird im vorliegenden Buch bei personenbezogenen Substantiven und Pronomen zwar nur die gewohnte männliche Sprachform verwendet, stets aber die weibliche Form gleichermaßen mitgemeint.

Hinweis zum Urheberrecht

Sämtliche in diesem Buch abgedruckten Screenshots unterliegen dem Copyright der SAP SE. Alle Rechte an den Screenshots hält die SAP SE. Der Einfachheit halber haben wir im Rest des Buches darauf verzichtet, dies unter jedem Screenshot gesondert auszuweisen.

1 Einstieg SAP

Dieses Kapitel soll Ihnen das wesentliche Rüstzeug für das Arbeiten mit SAP an die Hand geben. In dem Buch »Schnelleinstieg in SAP« von Espresso Tutorials finden Sie ausführliche Informationen für einen gelungenen Einstieg.

SAP ERP ist ein integriertes betriebswirtschaftliches Standardsoftwarepaket, mit dem man betriebswirtschaftliche Prozesse unterschiedlicher Bereiche abbilden kann, z. B. Buchführung, Controlling, Vertrieb, Einkauf, Produktion, Lagerhaltung und Personalwesen. »Integriert« wird es genannt, weil all diese Prozesse in **einem** System abgewickelt werden. SAP ERP unterteilt sich gemäß dieser verschiedenen Bereiche in Module wie FI (Financials), CO (Controlling) und MM (Materials Management). Die in diesem Buch gezeigten Funktionen gehören zum Modul SD (Sales and Distribution/Vertrieb und Versand).

1.1 Grundlegendes

Beim Einstieg in SAP sehen Sie zuallererst den Einstiegsbildschirm (genannt SAP EASY ACCESS, siehe Abbildung 1.1). Dieser ist in mehrere Bereiche unterteilt, die ich hier benennen möchte, weil ich im späteren Verlauf des Buches immer wieder auf diese Fachbegriffe zurückgreife.

Wir sehen hier ein geöffnetes Fenster im SAP-System (Fachbegriff in SAP: einen *Modus*). Man kann auch parallel in mehreren Modi arbeiten. Einen neuen Modus öffnen Sie durch Klick auf den Button in der Systemfunktionsleiste. Schließen können Sie ihn durch Klick auf das Kreuz ganz oben rechts.

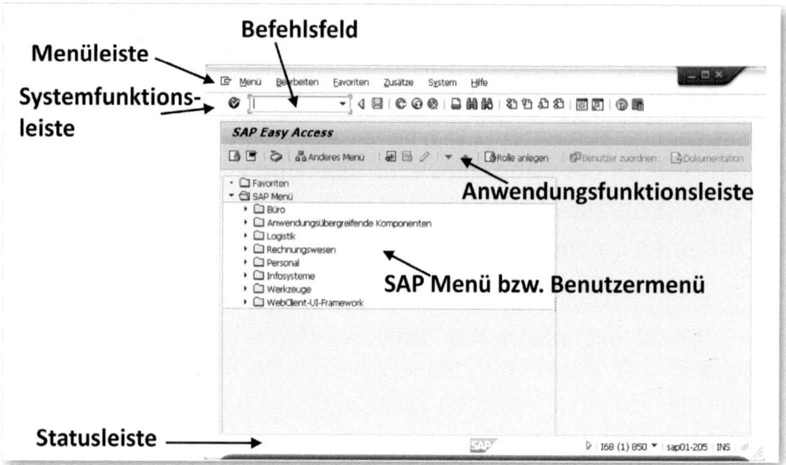

Abbildung 1.1: Aufbau SAP Easy Access

In SAP arbeitet man mit sogenannten *Transaktionen*. Jede Transaktion beherbergt eine bestimmte Funktionalität (z. B. »Auftrag anlegen«) und wird durch ein meist vierstelliges Kürzel, den *Transaktionscode*, eindeutig gekennzeichnet. Beispiele für Transaktionen in SAP sind: *VA01* – Kundenauftrag anlegen, *MM03* – Material anzeigen, *VF11* – Faktura stornieren. Wenn Sie den Transaktionscode auswendig wissen, können Sie diesen im Befehlsfeld in der Systemfunktionsleiste im Einstiegsbild SAP EASY ACCESS eingeben und die Taste `Enter` drücken – schon befinden Sie sich im Einstiegsbild der Transaktion! Kennen Sie den Transaktionscode nicht, so besteht die Möglichkeit, im Easy-Access-Menü bis zur gewünschten Funktionalität durch Aufklappen der Ordner zu navigieren, bis man die entsprechende Transaktion gefunden hat. Wir arbeiten in diesem Buch mit dem sogenannten *SAP-Menü* – diese Ordnerstruktur sehen Sie in Abbildung 1.2.

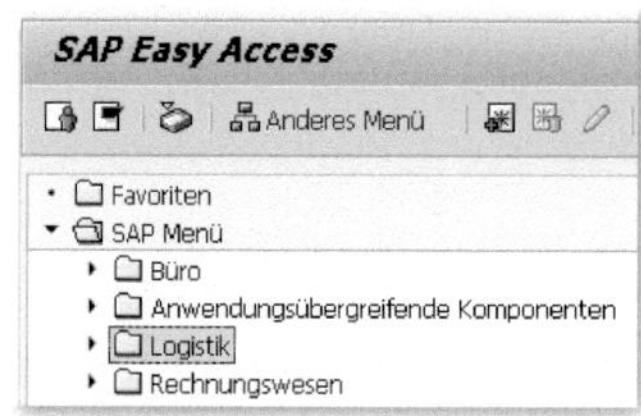

Abbildung 1.2: SAP-Menü

Fast alle Transaktionen, die wir in diesem Buch verwenden, sind unter dem Ordner LOGISTIK zu finden. Abbildung 1.3 zeigt die Navigation bis zur Funktionalität für das Anlegen eines Auftrags (Transaktion *VA01*).

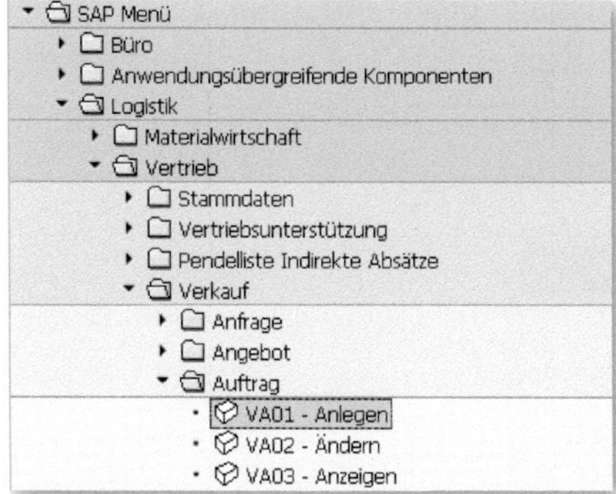

Abbildung 1.3: Navigation im SAP-Menü zur Transaktion VA01 (Kundenauftrag anlegen)

Benutzermenü und SAP-Menü

Es ist gut möglich, dass für Sie als Anwender ein sogenanntes *Benutzermenü* mit den für Sie relevanten Transaktionen definiert wurde. Dieses kann ganz anders aufgebaut sein als das SAP-Menü. Sie können aber jederzeit mit dem Button in der Anwendungsfunktionsleiste ins Benutzermenü und mit dem Button zurück ins SAP-Menü wechseln.

Als versierter SAP-Anwender kennt man mit der Zeit sehr viele Transaktionscodes auswendig. Das hat Vorteile, denn das Ausführen von Transaktionen über die Eingabe im Befehlsfeld geht wesentlich schneller als die Navigation dorthin im Menü. Daher lohnt es sich, die Transaktionscodes (diese finden Sie u. a. im Menü vor dem jeweiligen Funktionsnamen, vgl. Abbildung 1.3) zu lernen.

Anzeige von Transaktionscodes im SAP-Menü

Falls Sie neben der Beschreibung der Transaktion das Transaktionskürzel im Menü nicht sehen, rufen Sie über die Menüleiste den Menüpfad ZUSÄTZE • EINSTELLUNGEN auf. Setzen Sie hier das Häkchen bei TECHNISCHE NAMEN ANZEIGEN (siehe Abbildung 1.4).

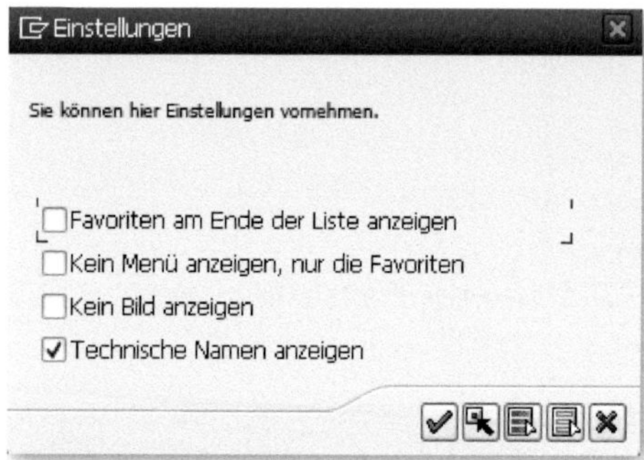

Abbildung 1.4: Technische Namen anzeigen

Ich werde Ihnen bei der Einführung neuer Transaktionen immer den Transaktionscode nennen und den Pfad im SAP-Menü (z. B. LOGISTIK • VERTRIEB • VERKAUF • AUFTRAG • ANLEGEN) angeben.

Kleine Merkhilfe für Transaktionscodes

In SAP folgt die Bezeichnung von Transaktionen zur Bearbeitung von Belegen bzw. Stammdaten meist folgender Regel: »1« steht für »Anlegen«, »2« für »Ändern« und »3« für »Anzeigen«. Beispielsweise gibt es zum Bearbeiten von Aufträgen folgende Transaktionen: *VA01* (Auftrag anlegen), *VA02* (Auftrag ändern), *VA03* (Auftrag anzeigen).

1.2 Zum Umgang mit Meldungen

Beim Arbeiten mit SAP gibt das System häufig Meldungen aus. In der Regel werden diese in der Statusleiste unten angezeigt (Pop-ups sind auch möglich). Wenn Sie in einer Transaktion nicht weiterkommen, kann es daran liegen, dass dort unten eine Meldung darauf wartet, von Ihnen gelesen zu werden, was Sie dem System mit der Taste `Enter` zu verstehen geben. Abbildung 1.5 zeigt eine Fehlermeldung in der Statusleiste. In diesem Beispiel habe ich versucht, einen Auftrag anzulegen, ohne eine sogenannte Auftragsart anzugeben (die Auftragsart ist hier ein Pflichtfeld).

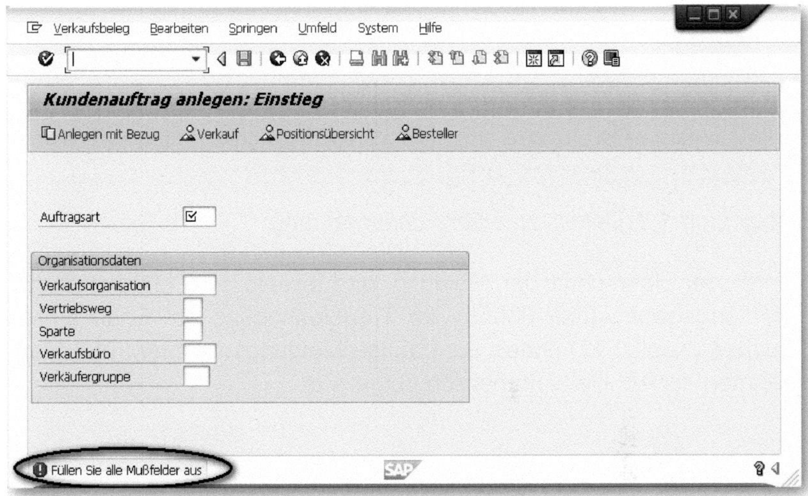

Abbildung 1.5: Fehlermeldung in der Statusleiste

Bei einer rot gekennzeichneten Meldung handelt es sich um eine *Fehlermeldung*. In diesem Fall verhindert das System, dass der Anwender fortfahren kann – das Problem muss erst behoben werden. Zusätzlich zu Fehlermeldungen gibt es auch *Warnungen* – diese sind mit einem gelben Ausrufezeichen versehen ⚠ Zu Pos 000030 wurde bereits geliefert: 2 ST – und grün gekennzeichnete *Erfolgsmeldungen* ☑ Terminauftrag 12233 wurde gesichert. Bei Warnungen und Erfolgsmeldungen kann man nach Bestätigung mit `Enter` weiterarbeiten.

Die zahllosen Meldungen in SAP sind nicht als Ärgernis zu betrachten, sondern bieten wertvolle Informationen und sorgen für einen reibungslosen Ablauf des Gesamtprozesses. Weiß man mit einer Meldung nichts anzufangen, lohnt sich meist ein Doppelklick auf die Meldung in der Statusleiste (bzw. Klick auf den Button , falls die Meldung als Pop-up erschienen ist). Es öffnet sich ein Fenster mit hilfreichen Informationen (siehe Abbildung 1.6).

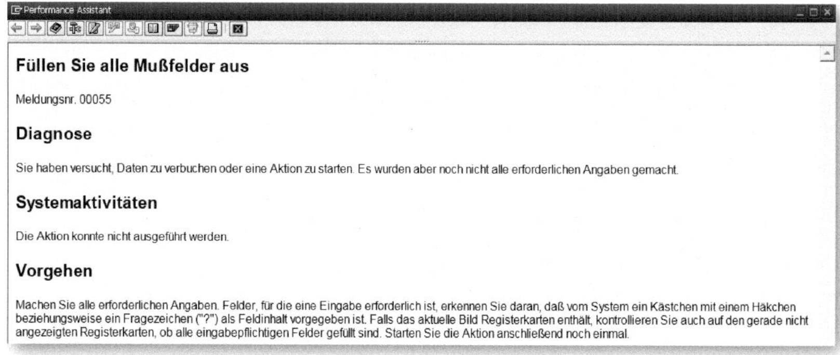

Abbildung 1.6: Details zu einer Fehlermeldung

Unter der Überschrift der Meldung wird jeweils eine Meldungsnummer angegeben (hier 00055). Im Troubleshooting am Ende dieses Buches (Kapitel 12) finden Sie häufige Meldungsnummern und Maßnahmen zur Abhilfe alphabetisch aufgelistet.

1.3 Hilfe

Das Arbeiten mit SAP ist sehr komplex. Sie werden immer wieder an Punkte gelangen, an denen Sie erst einmal nicht weiterkommen. Ich möchte Ihnen in diesem Abschnitt ein paar Anhaltspunkte geben, wo Sie recherchieren können, falls Sie gerade niemanden fragen können.

- *F1-Hilfe*: Benötigen Sie mehr Informationen zu einem bestimmten Eingabefeld, so können Sie den Cursor in das Feld platzieren und die Taste F1 betätigen. Es erscheinen Informationen zu dessen Bedeutung. Abbildung 1.7 zeigt dies am Beispiel des Feldes AUFTRAGSGRUND.

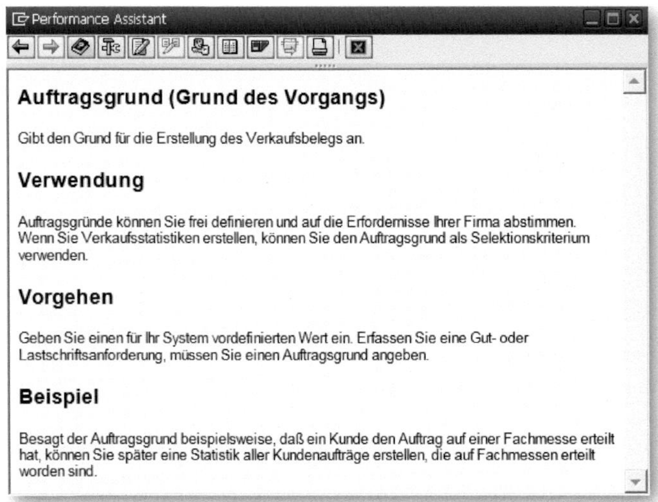

Abbildung 1.7: F1-Hilfe zum Feld Auftragsgrund

- *F4-Hilfe*: Für manche Felder sind nur bestimmte Eingaben erlaubt. Muss man z. B. ein Land in einem Feld eingeben, so sind hier nur die in SAP definierten Kürzel für Länder erlaubt (z. B. *DE* für Deutschland). In einem Feld für die Kundennummer sollten Sie nur Nummern eingeben, für die es tatsächlich einen Kundenstamm im System gibt. Für solche Fälle ist hinter einem Feld häufig eine *Eingabehilfe* hinterlegt. Sie erkennen deren Existenz an einem Kästchen am rechten Rand des Feldes, wenn Sie mit der Maus in das entsprechende Feld klicken: . Klickt man auf dieses Kästchen oder betätigt die Taste F4, so erscheint meist direkt eine Trefferliste mit möglichen Werten, während man bei manchen Feldern zunächst die Auswahl weiter eingrenzen muss. Erscheint direkt die Trefferliste (siehe Abbildung 1.8), können Sie den gewünschten Eintrag per Mausklick auswählen und anschließend auf den Button klicken oder den Wert durch Doppelklick auf die entsprechende Zeile übernehmen.

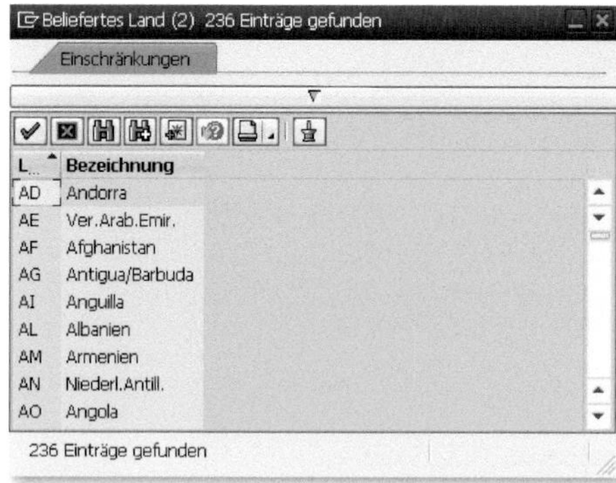

Abbildung 1.8: Auswahlliste F4-Hilfe

Bei Feldern mit sehr vielen möglichen Werten erscheint zunächst eine *Suchhilfe*, mit der sich die Auswahl eingrenzen lässt (siehe Abbildung 1.9). In der Suchhilfe haben Sie in mehreren Reitern durch Vorgabe von Selektionskriterien die Möglichkeit, die Anzahl der möglichen Werte zu reduzieren, in unserem Beispiel suchen wir nach Kunden in München. Nach Klick auf den Button ✓ erscheint die Liste mit den Treffern (siehe Abbildung 1.10).

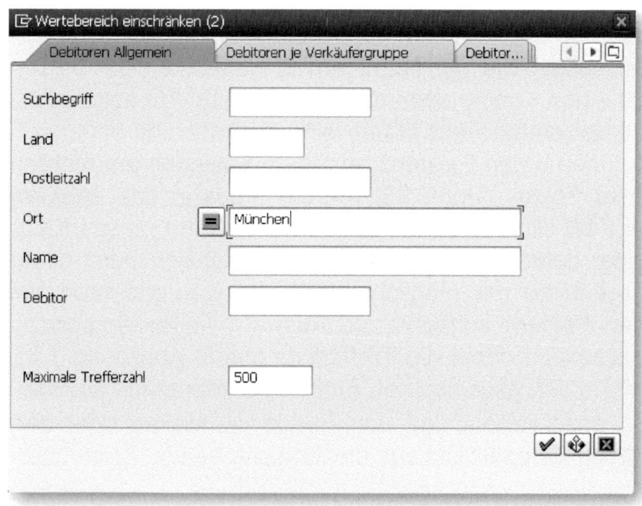

Abbildung 1.9: Suchhilfe zum Debitor

Maximale Trefferzahl

Beachten Sie das Feld MAXIMALE TREFFERZAHL in der Suchhilfe! Haben Sie die Anzahl der Treffer zu sehr eingeschränkt, kann es sein, dass Sie den gesuchten Eintrag nicht finden. In diesem Fall können Sie entweder die Anzahl der Treffer erhöhen oder aber die Selektion so weit einschränken, dass weniger Treffer gefunden werden.

Abbildung 1.10: Trefferliste in der Suchhilfe

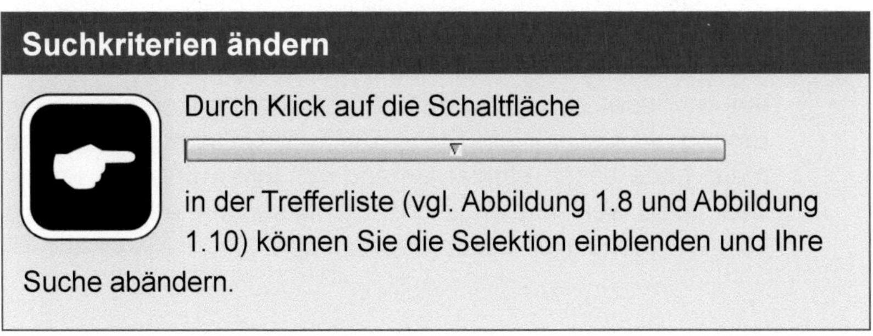

Suchkriterien ändern

Durch Klick auf die Schaltfläche

in der Trefferliste (vgl. Abbildung 1.8 und Abbildung 1.10) können Sie die Selektion einblenden und Ihre Suche abändern.

- Eine weitere wertvolle Quelle zum Auffinden von Informationen zu SAP ERP ist das Internet. Auf der Webseite *http://help.sap.com* ist quasi das gesamte Anwenderhandbuch von SAP für jedermann verfügbar. Die Navigation ist allerdings teilweise schwierig, weil es inzwischen so viele Komponenten, Versionen etc. von SAP gibt. Daher empfehle ich den Weg über eine Suchmaschine im Internet: Geben Sie den Suchbegriff »SAP Bibliothek Vertriebsabwicklung SD« ein, so finden Sie sicherlich einen Link, der Sie zur Dokumentation der Vertriebsabwicklung in SAP führt. Im linken Bildschirmbereich kann man dort immer tiefer in die Anwendung navigieren und viele wertvolle Informationen finden (siehe Abbildung 1.11).

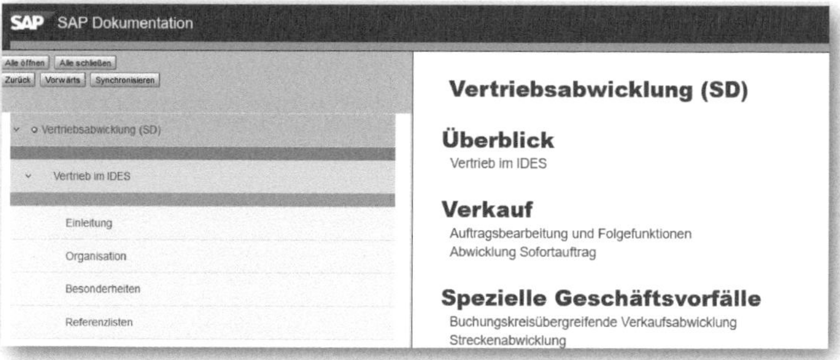

Abbildung 1.11: Hilfe zu SAP im Internet

- Eine weitere Adresse, die häufig hilfreiche Tipps bietet, ist *www.scn.sap.com* (SAP Community Network). Hier können User Fragen posten und die Community kann Antworten geben. Gibt man in einer Suchmaschine im Internet beispielsweise *SAP* und die Meldungsnummer einer Fehlermeldung (vgl. Abbildung 1.6 – hier ist die Meldungsnummer »00055«) ein, so findet sich mit großer Wahrscheinlichkeit bereits ein Eintrag auf dieser Webseite – SAP wird weltweit genutzt, und meist hatte schon einmal jemand vor Ihnen dieselbe Frage. Besonders wenn Sie englischsprachig suchen, entdecken Sie sehr wahrscheinlich Lösungsvorschläge.

1.4 Customizing

Im SAP-Umfeld wird häufig vom *Customizing* gesprochen. Der Begriff steht für die Anpassung einer Standardsoftware an die individuellen

Anforderungen eines Unternehmens. SAP stellt viele »Schräubchen« zur Verfügung, an denen man drehen kann, damit sich das System den unternehmensspezifischen Bedarfen entsprechend verhält. Betriebswirtschaftliche Prozesse ähneln sich zwar im Großen und Ganzen, sind aber in den Feinheiten je Unternehmen recht unterschiedlich. Das Customizing in SAP wird in der Regel von der IT-Abteilung bzw. von Beratern den Anforderungen der Anwender/des Fachbereichs entsprechend vorgenommen. Nichtsdestotrotz ist auch für den Anwender ein Grundverständnis davon, was Customizing ist und welche Einstellungsmöglichkeiten es dort gibt, hilfreich. Daher möchte ich Sie ermutigen, auf jeden Fall einen Blick ins Customizing zu werfen.

Wir wollen uns ein sehr allgemeines Beispiel für solch ein »Customizing-Schräubchen« ansehen: Man kann in SAP einstellen, dass länderspezifische Prüfungen vorgenommen werden. Beispielsweise kann das System abhängig vom Land bei eingegebenen Adressen prüfen, ob die Länge der Postleitzahl korrekt ist. Dies wird zentral im Customizing eingestellt, wie in Abbildung 1.12 zu sehen ist. Ändert sich die Länge der Postleitzahl, so muss man nicht programmieren können und keine aufwendigen Systemänderungen vornehmen, sondern (etwas vereinfacht dargestellt) lediglich in diesem Feld die Länge der Postleitzahl ändern, damit systemweit die neue Längenprüfung greift – so funktioniert Customizing!

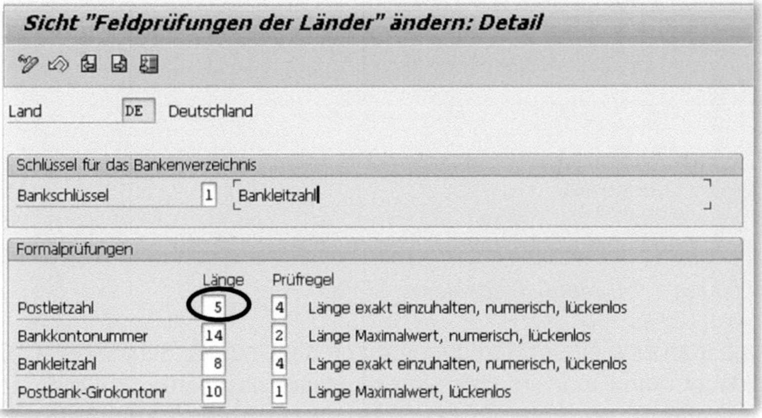

Abbildung 1.12: Länderspezifische Prüfungen im Customizing

Auf die Einstellungen im Customizing wird über die Transaktion *SPRO* (SAP-Menü WERKZEUGE • CUSTOMIZING • IMG) zugegriffen.

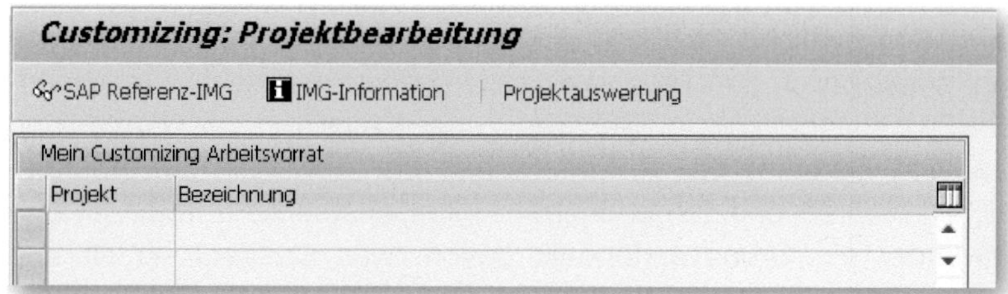

Abbildung 1.13: Einstieg Transaktion SPRO

Im Einstiegsbild (siehe Abbildung 1.13) klicken Sie zunächst auf den Button SAP Referenz-IMG. Dann sehen Sie die einzelnen Kategorien, in denen Customizing-Einstellungen vorgenommen werden können (siehe Abbildung 1.14).

Abbildung 1.14: Menü Transaktion SPRO

Wenn man eine dieser Kategorien durch Klick auf die Schaltfläche ▸ aufklappt, kann man im Customizing weiter navigieren, bis man zu den konkreten Einstellungsmöglichkeiten kommt (siehe Abbildung 1.15).

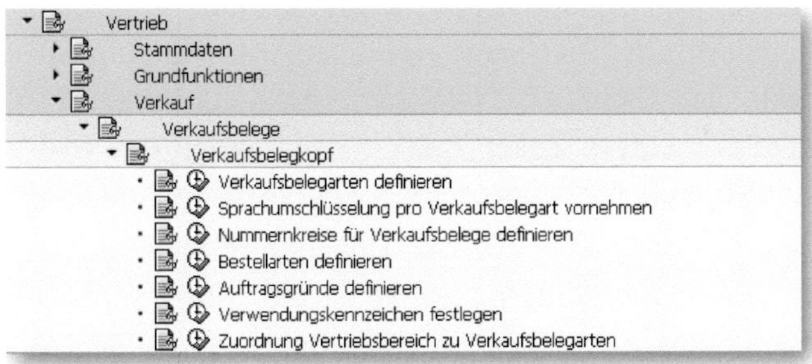

Abbildung 1.15: Customizing Vertrieb

Mit Klick auf die Schaltfläche vor einem Eintrag öffnet sich eine meist sehr ausführliche Hilfe zu dem jeweiligen Customizing-Punkt. Wenn Sie auf den Button klicken, öffnet sich ein Bild, in dem sich verschiedene Einstellungen vornehmen lassen. Klicken wir z. B. auf die in Abbildung 1.15 gezeigte Option Verkaufsbelegarten definieren, können wir die Einstellungen zur Auftragsart in SAP sehen, die wir detailliert in Abschnitt 4.1 behandeln. Zunächst müssen wir hier eine Auftrags- bzw. Verkaufsbelegart auswählen, indem wir in der entsprechenden Zeile links neben der Bezeichnung auf das graue Kästchen klicken. Die Zeile ist dann farbig hinterlegt (siehe. Abbildung 1.16).

Sicht "Pflege der Auftragsarten" ändern: Übersicht

Neue Einträge

VArt	Bezeichnung	Sperr
RTTC	SPE Retoure zu Kunde	
RTTR	SPE Retoure Überhol.	
RZ	Retoure Lieferplan	
SM	Sortiment	
SO	Sofortauftrag	
TA	Terminauftrag	

Abbildung 1.16: SPRO – *Auftragsart auswählen*

Anschließend können Sie sich durch Klick auf den Button das Detailbild zur Auftragsart anzeigen lassen – Abbildung 1.17 zeigt einen Ausschnitt der möglichen Einstellungen zur Auftragsart.

Auswahl Detailbild in Listen im Customizing

Listen, wie in Abbildung 1.16 gezeigt, gibt es viele im Customizing. Hier noch ein kurzer Hinweis zur Auswahl von Einträgen in solchen Listen via Button : Wenn mehrere Zeilen markiert sind, zeigt das System automatisch immer den ersten markierten Eintrag an. Sie können dann über die Schaltflächen zwischen den gewählten Einträgen blättern. Daher ist hier (insbesondere wenn Sie Änderungen vornehmen) Vorsicht geboten! Prüfen Sie immer, für welchen Eintrag Sie gerade die Details bearbeiten, sonst kann es passieren, dass Sie Änderungen an der falschen Stelle bewirken. Um die getroffene Selektion wieder aufzuheben, klicken Sie auf den Button , um **alle** Einträge zu markieren den Button .

Sicht "Pflege der Auftragsarten" ändern: Detail

Neue Einträge

Verkaufsbelegart	TA	Terminauftrag	
Vertriebsbelegtyp	C	Sperre Verkaufsbeleg	
Kennzeichnung			

Nummernsysteme

Nummernkr.int.Verg.	01	Inkrement Pos.Nummer	10
Nummernkr.ext.Verg.	02	Inkrement Upos.Num.	1

Allgemeine Steuerung

Bezug obligat.		Materialerfassungart	
Sparte prüfen		Sparte Position	✓
Wahrscheinlichkeit	100	Infosatz lesen	✓
Kreditlimit prüfen	D	Prüfen Bestellnummer	
Kreditgruppe	01	Bestellnummer füllen	
Nachrichtenappl.	V1	Zusagedat. berechnen	

Abbildung 1.17: SPRO – Detailbild Auftragsart TA

2 Der Vertriebsprozess im Überblick

In diesem Kapitel lernen Sie die grundsätzlichen Abläufe im Vertriebsprozess kennen. Man sollte immer im Blick haben, an welcher Stelle im Prozess man sich gerade befindet, um die Zusammenhänge besser verstehen zu können.

Als Basis für den Vertriebsprozess werden zunächst sogenannte *Stammdaten* gepflegt. Auf diese können Sie beim Anlegen von Belegen im System immer wieder zurückgreifen. Beispiele hierfür sind Kunden- und Materialstämme, die wir in Kapitel 10 behandeln. Der Vertriebsprozess besteht aus den folgenden Teilschritten, wobei das Dreigespann **Auftrag – Auslieferung – Faktura** das Herzstück des Vertriebsprozesses darstellt:

1. **Vorverkaufsaktivitäten:** Eine *Anfrage* dokumentiert im System die Aufforderungen eines Kunden, eine Verkaufsauskunft zu geben. Auch das Erstellen von *Angeboten* zählt zu den Vorverkaufsaktivitäten in SAP.

2. **Verkauf**: Vom Kundenservice des Unternehmens werden *Aufträge* entgegengenommen. Im Auftrag sind alle wichtigen Informationen für den Verkauf enthalten:

   - Informationen zum Kunden (an wen wird verkauft?),
   - Informationen zur Ware (was wird verkauft?),
   - Preisinformationen/Konditionen,
   - Liefertermine und zugeordnete Mengen.

3. **Versand**: Um den Versand in SAP abzubilden, wird infolge des Auftrags ein eigener Beleg, die *Auslieferung*, angelegt. Diese ist Basis für weitere Teilschritte des Versands, wie z. B. das *Kommissionieren* (das Zusammenstellen der Ware im Lager), die *Transportdisposition* (Planung und Organisation des Transports) sowie die Buchung des *Warenausgangs*.

4. **Fakturierung** (Rechnungsstellung): In diesem Schritt wird eine *Faktura* angelegt. Dieser Beleg stellt die Basis für die Erstellung der Rechnungspapiere dar. Zudem dient die Faktura als Schnittstelle zur Finanzbuchhaltung, damit man die Zahlungsabwicklung vornehmen kann.

5. **Zahlung:** Hier wird der Zahlungseingang gebucht – dieser Schritt wird in der Finanzbuchhaltung durchgeführt und ist nicht Gegenstand dieses Buches.

Zu jedem der aufgeführten Teilschritte wird in SAP ein *Beleg* erstellt. Diese werden wir uns in späteren Kapiteln noch genauer anschauen:

- Vorverkaufsaktivitäten ⇨ Anfrage und Angebot (Kapitel 7)
- Verkauf ⇨ Auftrag (Kapitel 4)
- Versand ⇨ Auslieferung (Kapitel 5)
- Kommissionierung ⇨ Transportauftrag (Abschnitt 5.4.1)
- Transportdisposition ⇨ Transportbeleg (wird in diesem Buch nicht näher behandelt)
- Warenausgang ⇨ Materialbeleg (und im Hintergrund ein Buchhaltungsbeleg) (Abschnitt 5.4.2)
- Fakturierung ⇨ Faktura (und im Hintergrund ein Buchhaltungsbeleg) (Kapitel 6)

Abbildung 2.1 zeigt Ihnen den gesamten Vertriebsprozess noch einmal im Überblick.

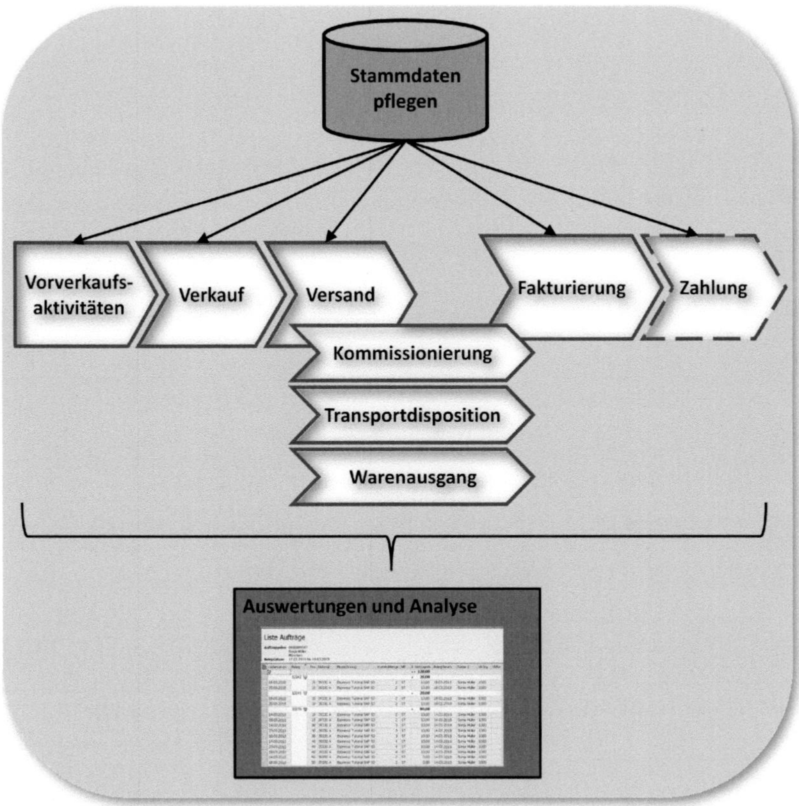

Abbildung 2.1: Vertriebsprozess im Überblick

Zu den angelegten Belegen und Stammdaten kann man in SAP diverse Auswertungen und Analysen durchführen. Diese behandeln wir in Kapitel 11.

3 Schritt für Schritt – ein einfacher Verkaufsprozess

Nun wollen wir gleich in medias res gehen und Schritt für Schritt einen einfachen Verkaufsvorgang im SAP-System abbilden: vom Auftrag über die Lieferung bis hin zur Rechnungsstellung an den Kunden. Zuvor bereiten wir die hierfür notwendigen Stammdaten vor (Kundenstamm und Materialstamm). Die in diesem Kapitel erstellten Daten und Belege dienen als Basis für die detaillierten Erklärungen in den Folgekapiteln.

Wir beschränken uns zunächst auf die minimal benötigten Informationen (und das sind immer noch mehr als genug), um ein Gefühl für das System zu bekommen: was **mindestens** getan werden muss, um mit SAP einen Verkaufsprozess abzuwickeln. Nach diesem Kapitel greifen wir die einzelnen Schritte *Auftrag – Auslieferung – Faktura* nochmals vertiefend auf. Abbildung 3.1 zeigt Ihnen die einzelnen Arbeitsschritte.

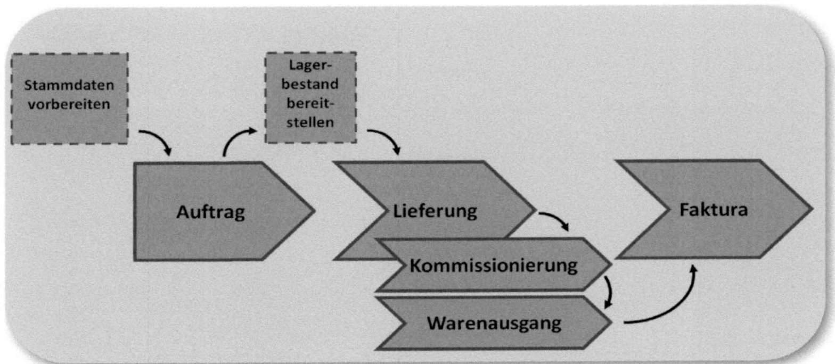

Abbildung 3.1: Übersicht Verkaufsprozess

Das Diagramm wird uns in diesem Kapitel begleiten, sodass wir immer im Blick haben, wo im Verkaufsprozess wir uns gerade befinden. Da wir die Daten und Belege in den folgenden Kapiteln wieder aufgreifen, notieren Sie bitte die Belegnummern sowie die Kunden- und Materialnummer.

Troubleshooting

Jedes SAP-System ist individuell konfiguriert und enthält andere Daten. Somit ist es schwierig, Ihnen Daten vorzugeben, die Sie mit hundertprozentiger Sicherheit ohne Fehlermeldung zum Ziel führen. Zu jedem Arbeitsschritt, der hier ausgeführt wird, gibt es im späteren Verlauf dieses Buches ein ausführliches Kapitel mit Hintergrundwissen und auch ein dazugehöriges »Troubleshooting-Unterkapitel« (z. B. Abschnitt 12.1.3 – Troubleshooting zur Auftragserfassung). Wenn Sie einmal nicht weiterkommen sollten und niemanden fragen können, versuchen Sie bitte dort, eine Lösung zu erarbeiten.

3.1 Vorbereitung

Um in SAP einen Verkaufsprozess erfolgreich abbilden zu können, müssen uns zuerst einige Daten zur Verfügung stehen (siehe Abbildung 3.2).

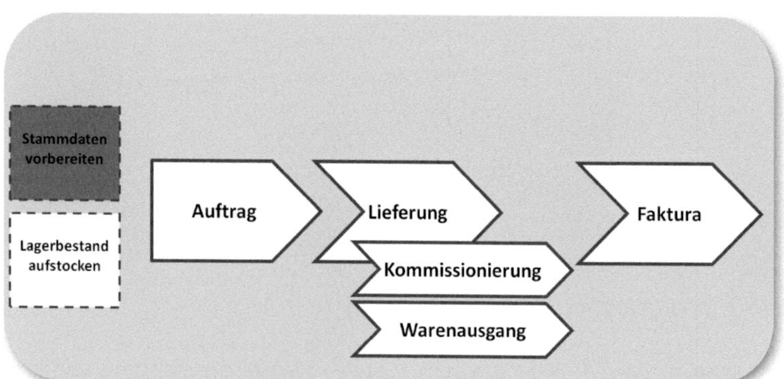

Abbildung 3.2: Prozessdiagramm – Stammdaten vorbereiten

Wenn man etwas verkaufen will, muss man in irgendeiner Form angeben, **was** man **an wen** verkaufen möchte. Für das **was** bedeutet dies konkret, dass Sie eine sogenannte *Materialnummer* im Auftrag eintippen. Im SAP-Umfeld spricht man bei den Objekten, die verkauft, produziert, gelagert etc. werden, von *Materialien*. **An wen** verkauft wird, definieren Sie, indem Sie eine *Kunden-* bzw. *Debitorennummer* angeben. Die Begriffe *Kunde* und *Debitor* werden hier synonym verwendet. Um eine Kundennummer und eine Materialnummer eintippen zu können, müssen wir einen Kundenstamm und einen Materialstamm im System zur Verfügung haben – diese gehören zu den sogenannten *Stammdaten*. Auf Stammdaten gehe ich in Kapitel 10 noch im Detail ein. Hier legen wir sie »nur« Schritt für Schritt an.

Lieber eigene Stammdaten anlegen und verwenden

Um möglichst schnell unseren ersten Auftrag anzulegen, könnten wir (sofern vorhanden) einfach einen bestehenden Kunden bzw. ein bestehendes Material im System suchen und diese Daten für unseren Auftrag verwenden. Auch wenn es sich nur um ein Test- oder Schulungssystem handelt, sollten wir das dennoch nicht ungefragt tun – es könnte sein, dass sich andere Benutzer Testszenarien aufgebaut haben und gerade mit diesen Daten arbeiten. Um sicherzugehen, dass wir unsere Aufträge und Daten bearbeiten können, ohne dabei jemandem in die Quere zu kommen, werden wir also in den sauren Apfel beißen und unsere eigenen Stammdaten anlegen. Das ist als Einstieg in die Thematik etwas mühselig, aber wir werden das schaffen!

Wenn Sie sich mit der Stammdatenpflege nicht näher beschäftigen möchten und sicher sind, dass Sie mit den Daten arbeiten dürfen, können Sie auch direkt den ersten Auftrag anlegen (vgl. Abschnitt 3.2). Wenn Sie in einem IDES-Schulungssystem arbeiten, sind dort immer schon einige Stammdaten vorhanden – beispielsweise könnten Sie hier mit dem Kunden mit der Kundennummer *2000* und dem Material mit der Materialnummer *P-100* arbeiten (diese sollten Sie im Bedarfsfall aber nur nach Rücksprache verändern oder all Ihre Änderungen anschließend wieder rückgängig machen).

Unser Ziel ist es, einen Kundenauftrag anzulegen, in den wir eine Kunden- sowie eine Materialnummer eintragen und anschließend die Folgeverarbeitung (Lieferung und Faktura) durchführen. Abbildung 3.3 zeigt einen Auftrag in SAP: ein kleiner Vorgeschmack auf das, was wir am Ende erreichen wollen.

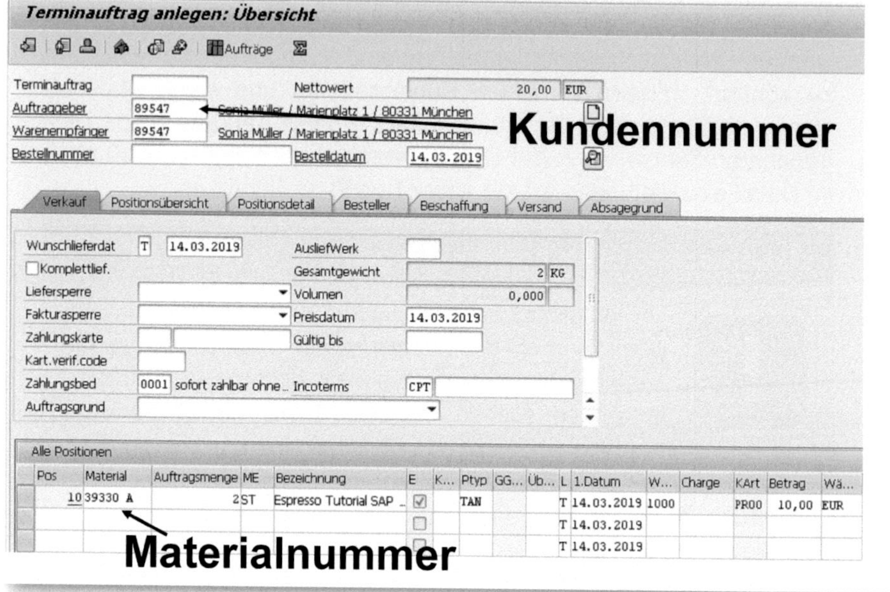

Abbildung 3.3: Auftrag in SAP

3.1.1 An wen wollen wir verkaufen? – Anlage eines Kundenstamms

Um einen Kunden anzulegen, führen wir die Transaktion *XD01* aus (SAP-Menü: Logistik • Vertrieb • Stammdaten • Geschäftspartner • Kunde • anlegen • Gesamt). Geben Sie im Einstiegsbildschirm die Daten wie in Abbildung 3.4 ein.

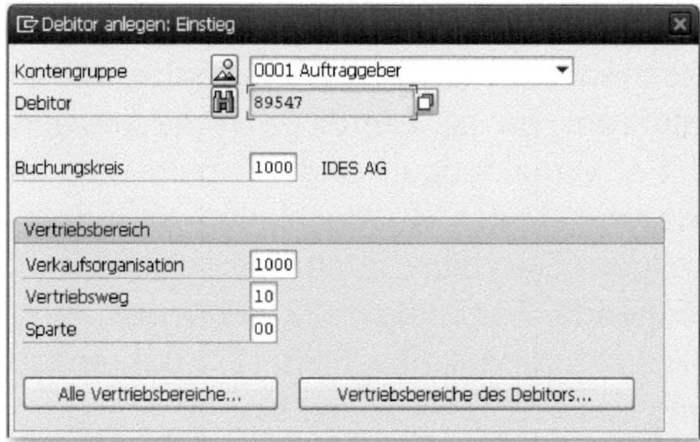

Abbildung 3.4: Einstieg Kundenstamm anlegen – XD01

Die im Feld DEBITOR frei gewählte Nummer *89547* stellt die Kundennummer im SAP-System dar. Die anderen Einträge übernehmen Sie einfach gemäß den hier gemachten Vorgaben. Falls Sie dazu bereits zum jetzigen Zeitpunkt weiterführende Informationen wünschen, lesen Sie für das Feld KONTENGRUPPE in Abschnitt 10.1 nach. Bei den übrigen Einträgen handelt es sich um *Organisationseinheiten*, die im Kapitel 7 näher beschrieben sind. Wenn Sie nicht in einem IDES-System arbeiten, kann es sein, dass Sie hierfür andere Werte verwenden müssen – bitte fragen Sie nach, welche Organisationseinheiten Sie nutzen können.

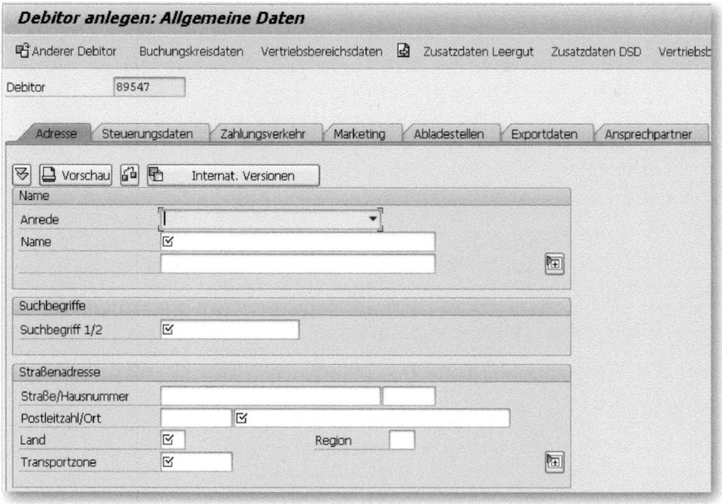

Debitor anlegen: Allgemeine Daten
Anderer Debitor Buchungskreisdaten Vertriebsbereichsdaten Zusatzdaten Leergut Zusatzdaten DSD Vertriebsb
Debitor 89547
Adresse Steuerungsdaten Zahlungsverkehr Marketing Abladestellen Exportdaten Ansprechpartner
Vorschau Internat. Versionen
Name
Anrede
Name
Suchbegriffe
Suchbegriff 1/2
Straßenadresse
Straße/Hausnummer
Postleitzahl/Ort
Land Region
Transportzone

Abbildung 3.5: Debitor anlegen – allgemeine Daten

Sehen Sie nun das in Abbildung 3.5 gezeigte Bild? Wenn ja, herzlichen Glückwunsch! Dann können Sie mit der Dateneingabe, wie in Abbildung 3.6 gezeigt, fortfahren. Es ist allerdings nicht unwahrscheinlich, bereits hier auf Fehlermeldungen und Stolpersteine zu stoßen. Wenn es nicht geklappt hat, den Kundenstamm ohne Fehlermeldung anzulegen, schauen Sie bitte zunächst in Abschnitt 12.1.1, ob dort die entsprechende Fehlermeldung behandelt wird. Alternativ kann ggf. auch die Lektüre von Abschnitt 10.1 das nötige Hintergrundwissen zur Lösung des Problems vermitteln.

Nun wollen wir im Einstiegsbild der Kundenpflege Daten eingeben. Hierbei beschränken wir uns auf die *Pflichtfelder* (siehe Abbildung 3.5). Diese sind in SAP mit einem Häkchen im Feld gekennzeichnet: ☑. Wenn Sie diese Felder nicht mit Werten füllen, wird das System Sie darauf hinweisen: Füllen Sie alle Mußfelder aus.

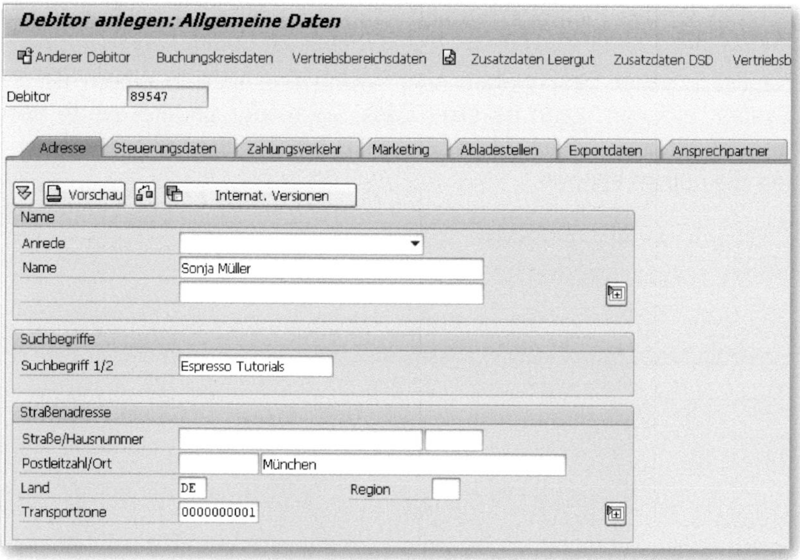

Abbildung 3.6: Eingabe: Allgemeine Daten

Bei der Eingabe der Allgemeinen Daten im Kundenstamm ist es in dem hier verwendeten SAP-System ausreichend, einen Namen, einen Suchbegriff (frei wählbar, dient in Zukunft als Suchhilfe, z. B. ein Teil des Namens oder ein Kürzel), einen Ort, ein Land und eine Transportzone (bitte aus der Drop-down-Liste beispielsweise den ersten Eintrag wählen) einzugeben. Sofern in Ihrem System andere Felder als Pflichtfelder gekennzeichnet sind, bitte auch diese möglichst sinnvoll bearbeiten.

Klicken Sie nun auf den Button Buchungskreisdaten in der Anwendungsfunktionsleiste. Es öffnet sich das in Abbildung 3.7 gezeigte Fenster.

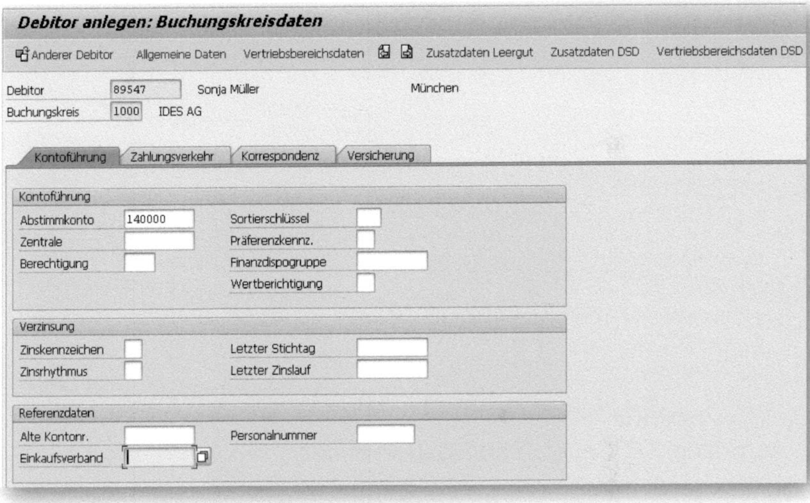

Abbildung 3.7: Debitor Buchungskreisdaten

Hier sollte nur das Feld Abstimmkonto ein Pflichtfeld sein. Wählen Sie mit der Suchhilfe für dieses Feld (zur Verwendung der Suchhilfe vgl. Abschnitt 1.3) ein Konto aus, idealerweise mit einer ähnlich passenden Bezeichnung wie »Debitoren-Forderungen Inland«. Bei dem hier verwendeten System handelt es sich um das Konto *140000*.

Klicken Sie nun auf den Button Vertriebsbereichsdaten in der Anwendungsfunktionsleiste, so erscheint folgendes Bild (siehe Abbildung 3.8).

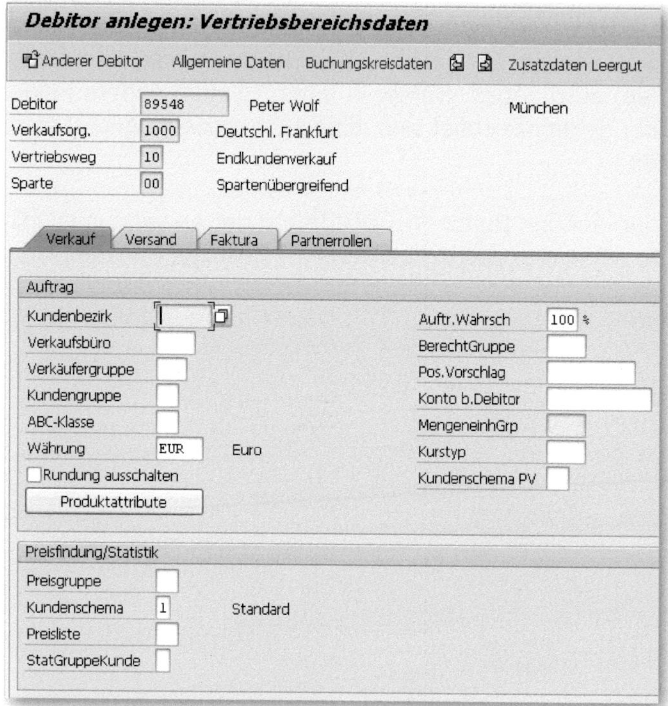

Abbildung 3.8: Debitor Vertriebsbereichsdaten Reiter VERKAUF

Es sieht so aus, als gäbe es hier keine weiteren Pflichtfelder. Doch Vorsicht – der Schein trügt! Unter den anderen Reitern sind noch Daten zu pflegen:

- VERSANDBEDINGUNG Reiter VERSAND – wählen Sie hier beispielsweise die *01* (siehe Abbildung 3.9)

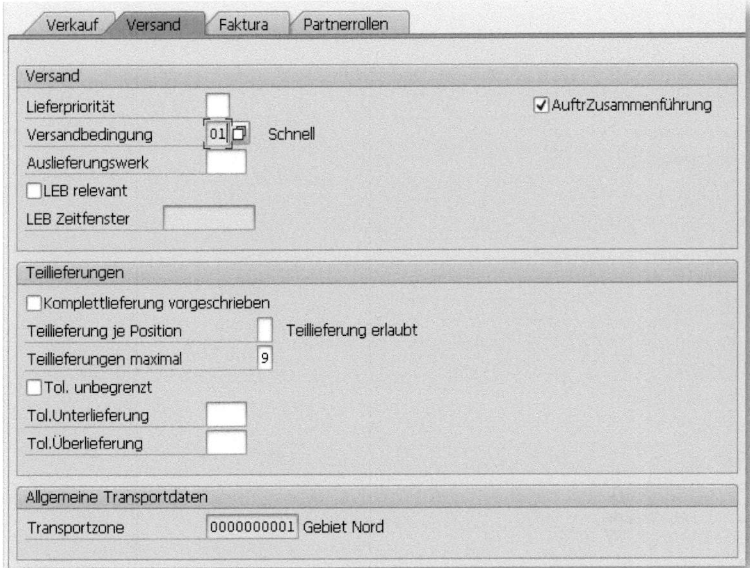

Abbildung 3.9: Debitor Vertriebsbereichsdaten Reiter VERSAND

- STEUERKLASSIFIKATION Reiter FAKTURA – tragen Sie hier in der Tabelle die *1* ein. Zusätzlich pflegen wir auf diesem Reiter die Werte für die Felder ZAHLUNGSBEDINGUNG (beispielsweise *0001*) und INCOTERMS (beispielsweise *CPT*), siehe Abbildung 3.10. Auch wenn diese Felder keine Pflichtfelder sind, so wird uns ihre Pflege im Kundenstamm später bei der Auftragsanlage die Arbeit erleichtern.

Automatische Datenübernahme aus den Stammdaten

Was ist überhaupt der Sinn dieser vielen Felder im Kundenstamm? Wenn man beispielsweise die Zahlungsbedingung und Incoterms bereits im Kunden hinterlegt, werden die Werte bei der Anlage eines Auftrags automatisch aus dem Kundenstamm kopiert und müssen dort nicht manuell eingegeben werden. Je vollständiger die Stammdaten gepflegt sind, desto weniger Arbeit macht später die Anlage eines Auftrags.

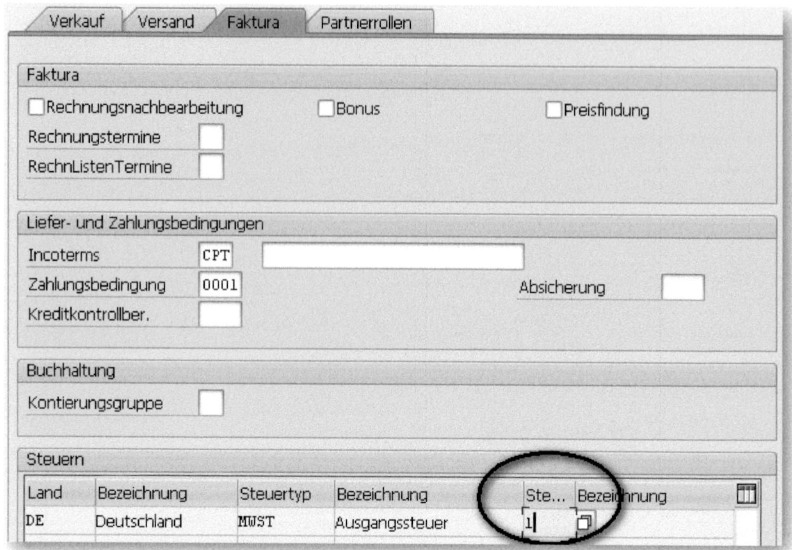

Abbildung 3.10: Debitor Vertriebsbereichsdaten Reiter FAKTURA

Zum Sichern Ihres ersten Kundenstamms klicken Sie nun auf den Button 🖫. Falls in Ihrem System noch weitere Pflichtfelder definiert sind, wird Sie das System darauf hinweisen. Ansonsten erscheint in der Statuszeile am unteren Bildschirmrand die Bestätigung der erfolgreichen Kundenstammanlage (siehe Abbildung 3.11).

Debitor 0000089547 wurde für Buchungskreis 1000 und Vertriebsbereich 1000 10 00 angelegt.

Abbildung 3.11: Erfolgsmeldung Kundenstammanlage

Bitte notieren Sie die Kundennummer – diese können wir nun verwenden, um Kundenaufträge im System zu erfassen.

3.1.2 Was wollen wir verkaufen? – Anlage eines Materialstamms

Wem die Anlage des Kundenstamms im vorherigen Kapitel bereits erstaunlich komplex erschien, der wird sich bei der Anlage eines Materials noch mehr wundern. Dadurch, dass SAP die vielfältigen Anforderungen verschiedenster Unternehmen abbilden kann, sind die Möglichkeiten nahezu unbegrenzt und die Komplexität stellenweise entsprechend hoch. Der Materialstamm ist dafür ein Beispiel. Auch hier gilt wieder: Sollten Sie auf Probleme stoßen, so kann Ihnen das Hintergrundwissen aus Abschnitt 10.2 weiterhelfen oder aber das Troubleshooting in Abschnitt 12.1.2.

Der Materialstamm erleichtert die Auftragsanlage

Es gibt in SAP theoretisch auch die Möglichkeit, ohne Materialstamm Aufträge anzulegen. Allerdings dient dieser als Quelle für verschiedenste Werte, die automatisch bei Eingabe der Materialnummer in Aufträge übernommen werden, sodass er die Erfassung von Aufträgen erheblich vereinfacht und Eingabefehler vermieden werden. Ein Arbeiten ohne Materialstamm würde die Eingabe von Aufträgen derart verkomplizieren, dass der hier gewählte umständliche Einstieg in die Welt des Verkaufs mit SAP über den Materialstamm aus meiner Sicht gerechtfertigt ist. Häufig haben Sie als Vertriebsmitarbeiter in der Praxis wenig bis gar nichts mit der Anlage von Materialien zu tun und geben lediglich die Materialnummern in Aufträge ein.

Durchgehendes Beispiel: Verkauf von Büchern

Zur Veranschaulichung soll uns im Weiteren der Verkauf von Büchern der Reihe »Espresso Tutorials« dienen. Dieses Beispiel greifen wir an verschiedenen Stellen in den nachfolgenden Kapiteln wieder auf, erweitern die angelegten Stammdaten und Belege bzw. sehen uns deren wichtigste Felder genauer an.

Wir legen zunächst ein Material für das Buch mit dem Titel »Espresso Tutorials SAP SD« an. Hierfür führen wir die Transaktion *MM01* aus (SAP-Menü: LOGISTIK • VERTRIEB • STAMMDATEN • PRODUKTE • MATERIAL • SONSTIGES MATERIAL • ANLEGEN).

Geben Sie im Einstiegsbildschirm die Daten wie in Abbildung 3.12 ein.

Abbildung 3.12: Einstieg Materialstamm anlegen – MM01

Hierbei ist der Eintrag *39330 A* im Feld MATERIAL frei gewählt und stellt im Weiteren die Materialnummer für unser Beispiel im SAP-System dar.

Wird Ihre Nummer vom System akzeptiert, öffnet sich ein weiteres Bild, in dem sogenannte *Sichten* auszuwählen sind (siehe Abbildung 3.13).

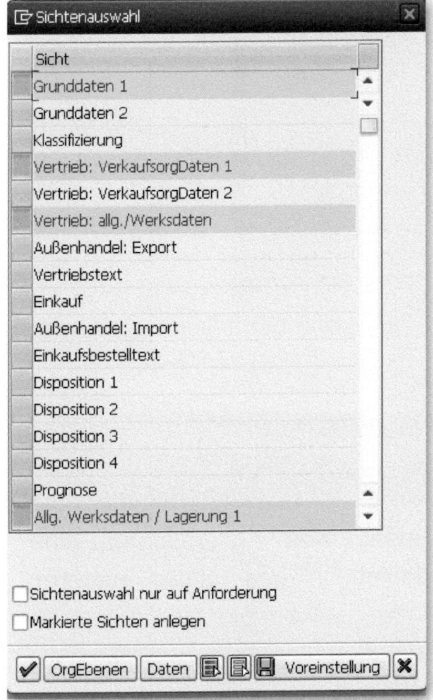

Abbildung 3.13: Transaktion MM01 – Sichtenauswahl Materialstamm

Die Sichten können Sie durch Klicken auf das Kästchen ☐ links von der Bezeichnung markieren (farbig hinterlegt). Für einen einfachen Verkaufsprozess benötigen wir folgende Sichten:

- GRUNDDATEN 1,
- VERTRIEB: VERKAUFSORGDATEN 1,
- VERTRIEB: ALLG./WERKSDATEN,
- ALLG. WERKSDATEN / LAGERUNG 1,
- BUCHHALTUNG 1 (Achtung: nicht im Screenshot sichtbar, bitte nach unten scrollen).

Anschließend wechseln Sie durch Klicken auf das Häkchen ✅ oder [Enter] zum nächsten Bild (siehe Abbildung 3.14) und geben dort die Daten entsprechend ein.

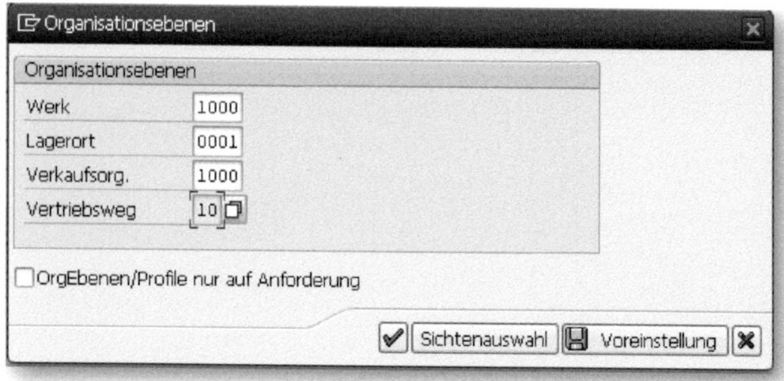

Abbildung 3.14: Transaktion MM01 – Eingabe Organisationseinheiten Materialstamm

Konsistente Daten bei den Organisationseinheiten verwenden

Haben Sie bei der Anlage vom Kundenstamm eine andere Verkaufsorganisation bzw. einen anderen Vertriebsweg verwendet, sollten Sie hier dieselben Werte wie im Kundenstamm eingeben.

Hinweis zum Werk

Wenn es in Ihrem System kein Werk mit der Nummer »1000« gibt, wählen Sie ein anderes bestehendes Werk aus. Zur sinnvollen Auswahl studieren Sie bitte vorab Kapitel 7.

Anschließend geht es mittels Klick auf das Häkchen ✅ oder [Enter] weiter zum nächsten Bild (Abbildung 3.15).

Abbildung 3.15: Transaktion MM01 – Sicht Grunddaten Materialstamm

Der Materialstamm besteht aus vielen Sichten, die jeweils auf einem Reiter beheimatet sind. Wir wollen im Folgenden nur diejenigen Sichten pflegen, die wir in Abbildung 3.13 ausgewählt hatten. Unter GRUNDDATEN 1 ist eine Beschreibung des Materials in dem Feld neben der Materialnummer zu pflegen und eine BASISMENGENEINHEIT auszuwählen (z. B. *ST* für die Mengeneinheit »Stück«). Drücken Sie `Enter`, so springt das System automatisch in die nächste (gemäß unserer Auswahl in Abbildung 3.13) zu pflegende Sicht VERTRIEB: VERKORG 1 (siehe Abbildung 3.16).

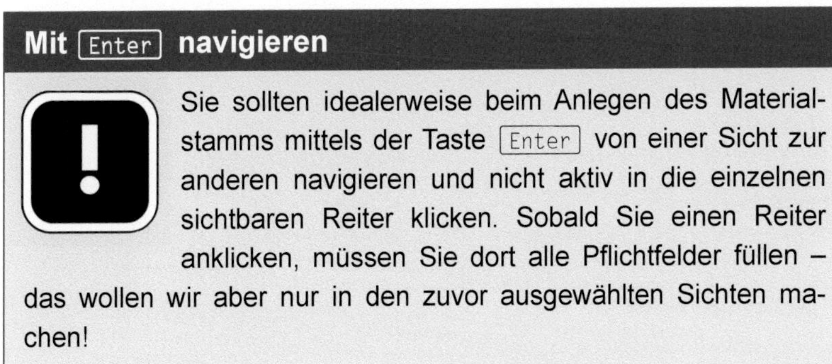

Mit `Enter` navigieren

Sie sollten idealerweise beim Anlegen des Materialstamms mittels der Taste `Enter` von einer Sicht zur anderen navigieren und nicht aktiv in die einzelnen sichtbaren Reiter klicken. Sobald Sie einen Reiter anklicken, müssen Sie dort alle Pflichtfelder füllen – das wollen wir aber nur in den zuvor ausgewählten Sichten machen!

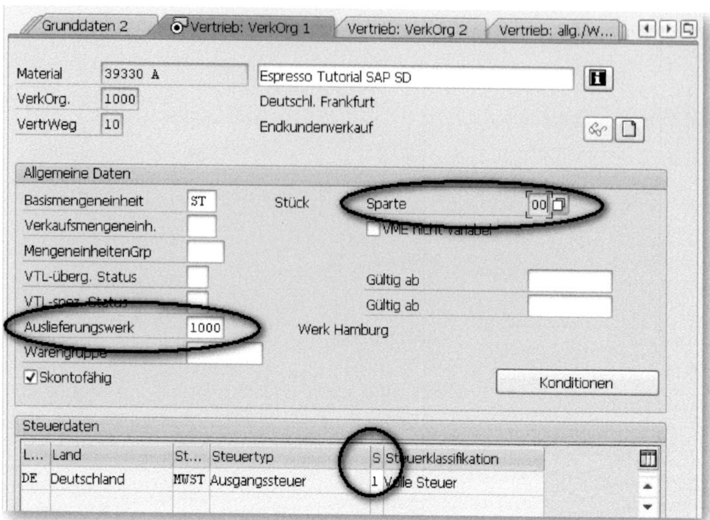

Abbildung 3.16: Transaktion MM01 – Sicht Vertrieb: VerkOrg 1

In dieser Sicht ist nur das Feld STEUERKLASSIFIKATION mit dem Wert *1* zu pflegen (in der Tabelle unter STEUERDATEN). Zusätzlich belegen wir das Feld SPARTE mit dem Wert *00* und das AUSLIEFERUNGSWERK mit dem Wert *1000*.

In die nächste zu pflegende Sicht (VERTRIEB: ALLG./WERK) gelangt man wieder über die Taste `Enter` (siehe Abbildung 3.17).

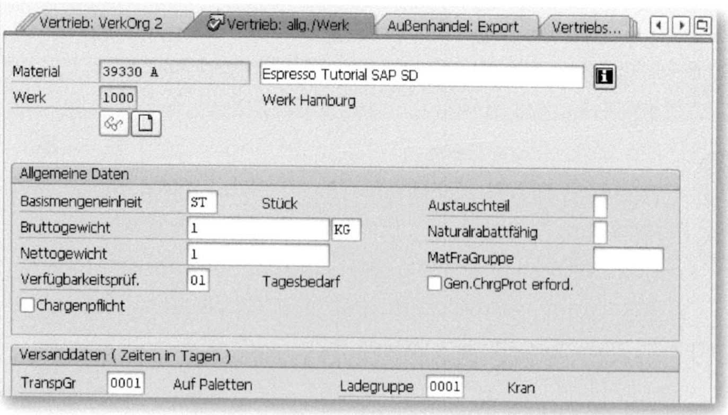

Abbildung 3.17: Sicht VERTRIEB: ALLG./WERK

Hier sind die zu ergänzenden Pflichtfelder TRANSPGR (Transportgruppe) bzw. LADEGRUPPE. Wir wählen der Einfachheit halber die standardmäßig bereits vorhandene Transportgruppe *0001 (Auf Paletten)* und die Ladegruppe *0001 (Kran)*, auch wenn Bücher in Realität vielleicht eher selten mit dem Kran verladen werden. Diese Felder werden im Auftrag zur automatischen Ermittlung der Versandstelle und Route benötigt (vgl. Abschnitt 4.4.2). Zusätzlich pflegen wir die Felder BRUTTOGEWICHT und NETTOGEWICHT.

Im nächsten relevanten Reiter WERKSDATEN/LAGERUNG1 sind in der Regel keine Felder zu bearbeiten. Daher springen wir in die folgende zu pflegende Sicht – BUCHHALTUNG 1 – das kennen Sie ja nun jetzt schon: über die Taste `Enter`.

Abbildung 3.18: Sicht Buchhaltung 1

In der Sicht BUCHHALTUNG 1 (siehe Abbildung 3.18) pflegen wir die BEWERTUNGSKLASSE (*3100* = Handelsware), die PREISSTEUERUNG (*V*) und GLEITENDER PREIS (*1*).

Klicken Sie nun auf den Button zum Sichern (💾), sollte eine Erfolgsmeldung erscheinen: ☑ Das Material 39330 A wird angelegt .

Damit ist ein zentraler Schritt geschafft, und uns stehen jetzt die wichtigsten Stammdaten zur Auftragsanlage zur Verfügung: ein Kunde und ein Material.

3.1.3 Lagerbestand aufstocken

Um den Verkaufsprozess inklusive Buchung des Warenausgangs erfolgreich abbilden zu können, muss von dem soeben angelegten Material für unser Buch ein Bestand im Lager vorhanden sein. Hierfür ist ein kleiner Exkurs notwendig, bevor wir unsere erste Lieferung anlegen können. Normalerweise hat ein Vertriebsmitarbeiter mit diesem Schritt in der Praxis wenig zu tun – betrachten Sie es als Ausflug in ein anderes SAP-Modul: *SAP MM* (*Materials Management* oder *Materialwirtschaft*).

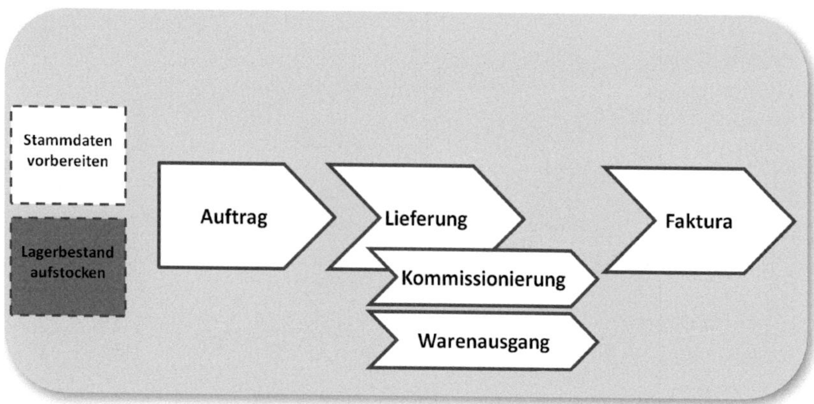

Abbildung 3.19: Prozessdiagramm – Lagerbestand bereitstellen

Um Bestände im Lager aufzustocken (siehe Abbildung 3.19), führen wir die Transaktion *MIGO* aus (SAP-Menü: LOGISTIK • MATERIALWIRTSCHAFT • BESTANDSFÜHRUNG • WARENBEWEGUNG). Es erscheint ein relativ kompliziert anmutender Bildschirmaufbau. Im oberen Bereich müssen wir sicherstellen, dass in der ersten Drop-down-Liste WA-

RENEINGANG ausgewählt ist und in der zweiten SONSTIGE. Zudem muss rechts im Feld BEWEGUNGSART die Nummer *501 (Wareneingang ohne Bestellung)* eingetragen sein (vgl. Abbildung 3.20).

Abbildung 3.20: Transaktion MIGO – Wareneingang

Im unteren Bildschirmbereich (DETAILDATEN) sind mehrere Reiter zu sehen. Im Reiter MATERIAL (siehe Abbildung 3.21) geben wir im Feld MATERIAL unsere Materialnummer aus Abschnitt 3.1.2 ein und bestätigen die Eingabe mit [Enter]. Sollten Sie die Reiter nicht sehen, klicken Sie bitte auf den Button [Detaildaten].

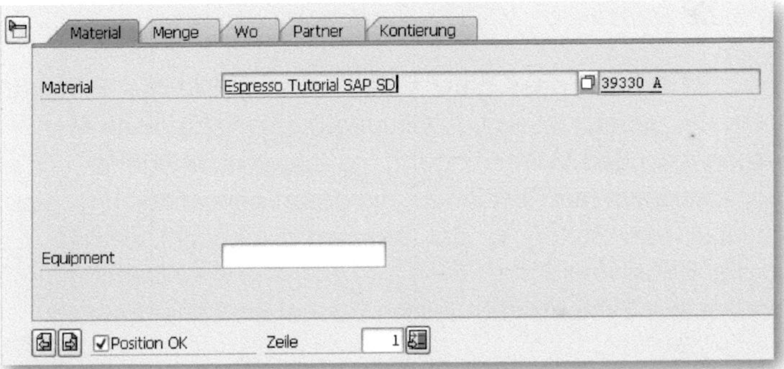

Abbildung 3.21: Transaktion MIGO – Materialnummer

Im Reiter MENGE füllen wir das Feld MENGE aus und wählen im kleinen Feld daneben eine Mengeneinheit (hier *ST* für »Stück«) – siehe Abbildung 3.22.

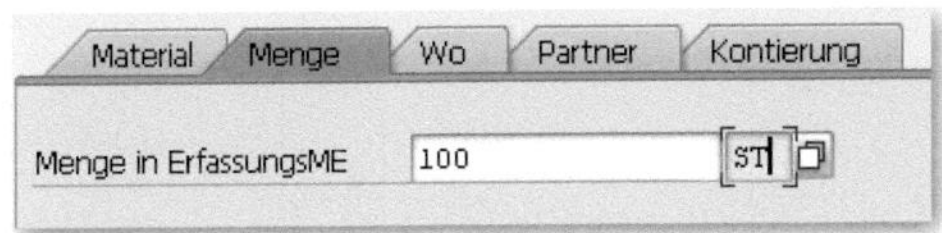

Abbildung 3.22: Transaktion MIGO – Menge

Zuletzt wird noch der Reiter WO gepflegt: Hier gibt man ein, wohin (in welches Werk und in welchen Lagerort) die Ware in den Bestand gebucht werden soll. Wir geben das Werk *1000* und den Lagerort *0001* an (siehe Abbildung 3.23). Zudem kann man noch einmal prüfen, ob hier die Bewegungsart *501* eingetragen ist.

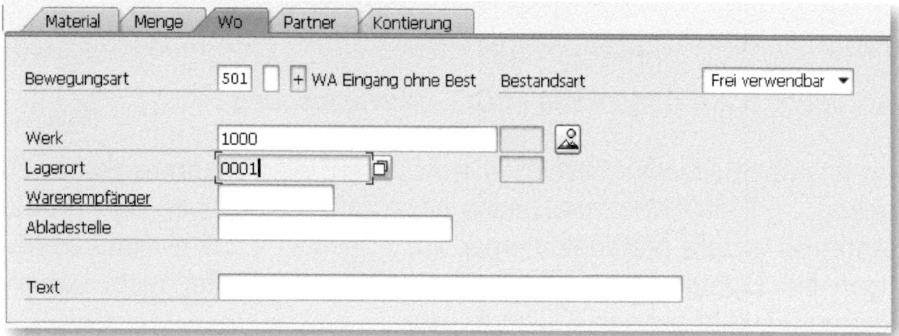

Abbildung 3.23: Transaktion MIGO – Werk und Lagerort

Zu beachten ist zudem, dass ganz unten links im Bild das Häkchen bei POSITION OK gesetzt ist (vgl. Abbildung 3.21). Fehlt diese Markierung, so kann man den Wareneingang ins Lager nicht buchen – das System berücksichtigt nur Positionen, die derart gekennzeichnet sind. Nun kann über den Button der Bestand zugebucht werden. Es erscheint die Erfolgsmeldung: Materialbeleg 4900008082 gebucht. Damit haben wir (zumindest aus Systemsicht) unsere Bücher ins Lager gelegt.

3.2 Der erste Auftrag

Nun wird es ernst: Wir wollen unseren ersten Auftrag in SAP eingeben (siehe Abbildung 3.24).

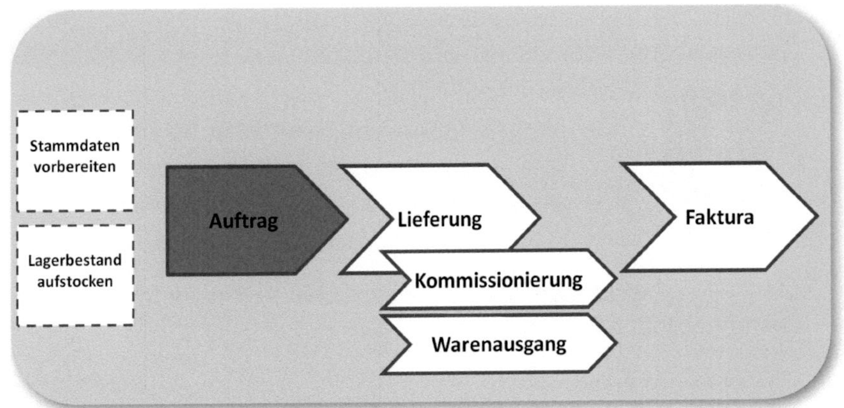

Abbildung 3.24: Prozessdiagramm – Auftrag anlegen

Für die Anlage eines Auftrags heißt die Transaktion *VA01* (SAP-Menü: LOGISTIK • VERTRIEB • VERKAUF • AUFTRAG • ANLEGEN). Im Einstieg (siehe Abbildung 3.25) verwenden wir als AUFTRAGSART *TA* (mehr dazu in Kapitel 4).

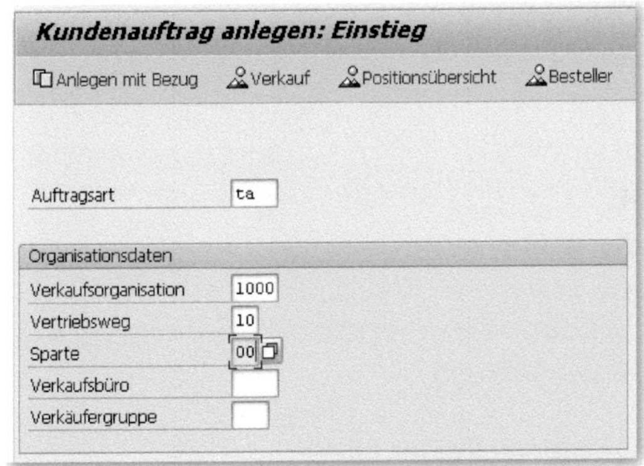

Abbildung 3.25: Einstieg Auftrag anlegen – Transaktion VA01

Konsistente Organisationseinheiten

Bei den Organisationseinheiten VERKAUFSORGANISATION, VERTRIEBSWEG und SPARTE ist darauf zu achten, dass diese Werte mit denen für den Kunden bzw. das Material gewählten übereinstimmen.

Mit [Enter] gelangen wir ins eigentliche Auftragserfassungs-Bild (siehe Abbildung 3.26).

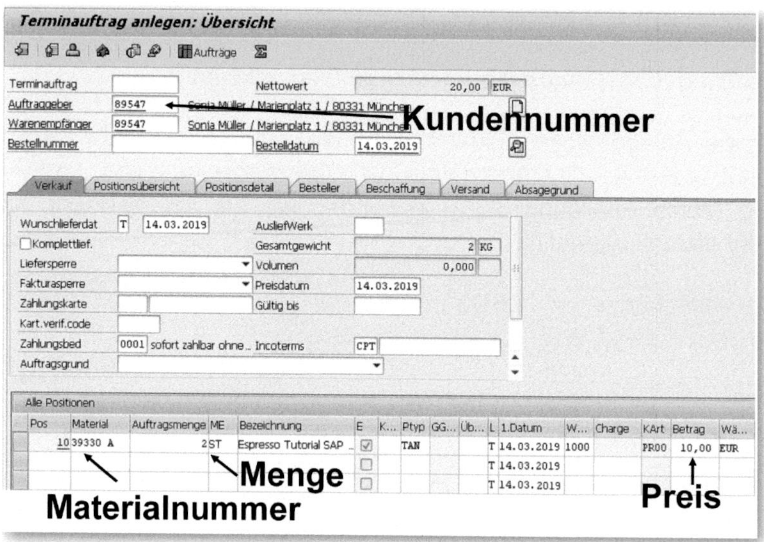

Abbildung 3.26: Anlegen eines Auftrags

In diesem Bild müssen wir folgende Felder füllen:

- Feld AUFTRAGGEBER: die Kundennummer aus Abschnitt 3.1.1,
- Spalte MATERIAL: die Materialnummer für unser Buch aus Abschnitt 3.1.2,
- Spalte AUFTRAGSMENGE: eine beliebige Menge,
- Spalte BETRAG: einen beliebigen Preis.

Wenn Sie die Eingaben der oben genannten Daten mit [Enter] bestätigen, werden sich einige Felder wie von Geisterhand füllen, z. B. Incoterms, Zahlungsbedingung, Bezeichnung des Materials und Werk. Diese Daten werden aus unseren Stammdaten kopiert. Klicken Sie in der Anwendungsfunktionsleiste auf den Button, so zeigt das System an, wie die Auftragsbestätigung für diesen Auftrag aussieht. Der Auftrag kann nun gesichert werden, und idealerweise erscheint die Erfolgsmeldung: Terminauftrag 12233 wurde gesichert. Die Nummer notieren Sie bitte.

3.3 Lieferung

Als nächster Schritt in unserem Vertriebsprozess ist eine Lieferung anzulegen (siehe Abbildung 3.27).

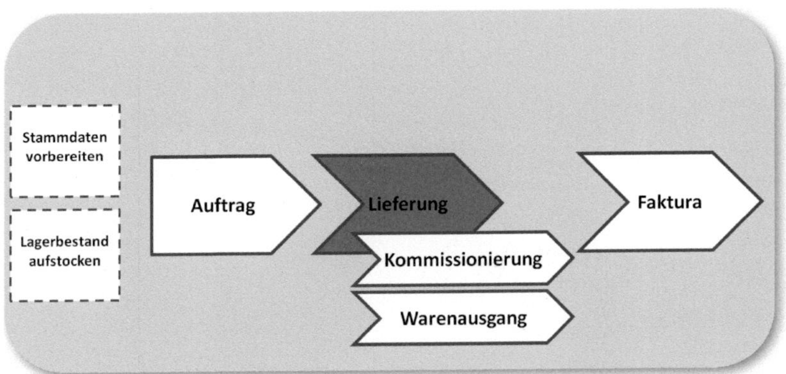

Abbildung 3.27: Prozessdiagramm – Lieferung anlegen

3.3.1 Lieferung anlegen

Zum Anlegen einer Lieferung verwendet man die Transaktion *VL01N* (SAP-Menü: LOGISTIK • VERTRIEB • VERSAND UND TRANSPORT • LIEFERUNG • ANLEGEN).

Transaktionen mit »N«

Wenn eine Transaktion mit einem »N« endet, wie z. B. bei *VL01N*, so bedeutet dies, dass die Transaktion von SAP komplett überarbeitet und die ursprüngliche Transaktion ersetzt wurde. Sprich: Die in der Vergangenheit für das Anlegen einer Lieferung verwendete Transaktion mit der Bezeichnung *VL01* wurde durch die *VL01N* ersetzt.

Es erscheint der Einstiegsbildschirm für das Anlegen einer Lieferung (siehe Abbildung 3.28).

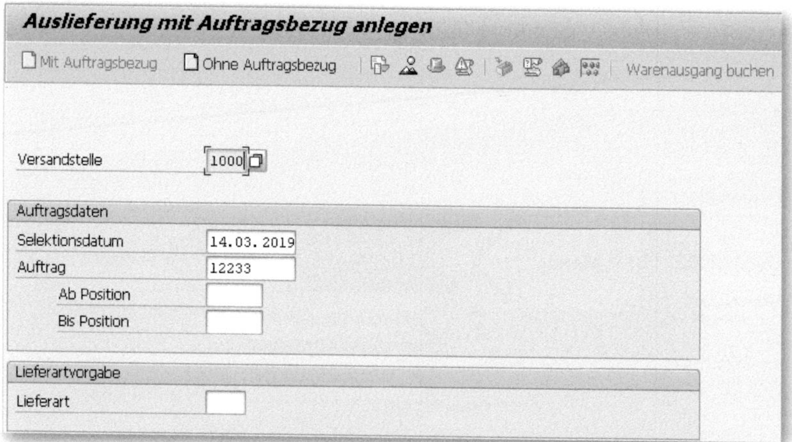

Abbildung 3.28: Einstieg Lieferung anlegen – Transaktion VL01N

Hier müssen folgende Felder gefüllt werden:

- VERSANDSTELLE: Hierbei handelt es sich um eine Organisationseinheit (vgl. Kapitel 7). In unserem Beispiel tragen wir die Versandstelle *1000* ein. Falls Sie nicht in einem IDES-System arbeiten oder eine Fehlermeldung bekommen, prüfen Sie bitte, welche Versandstelle im Auftrag verwendet wurde und tragen diese ein (Reiter VERSAND im Auftrag). Wurde im Auftrag keine Versandstelle automatisch ermittelt, so lesen Sie bitte in Abschnitt 4.4.2 (Felder mit Bezug zum Versand), welche Voraussetzungen erfüllt sein müssen, damit dies erfolgen kann.

- SELEKTIONSDATUM: Hier schlägt das System automatisch das Tagesdatum vor. Geben Sie stattdessen ein Datum ein, das weit in der Zukunft liegt. Bei Testbelegen ändere ich hier häufig einfach das Jahr auf nächstes Jahr ab. Im realen Leben gibt man hier natürlich einen sinnvollen Wert ein (mehr dazu siehe Kapitel 5).
- AUFTRAG: Hier geben Sie die Auftragsnummer aus Abschnitt 3.2 ein.

Nun sollte sich mit Eingabe von `Enter` automatisch das nächste Fenster öffnen – wie in Abbildung 3.29 gezeigt.

Abbildung 3.29: Transaktion VL01N – Lieferung anlegen

Wir sichern die Lieferung durch Klick auf den Button und notieren die Belegnummer, die in der darauffolgenden Erfolgsmeldung angegeben wird: Lieferung 80015242 gesichert. Damit ist der Grundstein für die Versendung unseres Buches an den Kunden gelegt.

3.3.2 Kommissionierung

Als nächsten Schritt wollen wir die Kommissionierung in SAP vornehmen (siehe Abbildung 3.30).

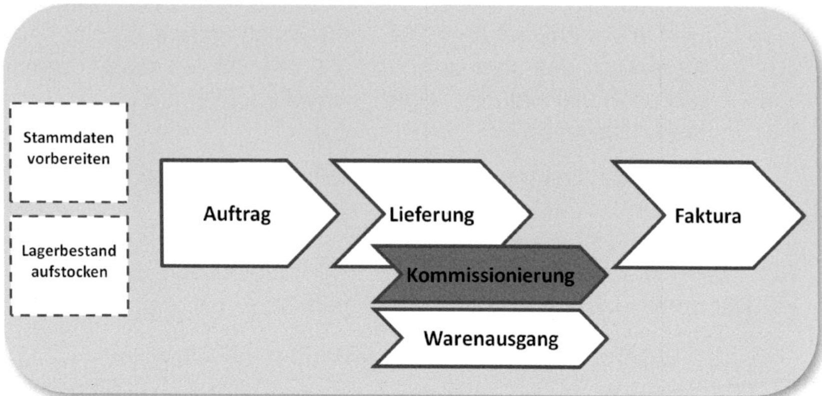

Abbildung 3.30: Prozessdiagramm – Kommissionierung

Bei der Kommissionierung werden die bestellten Bücher für den Kunden im Lager zusammengestellt. Die Dokumentation dieses Arbeitsschritts erfolgt je nach Systemeinstellung, für die es folgende Möglichkeiten gibt:

- Die kommissionierte Menge wird direkt in der Lieferung bestätigt.
- Es wird ein separater Beleg zur Bearbeitung der Kommissionierung in SAP angelegt: der *Transportauftrag*.
- Die Kommissionierung wird im System gar nicht dokumentiert.

Um herauszufinden, welche der drei Alternativen in Ihrem System verwendet wird, gehen wir folgendermaßen vor (für Hintergrundwissen zu dem Thema vgl. Abschnitt 5.4.1): Führen Sie die Transaktion *VL02N* zum Ändern der Auslieferung aus (SAP-Menü: LOGISTIK • VERTRIEB • VERSAND UND TRANSPORT • LIEFERUNG • ÄNDERN) und geben Sie Ihre Auslieferungsnummer im Einstiegsbild ein (siehe Abbildung 3.31). Bestätigen Sie mit `Enter`.

Abbildung 3.31: Auslieferung ändern

Navigieren Sie in der Lieferung über das Menü SPRINGEN • POSITION • KOMMISSIONIERUNG zum Reiter KOMMISSIONIERUNG (siehe Abbildung 3.32).

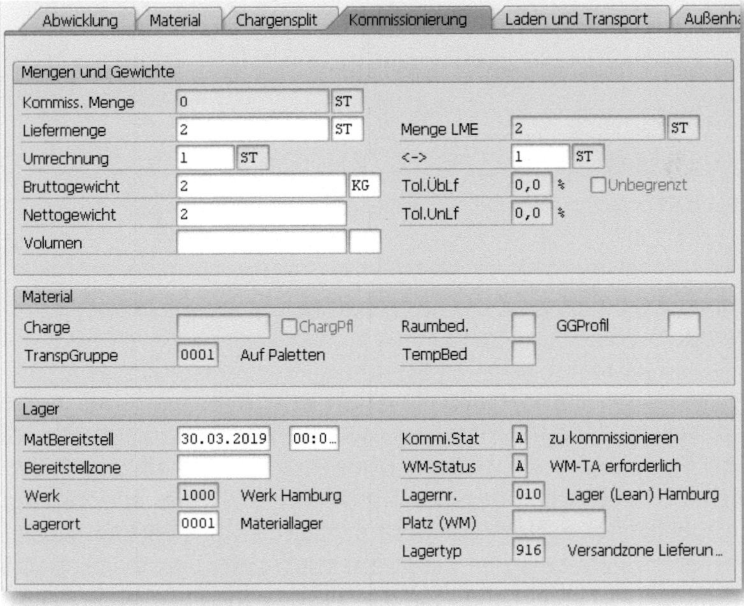

Abbildung 3.32: Reiter KOMMISSIONIERUNG

Falls der Lagerort vom System nicht automatisch gefüllt wurde, geben Sie bitte den von Ihnen beim Anlegen des Materials (vgl. Abschnitt 3.1.2) und beim Einbuchen des Bestands (vgl. Abschnitt 3.1.3) verwendeten im Feld LAGERORT links unten ein und bestätigen Sie diese Eingabe mit `Enter`. Prüfen Sie nun das Feld KOMMI.STAT (Kommissionierstatus) oben rechts im Bereich LAGER. Ist hier kein

Wert eingetragen (NICHT KOMMIRELEVANT), so muss die Kommissionierung nicht im System dokumentiert werden, und Sie können unmittelbar mit der Buchung des Warenausgangs (vgl. Abschnitt 3.3.3) fortfahren. Ist der Wert *A* (ZU KOMMISSIONIEREN) eingetragen, so prüfen Sie das Feld WM-STATUS unter dem Feld KOMMI.STAT. Ist hier *A* (WM-TA ERFORDERLICH) eingetragen, so müssen Sie einen Transportauftrag anlegen (siehe weiter unten). Ansonsten navigieren Sie mit dem Button ⮈ ins vorherige Bild und klicken dort auf den Reiter KOMMISSIONIERUNG. Tragen Sie in dem Feld KOMMIS. MENGE dieselbe Menge wie im Feld LIEFERMENGE ein (siehe Abbildung 3.33) und sichern Sie anschließend die Lieferung.

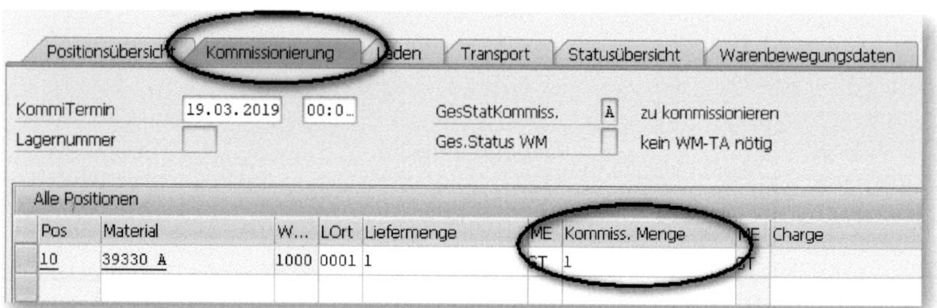

Abbildung 3.33: Eintragen der kommissionierten Menge in der Lieferung

Falls die Anlage eines Transportauftrags erforderlich ist, wählen Sie die Transaktion *LT03* (SAP-Menü: LOGISTIK • VERTRIEB • VERSAND UND TRANSPORT • KOMMISSIONIERUNG • TRANSPORTAUFTRAG ANLEGEN • EINZELBELEG). Der Einstieg in diese Transaktion sieht wie in Abbildung 3.34 abgebildet aus. Normalerweise schlägt das System den zuletzt aufgerufenen Lieferbeleg im Feld LIEFERUNG automatisch vor. Sollte dies nicht der Fall sein, geben Sie die Nummer Ihrer Lieferung manuell ein. Bei ABLAUF wählen Sie *Dunkel* aus (d. h., das System wickelt die notwendigen Schritte im Hintergrund ab, ohne dass Sie manuelle Eingaben tätigen müssen), und bei KOMMIMENGE ÜBERNEHM. tragen Sie die *1* ein. Die Lagernummer ganz oben sollte mit der Lagernummer in der Lieferung übereinstimmen (vgl. Abbildung 3.32, Feld LAGERNR.).

Anlegen Transportauftrag zur LF: Einstieg

Lagernummer	010
Werk	
Lieferung	0080015242
Gruppe	

Steuerung

- [x] Pos. aktivieren

Ablauf	Dunkel
Kommimenge übernehm.	1
Einlagermenge übern.	
Einlager-TA Verarb.	

Abbildung 3.34: Einstieg Transaktion LT03

Weiter geht es durch Drücken der Taste `Enter`. Wenn Sie im Einstiegsbild die Werte entsprechend eingegeben haben, erscheint sofort die Erfolgsmeldung ☑ Transportauftrag 0000002563 wurde angelegt. Bei Problemen konsultieren Sie Abschnitt 5.4.1 (Hintergrundwissen) bzw. 12.3.2 (Troubleshooting).

Nobody is perfect

Dem aufmerksamen Leser ist vielleicht aufgefallen, dass die Transaktion *LT03* nicht der in Abschnitt 1.1 erwähnten Namenskonvention für Transaktionen entspricht, denn diese besagt: »01« steht für »Anlegen«, »02« für »Ändern« und »03« für »Anzeigen«. Gut beobachtet! Tatsächlich weicht die Namensgebung für diese Transaktion davon ab, was bei über 100.000 Transaktionen im SAP-System schon einmal passieren kann … (der Transaktionscode *LT01* war bereits für das allgemeine Anlegen eines Transportauftrags ohne Bezug zu einer Auslieferung vergeben).

Begriffe rund um den Transport

Bei der Verwendung des Begriffs *Transportauftrag* ist im SAP-Kontext etwas Vorsicht geboten, denn es gibt mehrere recht ähnlich klingende Begriffe mit unterschiedlichen Bedeutungen. Mit »Transportauftrag« kann zum einen der hier vorgestellte Beleg gemeint sein, der die Kommissionierung der Ware dokumentiert. Zum anderen wird derselbe Begriff für den technischen Transportauftrag verwendet, mit dem Programme und Customizing-Einstellungen von einem SAP-System in ein anderes »transportiert« werden.

Wohlgemerkt: Der sogenannte *Transportbeleg* ist wiederum etwas ganz anderes! Hiermit ist ein Beleg gemeint, mit dem man den tatsächlichen Transport von Ware genau planen kann (beispielsweise, wie viele Lkw für den Transport von Ware benötigt werden). Es ist also besondere Sorgfalt bei der Verwendung der Fachausdrücke gefragt. Sonst kann es leicht passieren, dass man aneinander vorbeiredet. Verwirrend? Ja – das finde ich auch!

3.3.3 Warenausgang buchen

In diesem Schritt wollen wir die Ware aus unserem Lager ausbuchen und auf den Weg zum Kunden schicken (siehe Abbildung 3.35).

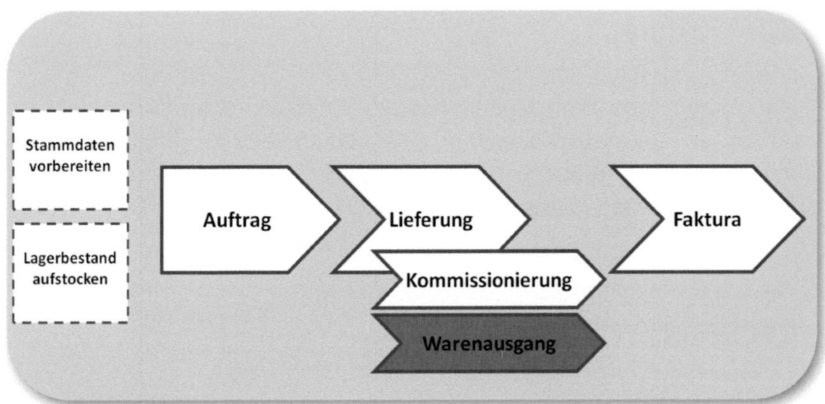

Abbildung 3.35: Prozessdiagramm – Warenausgang buchen

Um den Warenausgang zu buchen, rufen wir die Transaktion zum Ändern der Lieferung auf: *VL02N* (SAP-Menü: LOGISTIK • VERTRIEB • VERSAND UND TRANSPORT • LIEFERUNG • ÄNDERN). Im Einstiegsbild (siehe Abbildung 3.36) geben wir die Belegnummer unserer Auslieferung aus Abschnitt 3.3.1 ein und klicken, ohne weiter in die Transaktion einzusteigen, rechts oben auf den Button Warenausgang buchen. Mit der Meldung ☑ Lieferung 80015242 gesichert teilt uns das System mit, dass der Warenausgang erfolgreich gebucht wurde – das Buch sich also auf dem Weg zu unserem Kunden befindet.

Abbildung 3.36: Transaktion VL02N – Auslieferung ändern (Warenausgang buchen)

3.4 Faktura

Wir nähern uns dem Ende unseres Schnelldurchlaufs durch einen einfachen Vertriebsprozess in SAP. Nachdem wir erfolgreich den Warenausgang gebucht haben, können wir dem Kunden die Ware in Rechnung stellen (siehe Abbildung 3.37).

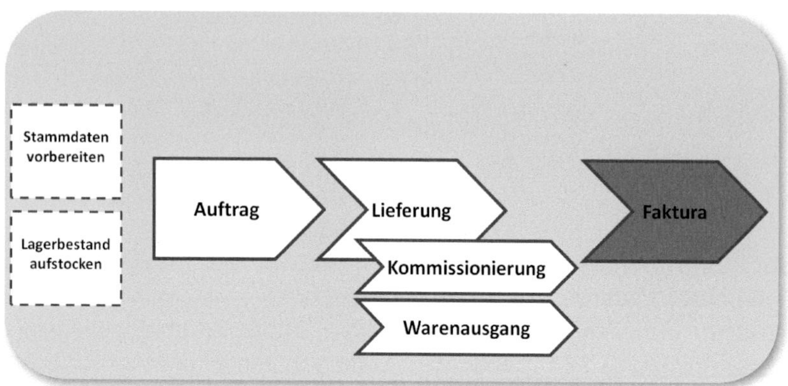

Abbildung 3.37: Prozessdiagramm – Faktura

Zum Anlegen einer *Faktura* führen wir die Transaktion *VF01* aus (SAP-Menü: LOGISTIK • VERTRIEB • FAKTURIERUNG • FAKTURA • ANLEGEN).

Im Einstiegsbild gibt das System in der linken Spalte BELEG bereits die Nummer Ihrer Lieferung aus Abschnitt 3.3.1 automatisch vor – wenn nicht, geben Sie die entsprechende Nummer dort manuell ein (siehe Abbildung 3.38).

Weiter geht es mit der Taste `Enter`. Im nächsten Bild (siehe Abbildung 3.39) ist vom System bereits alles Notwendige vorgegeben – wir können den Faktura-Beleg einfach über den Button sichern und werden vom System mit der Meldung Beleg 90036295 gesichert belohnt. Damit ist die Faktura nun fertig für die Übermittlung an den Kunden (für Details siehe Abschnitt 6.2), der anschließend die Bücher bezahlen kann.

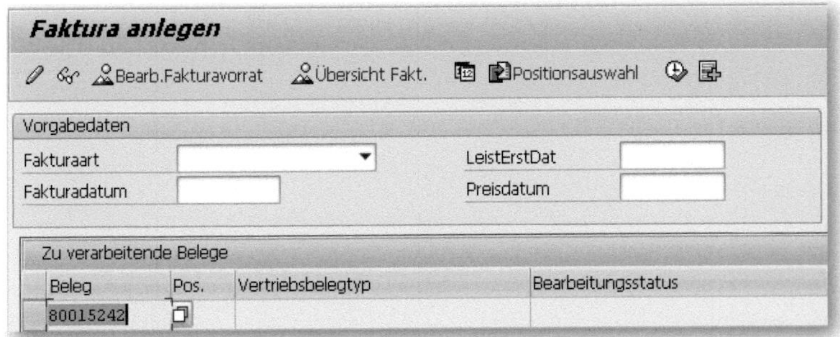

Abbildung 3.38: Transaktion VF01 – Einstieg Faktura anlegen

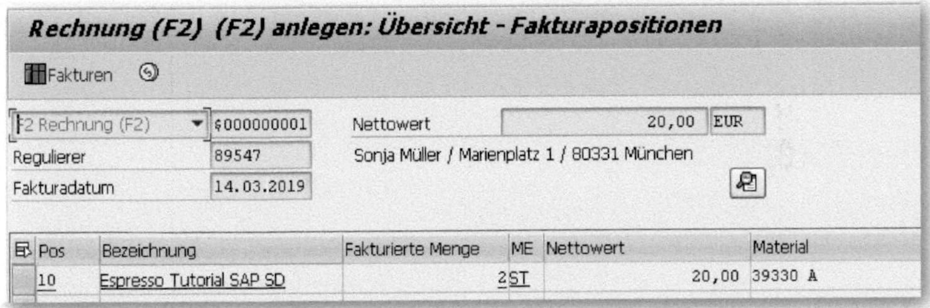

Abbildung 3.39: Transaktion VF01 – Faktura anlegen

Bei diesem Schnelldurchgang durch einen einfachen Verkaufsprozess ging es mir vor allem darum, dass Sie als Anwender möglichst schnell ein Gefühl dafür bekommen, wie das SAP-System »tickt« und welche Schritte notwendig sind, um Vertriebsprozesse in SAP abzubilden. In den nachfolgenden Kapiteln wollen wir uns die einzelnen Schritte viel genauer anschauen und uns dadurch ein tieferes Verständnis für die Zusammenhänge erarbeiten.

4 Auftrag

Wenden wir uns nun im Detail dem zentralen Schritt des Vertriebsprozesses zu: dem *Auftrag*. Sie lernen in diesem Kapitel, wie Aufträge strukturiert sind und welche Bedeutung die wichtigsten Felder im Auftrag haben. Außerdem tauchen wir erstmals etwas tiefer ins Customizing ein.

SAP bietet die Möglichkeit, verschiedenste Vorgänge passend abzubilden. Dies wird durch ein komplexes Zusammenspiel von Systemeinstellungen und Usereingaben erreicht. Betrachten wir z. B. die Verkaufsaktivitäten eines Unternehmens, so können diese sehr unterschiedlich aussehen, wie nachfolgende Beispiele zeigen:

- Es gibt ein Callcenter, wo Aufträge erfasst werden. Die Ware liegt idealerweise im Lager und wird an den Kunden mit Lkw ausgeliefert. Der Kunde möchte bereits am Telefon Auskunft bzgl. Verfügbarkeit, Lieferdauer, möglichen Rabatten etc. erhalten.
- Ein Kundenberater besucht Kunden vor Ort und verkauft Ware gegen Bargeld. Er hat ein Laptop dabei sowie einen mobilen Drucker und druckt die Rechnung direkt aus.
- Zu Werbezwecken wird gelegentlich Ware kostenlos versandt. In diesem Fall wird keine Rechnung benötigt und im Auftrag ist der Preis mit »0« anzugeben.

Aus SAP-Sicht bedeutet dies, dass für die einzelnen Vorgänge mit unterschiedlichen Auftragsarten (vgl. Abschnitt 4.1) bzw. Positionstypen (vgl. Abschnitt 4.4.1) gearbeitet werden muss, um die unterschiedlich ausgeprägten Verkaufsprozesse im System passend abzubilden.

4.1 Auftragsart

Bevor wir im System einen Auftrag genauer anschauen, möchte ich das wichtigste steuernde Element eines Auftrags im Detail vorstellen – die *Auftragsart*. Wir erinnern uns: Beim Anlegen eines Auftrags mussten wir uns für eine Auftragsart entscheiden (vgl. Abbildung 3.25). In unserem Fall hatten wir die Auftragsart *TA* eingegeben, welches die Abkürzung für *Terminauftrag* ist.

In SAP gibt es viele Auftragsarten. Beispiele hierfür sind:

- *TA* (Terminauftrag),
- *KL* (kostenlose Lieferung),
- *RE* (Retoure) ...

Man wählt für unterschiedliche Geschäftsvorfälle bei der Auftragseingabe eine jeweils passende Auftragsart aus – an dieser hängen dann viele Einstellungen im Hintergrund, die den weiteren Verlauf des Prozesses entsprechend aussteuern. Zum Beispiel ist bei der Auftragsart *KL* (kostenlose Lieferung) der Preis automatisch »0«. Die Wahl der Auftragsart stellt also die Weichen dafür, wie der Rest des Vertriebsprozesses ablaufen wird. Kommt man neu in ein Unternehmen und soll Aufträge eingeben, so benötigt man in der Regel die Anweisungen eines erfahrenen Mitarbeiters, welche Auftragsarten im diesem Unternehmen für bestimmte Vorgänge zu verwenden sind. Die Auftragsarten werden im Customizing eingestellt (Transaktion *SPRO*: VERTRIEB • VERKAUF • VERKAUFSBELEGE • VERKAUFSBELEGKOPF • VERKAUFSBELEGARTEN DEFINIEREN).

Begriffe Auftragsart vs. Verkaufsbelegart

Im SAP-Umfeld werden teilweise die Begriffe »Auftragsart« und »Verkaufsbelegart« synonym verwendet. Der Begriff Verkaufsbelegart ist eigentlich etwas weiter gefasst – hiermit sind sowohl die Belegarten für Aufträge als auch für Vorverkaufsaktivitäten wie beispielsweise Angebote oder Anfragen gemeint.

Abbildung 4.1 zeigt einen Ausschnitt der Einstellungen zur Auftragsart *TA*.

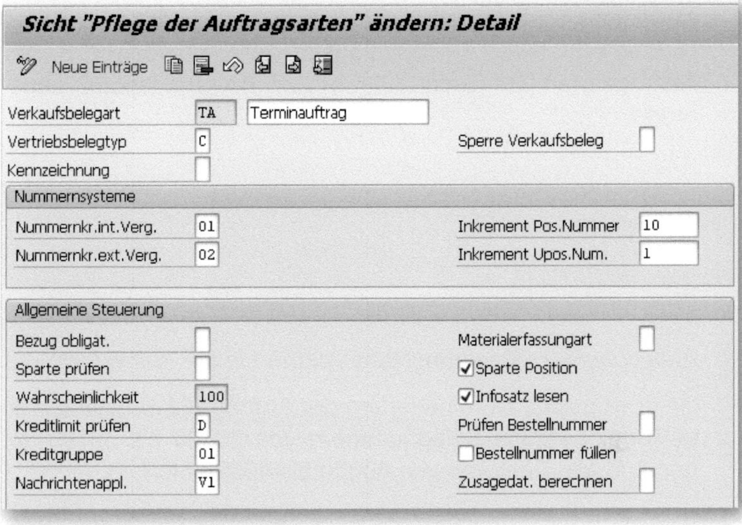

Abbildung 4.1: Customizing der Auftragsart TA

Es folgen einige Beispiele dafür, was man abhängig von der Auftragsart einstellen kann:

- ob der Beleg sich auf einen Vorgängerbeleg beziehen **muss** oder nicht (beispielsweise ist es sinnvoll, dass Retouren-Aufträge sich auf den ursprünglichen Auftrag bzw. die ursprüngliche Faktura beziehen);
- ob beim Erfassen des Belegs ein Datum als Wunschlieferdatum vorgeschlagen wird, und wenn ja, ob es das aktuelle Tagesdatum ist oder eine Vorlaufzeit von x Tagen benötigt wird (für mehr Informationen zum Wunschlieferdatum siehe Abschnitt 4.3 – Felder für den Versand);
- ob die Aufträge zunächst zur Lieferung oder zur Fakturierung gesperrt sind (für Details zur Liefer- und Fakturasperre siehe Abschnitt 4.3 – Felder für den Versand bzw. für die Fakturierung);

- *Sofortlieferung*: Ist dieses Häkchen in der Auftragsart gesetzt, wird beim Sichern des Auftrags automatisch im Hintergrund eine Auslieferung angelegt. Die hierbei vom System zu verwendende Lieferart ist in der Auftragsart hinterlegt (vgl. Abbildung 4.2). Diese Einstellung ist im SAP-Standard z. B. den Auftragsarten *SO* (Sofortauftrag) und *BV* (Barverkauf) zugeordnet.

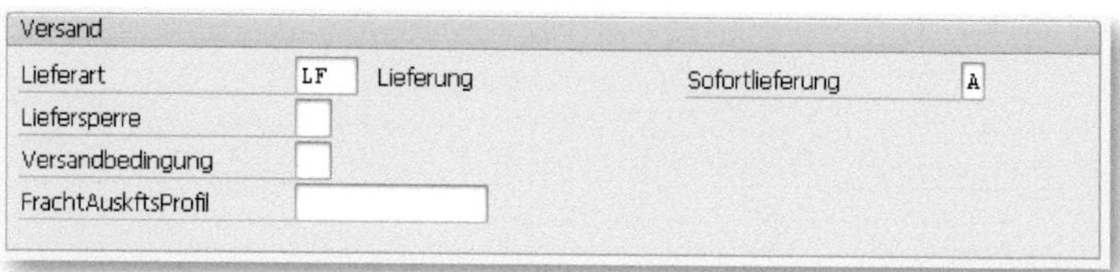

Abbildung 4.2: Steuerung zum Versand in der Auftragsart

- die gewünschte Nummerierung der Aufträge (z. B. könnten alle Terminaufträge Belegnummern von 30000 bis 39999 haben und alle Retouren von 40000 bis 49999 etc.);

Standard-Auftragsarten vs. kundenspezifische Auftragsarten

Der SAP-Standard stellt für häufig vorkommende Vertriebsprozesse bereits fertig eingestellte Auftragsarten im Customizing zur Verfügung. Es empfiehlt sich, bei Bedarf nicht die Standard-Auftragsarten im Customizing zu ändern oder eine neue Auftragsart bei null anzulegen. Vielmehr sollten Sie eine Kopie der gewünschten Auftragsart anlegen und in dieser die benötigten Änderungen durchführen. Typischerweise beginnen kundenspezifische Auftragsarten im SAP-System mit »Z« – beispielsweise könnte man eine neue Auftragsart »ZTA« als Kopie von »TA« (Terminauftrag) anlegen.

Nummernkreise sowie externe/interne Nummernvergabe

In SAP gibt es viele Objekte, die durchnummeriert werden: Kunden, Aufträge, Lieferungen, Materialien, Buchhaltungsbelege usw. Im Customizing kann man für diese Objekte festlegen, welche Nummern verwendet werden dürfen. Man spricht hier von sogenannten *Nummernkreisen*. Ein Nummernkreis könnte z. B. von 30000 bis 39999 gehen, ein anderer von 0 bis 99999999. Auch Buchstaben sind für die »Nummerierung« möglich. Es ist zu unterscheiden, ob das System die nächste freie Nummer beim Sichern des Objekts automatisch vergibt – dann spricht man von *interner Nummernvergabe*, oder ob der User (oder ggf. auch eine Schnittstelle) die Nummern festlegt – dann spricht man von *externer Nummernvergabe*. Das System prüft in diesem Fall im Hintergrund, ob die gewählte Nummer im erlaubten Nummernkreis enthalten und noch frei ist.

Zurück zu unserem Thema der Auftragsarten: Man kann im Customizing jeder Auftragsart einen Nummernkreis für die interne und einen für die externe Nummernvergabe zuordnen. Wählt man nur eine der beiden Möglichkeiten, so ist nur interne bzw. externe Nummernvergabe erlaubt.

4.2 Struktur eines Auftrags

Ein Auftrag wird grob in zwei Bereiche aufgeteilt: die *Kopfdaten*, welche für den gesamten Auftrag gelten (wie beispielsweise die Lieferadresse oder Rechnungsanschrift) und die *Positionsdaten* – eine Liste von Artikeln. Abbildung 4.3 zeigt anhand unseres Beispiels, welche Daten üblicherweise in einem Auftrag enthalten sind.

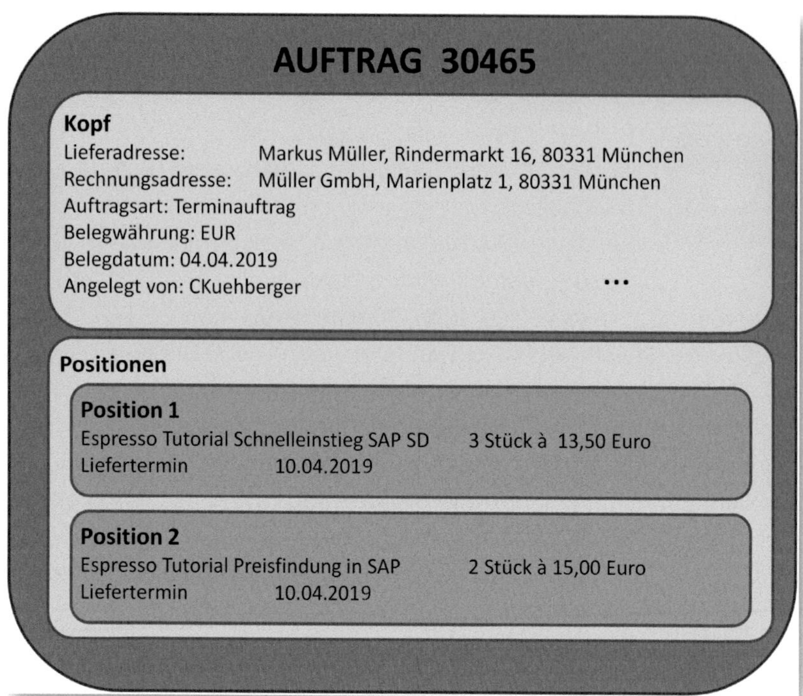

Abbildung 4.3: Beispiel-Auftrag

In diesem Fall ist die volle Menge beider Positionen am selben Tag lieferbar. Es könnte aber auch sein, dass die Artikel nicht alle gleichzeitig lieferbar sind und die Lieferung auf verschiedene Termine aufgeteilt ist (siehe Abbildung 4.4, Position 1).

AUFTRAG 30465

Kopf
Lieferadresse: Markus Müller, Rindermarkt 16, 80331 München
Rechnungsadresse: Müller GmbH, Marienplatz 1, 80331 München
Auftragsart: Terminauftrag
Belegwährung: EUR
Belegdatum: 04.04.2019
Angelegt von: CKuehberger
...

Positionen

Position 1
Espresso Tutorial Schnelleinstieg SAP SD 3 Stück à 13,50 Euro
Liefertermin 2 Stück 10.04.2019
Liefertermin 1 Stück 20.03.2019

Position 2
Espresso Tutorial Preisfindung in SAP 2 Stück à 15,00 Euro
Liefertermin 12.04.2019

Abbildung 4.4: Mehrere Liefertermine im Auftrag

In der SAP-Terminologie spricht man in diesem Fall davon, dass die erste Position dieses Auftrags zwei *Einteilungen* hat. In der zweiten Position gibt es im Vergleich dazu nur eine Einteilung. Eine Einteilung enthält in SAP alle für einen Liefertermin spezifischen Daten. Beispielsweise könnte man je Liefertermin eine gewünschte Anlieferuhrzeit auf Einteilungsebene pflegen. In SAP gliedert sich also ein Auftrag nicht nur in Kopf- und Positionsdaten, sondern es gibt auch noch eine dritte Ebene – die *Einteilungsdaten* (siehe Abbildung 4.5).

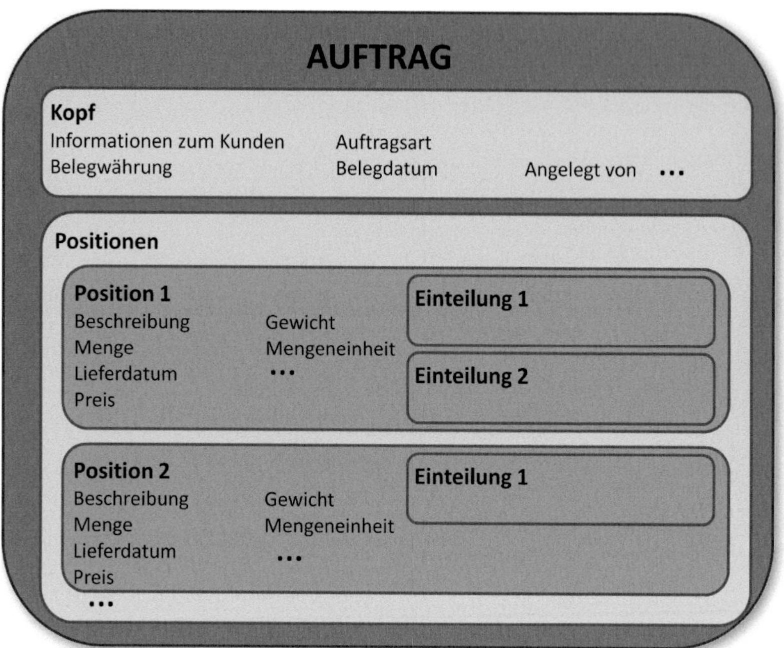

Abbildung 4.5: Struktur eines Auftrags mit Einteilungen

4.3 Kopfdaten im Auftrag

Wir wollen uns nun die Kopfdaten im Auftrag genauer ansehen. Hierzu arbeiten wir mit dem in Abschnitt 3.2 angelegten Auftrag. Einen existierenden Auftrag kann man mit der Transaktion *VA02* ändern (SAP-Menü: LOGISTIK • VERTRIEB • VERKAUF • AUFTRAG • ÄNDERN) oder mit der Transaktion *VA03* anzeigen (SAP-Menü: LOGISTIK • VERTRIEB • VERKAUF • AUFTRAG • ANZEIGEN). In diesen beiden Transaktionen gibt man jeweils, wie in Abbildung 4.6 gezeigt, die Auftragsnummer ein und gelangt über Drücken der Taste `Enter` oder Klick auf den Button ✓ in den Auftrag.

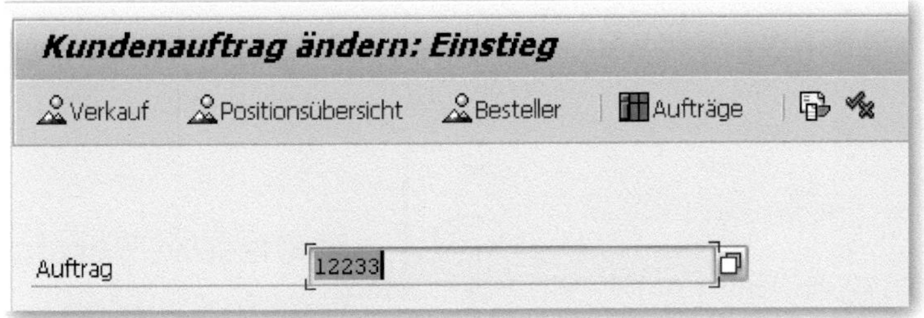

Abbildung 4.6: Aufruf eines existierenden Auftrags

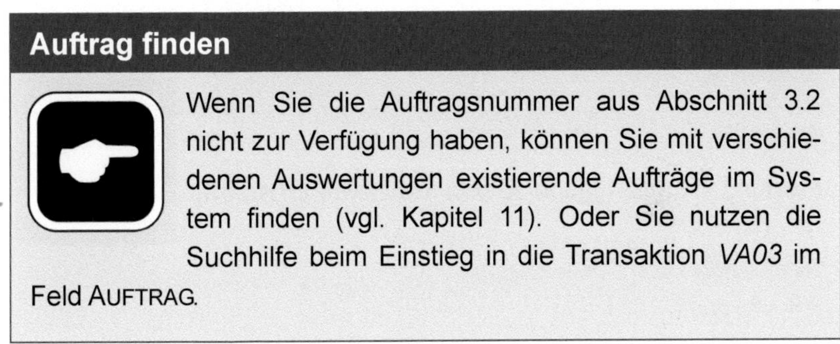

Auftrag finden

Wenn Sie die Auftragsnummer aus Abschnitt 3.2 nicht zur Verfügung haben, können Sie mit verschiedenen Auswertungen existierende Aufträge im System finden (vgl. Kapitel 11). Oder Sie nutzen die Suchhilfe beim Einstieg in die Transaktion *VA03* im Feld AUFTRAG.

Abbildung 4.7 zeigt, wo Sie Felder der Kopfdaten im Auftrag finden können:

- Vereinzelte Informationen, die zu den Kopfdaten gehören, sind unmittelbar sichtbar, wie z. B. die Felder AUFTRAGGEBER, WARENEMPFÄNGER und WUNSCHLIEFERDATUM.
- Durch Klick auf den Button [Button] gelangt man in das in Abbildung 4.8 gezeigte Bild, wo die Kopfdaten in zahlreiche verschiedene Reiter gegliedert sind. Hier sehen Sie schon, dass die Kopfdaten sehr umfangreich sein können.

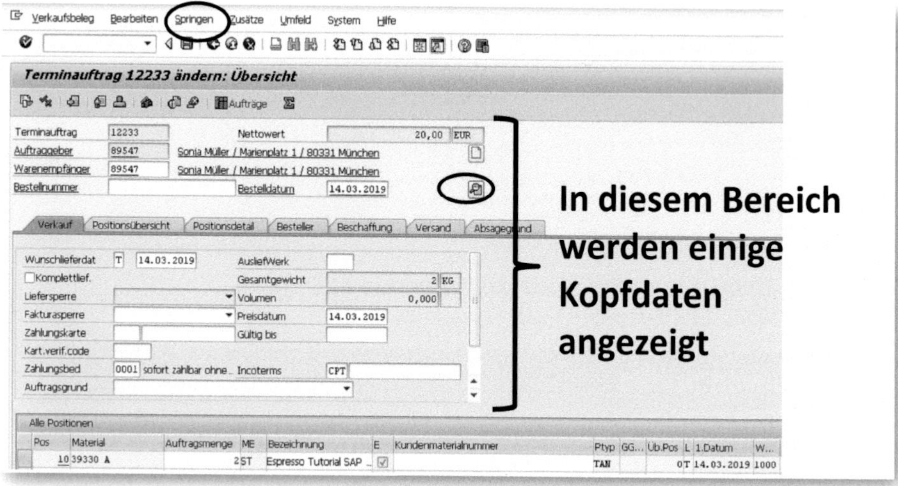

Abbildung 4.7: Navigation zu den Kopfdaten im Auftrag

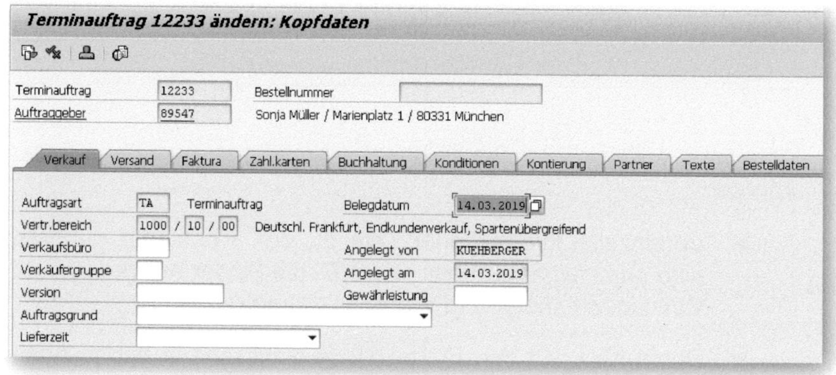

Abbildung 4.8: Kopfdaten im Auftrag

- Alternativ kann man die Kopfdaten auch über das Menü SPRINGEN • KOPF ansteuern und durch Auswahl der Kategorie direkt in den gewünschten Reiter verzweigen (siehe Abbildung 4.9).

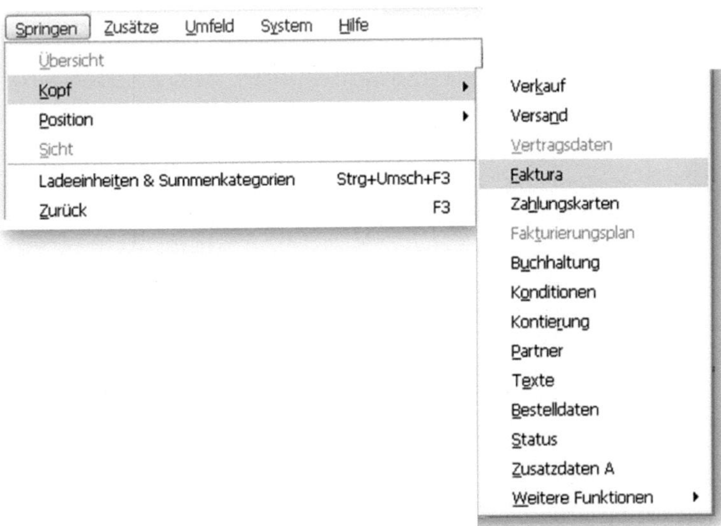

Abbildung 4.9: Menü Kopfdaten

Zurück ins Einstiegsbild zum Auftrag gelangen Sie durch Klick auf den Button ganz oben in der Systemfunktionsleiste.

Ich werde nun einige wichtige Felder der Kopfdaten herausgreifen und ihre Bedeutung erklären. Ich möchte Sie auch daran erinnern, dass zu jedem Feld zusätzliche Informationen zur Verfügung stehen, wenn man die F1-Hilfe aufruft (vgl. Abschnitt 1.3).

Felder im Auftrag

Prüfen Sie in unserem Auftrag aus Abschnitt 3.2, wo die beschriebenen Felder zu finden sind und was Sie für eine Bedeutung haben. Hierfür können Sie die Transaktion *VA02* (Auftrag ändern) bzw. *VA03* (Auftrag anzeigen) verwenden.

Allgemeine Felder

- AUFTRAGSART: Die Auftragsart gibt man beim Anlegen eines Auftrags vor (vgl. Abbildung 3.25). Für Details zur Auftragsart vgl. Abschnitt 4.1.
- Organisatorische Zuordnung: Beim Anlegen eines Auftrags gibt man im Einstiegsbild Organisationsdaten ein (Verkaufsorganisation, Vertriebsweg, Sparte), vgl. Abbildung 3.25. Diese Daten sieht man in den Kopfdaten im Reiter VERKAUF in den drei Feldern zur Bezeichnung VERTR.BEREICH (siehe Abbildung 4.10). Für Details zu den Organisationsdaten und zum Vertriebsbereich vgl. Kapitel 9.

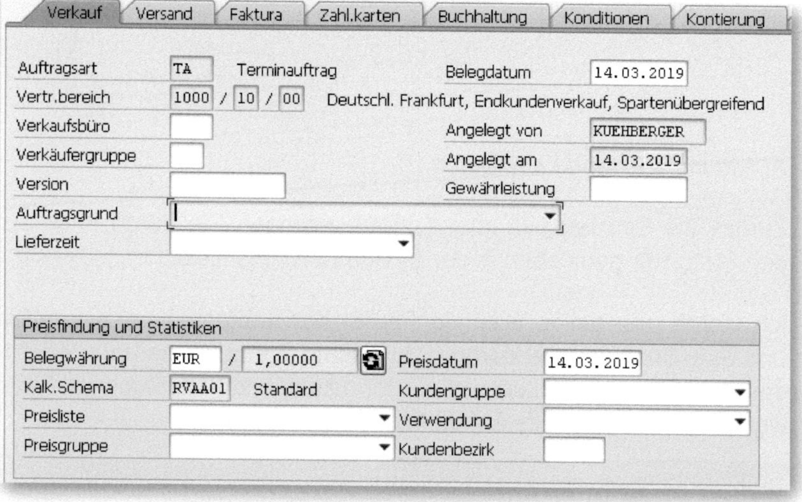

Abbildung 4.10: Kopfdaten Reiter VERKAUF

- AUFTRAGSGRUND: Dieses Feld ist auch im Reiter VERKAUF zu finden. Hier kann man keinen Freitext eingeben – es gibt einige vom System vorgegebene Auftragsgründe zum Auswählen in einer Drop-down-Liste. Welche das sind, hängt vom System ab – sie können im Customizing definiert werden. Beispiele für Auftragsgründe können sein: RETOURE, VERTRETERBESUCH, KOSTENLOSES MUSTER, WARE DEFEKT. Bei manchen Auftragsarten ist der Auftragsgrund als Pflichtfeld eingerichtet. Dies ist häufig bei Retouren der Fall, damit das

Unternehmen auswerten kann, worin die Gründe für die Rücksendungen liegen.

- BESTELLNUMMER: Das Feld BESTELLNUMMER findet man im oberen Bereich des Auftrags (siehe Abbildung 4.11). Hier können Sie die Nummer eintragen, die vom Kunden für die Bestellung bei Ihnen verwendet wird. Diese kann dann auch auf der Rechnung angedruckt werden und dient als Bindeglied für die Korrespondenz mit dem Kunden. Allerdings wird dieses Feld auch für andere Zwecke »missbraucht« (so steht z. B., wenn Aufträge aus einem Fremdsystem übernommen werden, hier vielfach die Auftragsnummer des Ursprungssystems).

Abbildung 4.11: Bestellnummer

Felder zur Steuerung der Preisfindung

- PREISDATUM: Sie finden dieses Feld im Reiter VERKAUF (vgl. Abbildung 4.10). Mit dem PREISDATUM sucht das System nach an diesem Datum gültigen Preiselementen (sog. *Konditionssätzen*) für die automatische Preisfindung. Die Preisfindung ist ein sehr komplexes Thema – einen Einstieg finden Sie in Abschnitt 4.7.3. Je Auftragsart kann man im Customizing angeben, ob das System hier das Tagesdatum oder das Wunschlieferdatum vorschlagen soll.
- Es ist möglich, dass je Kunde/Kundengruppe unterschiedliche Preise gelten, die im System hinterlegt sind. Durch ein Zusammenspiel mehrerer Felder aus dem Kundenstamm (KUNDENGRUPPE, PREISGRUPPE, PREISLISTE) können sehr komplexe Szenarien abgebildet werden (vgl. Abbildung 4.10).

Felder mit Bezug zum Kunden

- AUFTRAGGEBER und WARENEMPFÄNGER: Diese beiden Felder sind gleich beim Einstieg in den Auftrag ganz oben zu sehen (siehe Abbildung 4.12). In beiden Feldern steht eine Kundennummer. Diese ist im Hintergrund mit einer Adresse verknüpft. In unserem Beispiel steht hier zweimal dieselbe Kundennummer, es könnte sich aber auch um zwei verschiedene handeln (z. B. wenn die Ware nicht an den Auftraggeber geliefert werden soll, sondern an eine Filiale mit einer anderen Adresse).

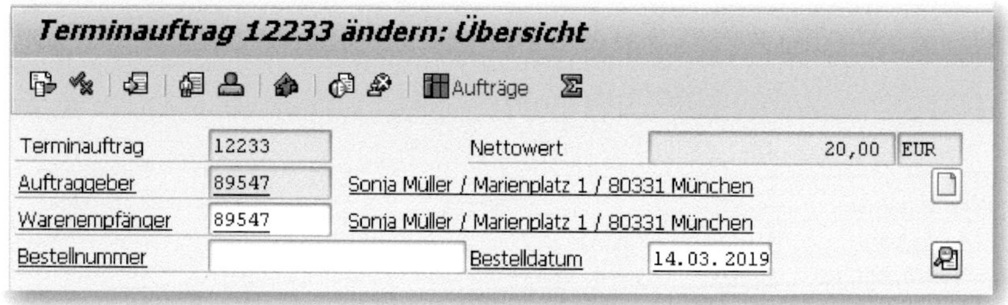

Abbildung 4.12: Kundenspezifische Felder AUFTRAGGEBER und WARENEMPFÄNGER

- Es gibt neben Auftraggeber und Warenempfänger noch weitere *Partnerrollen* in SAP. Diese findet man zu einem Auftrag in den Kopfdaten im Reiter PARTNER (siehe Abbildung 4.13). Genauere Informationen zum Konzept der Partnerrollen finden Sie in Abschnitt 10.1.2.

Abbildung 4.13: Partnerdaten im Auftrag

Felder für den Versand

- WUNSCHLIEFERDATUM: Das Feld WUNSCHLIEFERDATUM ist gleich im Einstiegsbild zu finden (siehe Abbildung 4.14). Zu diesem Datum möchte der Kunde die Ware idealerweise erhalten. Das Wunschlieferdatum dient als Basis für das System, um bei der *Versandterminierung* zu ermitteln, ob der Kunde die Ware rechtzeitig erhalten kann (vgl. Abschnitt 4.7.1).

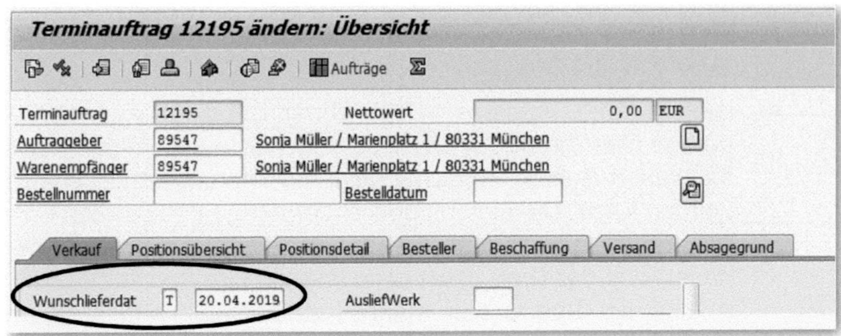

Abbildung 4.14: Feld Wunschlieferdatum

Weitere Felder, die sich auf den Versand beziehen, finden sich in den Kopfdaten, Reiter VERSAND (siehe Abbildung 4.15).

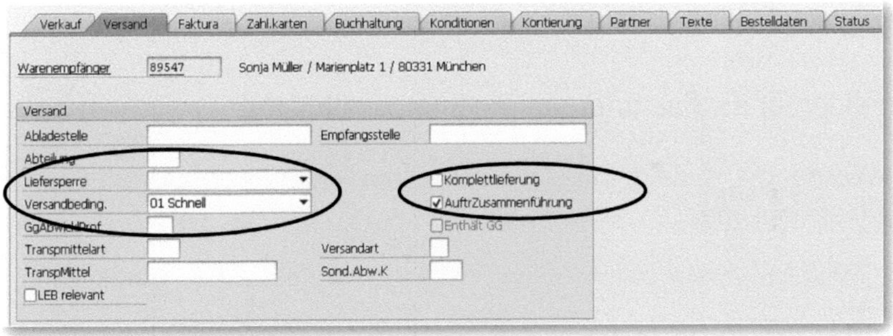

Abbildung 4.15: Kopfdaten, Reiter VERSAND

- VERSANDBEDINGUNG: Hier kann man unter verschiedenen Versandbedingungen wählen (z. B. Standardlieferung, schnelle Lieferung, ...). Welche Optionen verfügbar sind und welche Bedeutung sie im Hintergrund haben, ist von System zu System verschieden. Die Versandbedingung wird, sofern dort gepflegt, aus dem Kundenstamm des Auftraggebers kopiert.

- Checkboxen KOMPLETTLIEFERUNG und AUFTRAGSZUSAMMENFÜHRUNG: Die Bedeutung dieser beiden Optionen ist relativ selbsterklärend: Wenn aktuell nicht alle Artikel zum Wunschlieferdatum lieferbar sind, soll bei ausgewählter Komplettlieferung gewartet werden, bis alles verfügbar ist. Wenn eine Auftragszusammenführung erwünscht ist, werden (sofern vorhanden) möglichst mehrere Aufträge in einer Auslieferung zusammengefasst.
- LIEFERSPERRE: In diesem Feld können Sie durch Auswahl einer der Sperrgründe in der Drop-down-Liste bestimmen, dass für diesen Auftrag zunächst kein Auslieferungsbeleg erstellt werden kann. Die Liefersperre entfernt man im späteren Prozessverlauf, indem man den leeren Eintrag (auch *initial* genannt) aus der Drop-down-Liste im Feld LIEFERSPERRE wählt. Anstatt die Sperre hier manuell zu setzen, kann auch im Customizing der Auftragsart voreingestellt werden, dass Aufträge dieser Auftragsart erst einmal zur Lieferung gesperrt sind. Beispielsweise könnte dies bei der Auftragsart für kostenlose Lieferungen gewünscht sein – hier sollte gemäß dem Vier-Augen-Prinzip im Auftrag überprüft werden, ob die kostenlose Lieferung korrekt ist.

Felder für die Fakturierung (Rechnungsstellung)

Abbildung 4.16 zeigt Ihnen die unter dem Reiter FAKTURA verfügbaren Einstelloptionen.

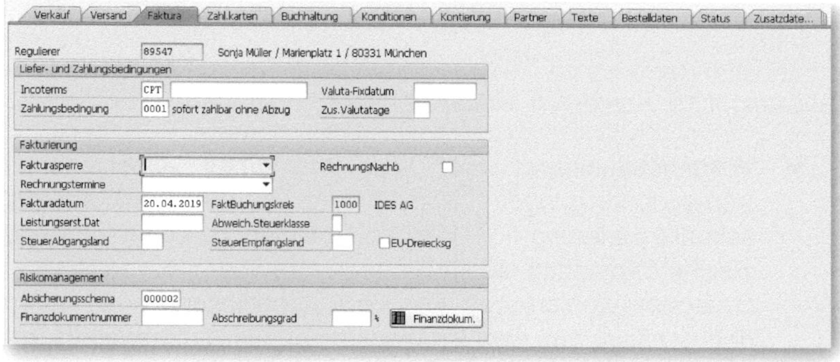

Abbildung 4.16: Kopffelder – Fakturierung

- INCOTERMS: Die *Incoterms* sind international festgelegte Regelungen zur Lieferung von Gütern. Sie können beispielsweise Angaben dazu beinhalten, wer im Falle eines Verlustes oder einer Beschädigung der Ware das finanzielle Risiko trägt. Gängige Beispiele sind *CPT* (frachtfrei) oder *EXW* (ab Werk). Die Incoterms werden aus dem Kundenstamm des Auftraggebers automatisch im Auftrag vorgeschlagen, sofern sie dort gepflegt sind. Sie bestehen aus zwei Feldern, da manchmal weitere Angaben notwendig sind. So gibt man z. B. bei FOB »Frei an Bord« im zweiten Feld den Hafen an, von dem aus die Lieferung versandt wird.

- ZAHLUNGSBEDINGUNG: Die Zahlungsbedingung gibt unter anderem Auskunft darüber, bis wann die Rechnung vom Kunden zu bezahlen ist und *Skonto* (das ist ein Preisnachlass auf den Rechnungsbetrag bei Zahlung innerhalb einer bestimmten Zeit) gewährt wird (z. B. innerhalb von 14 Tagen – 3 % Skonto, innerhalb von 30 Tagen – 1 % Skonto, innerhalb von 60 Tagen – ohne Abzug). Die Zahlungsbedingung wird aus dem Kundenstammsatz des Regulierers (demjenigen, der die Rechnung bezahlt – siehe Abschnitt 10.1.2) in den Auftrag kopiert, sofern dort gepflegt.

- FAKTURASPERRE: Hier können Sie durch manuelles Setzen einer Sperre, ähnlich wie bei der Liefersperre (siehe Abschnitt 4.3 – Felder für den Versand), erreichen, dass für diesen Auftrag zunächst keine Rechnung erstellt werden kann. Auch hierfür sind verschiedene Gründe wählbar und es kann in der Auftragsart eingestellt werden, dass die Sperre automatisch beim Erstellen des Auftrags gesetzt wird. Die Fakturasperre entfernt man im späteren Prozessverlauf, indem man den leeren Eintrag aus der Drop-down-Liste wählt.

- FAKTURADATUM: Dieses Datum bestimmt, an welchem Tag die Faktura erstellt wird (für mehr Informationen hierzu vgl. Kapitel 6). Für Details zur relativ komplexen Berechnung des vorgeschlagenen Datums rufen Sie bitte die `F1`-Hilfe zu diesem Feld auf.

- LEISTUNGSERSTELLUNGSDATUM: Das Leistungserstellungsdatum ist eine gesetzlich vorgeschriebene Pflichtangabe bei Rechnungen für Dienstleistungen. Wenn Dienstleistungen in

Rechnung gestellt werden, tragen Sie hier das Datum, zu dem die Leistung erbracht wird, manuell ein.

- Mit den Feldern STEUER-ABGANGS- bzw. -EMPFANGSLAND, ABWEICHENDE STEUERKLASSE und EU DREIECKSGESCHÄFT kann die Berechnung der Steuer, welche das SAP-System normalerweise automatisch durchführt, manuell beeinflusst werden. Voraussetzung hierfür ist, dass im Hintergrund die Steuerfindung entsprechend eingestellt ist. Diese Thematik kann sehr komplex sein und es sei Experten vorbehalten, hier manuelle Manipulationen vorzunehmen.

Zwei Reiter auf Kopfebene möchte ich Ihnen noch vorstellen, die Funktionalitäten zu Preisen bzw. Texten enthalten:

Konditionen

In den Kopfdaten unter dem Reiter KONDITIONEN (siehe Abbildung 4.17) sind die Preisinformationen zum gesamten Auftrag aufsummiert (z. B. Gesamtwert des Auftrags, Summen zu Rabatten, Zuschlägen, Mehrwertsteuer etc.), und können bei Bedarf durch manuell eingegebene Konditionen ergänzt werden (für weitere Informationen zur Preisfindung vgl. Abschnitt 4.7.3).

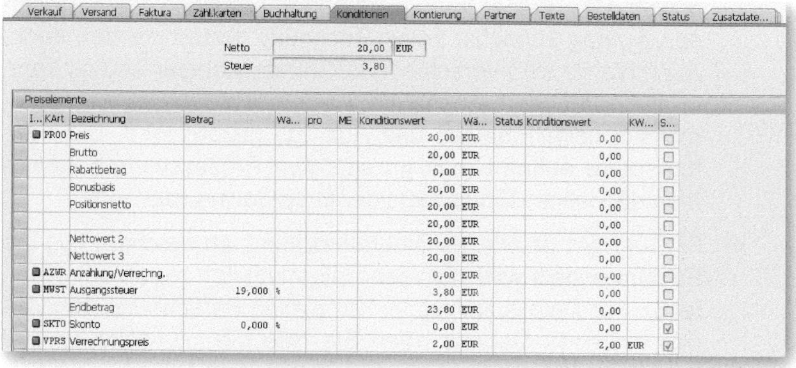

Verkauf | Versand | Faktura | Zahl.karten | Buchhaltung | Konditionen | Kontierung | Partner | Texte | Bestelldaten | Status | Zusatzdate...

Netto 20,00 EUR
Steuer 3,80

Preiselemente

I...	KArt	Bezeichnung	Betrag	Wa...	pro	ME	Konditionswert	Wä...	Status	Konditionswert	KW...	S...
	PR00	Preis					20,00	EUR		0,00		☐
		Brutto					20,00	EUR		0,00		☐
		Rabattbetrag					0,00	EUR		0,00		☐
		Bonusbasis					20,00	EUR		0,00		☐
		Positionsnetto					20,00	EUR		0,00		☐
							20,00	EUR		0,00		☐
		Nettowert 2					20,00	EUR		0,00		☐
		Nettowert 3					20,00	EUR		0,00		☐
	AZWR	Anzahlung/Verrechng.					0,00	EUR		0,00		☐
	MWST	Ausgangssteuer	19,000	%			3,80	EUR		0,00		☐
		Endbetrag					23,80	EUR		0,00		☐
	SKTO	Skonto	0,000	%			0,00	EUR		0,00		☑
	VPRS	Verrechnungspreis					2,00	EUR		2,00	EUR	☑

Abbildung 4.17: Kopfkonditionen

Preise auf Kopf- und Positionsebene

Konditionen sind auf Kopf- und Positionsebene im Auftrag wählbar. Wird z. B. auf einen gesamten Auftrag manuell ein Rabatt von 10 % gewährt, so muss man diesen Rabatt nicht in jeder Position eintragen, sondern pflegt ihn in den Kopfdaten, Reiter KONDITIONEN. Ob Konditionsarten im Kopf und/oder in der Position zur Verfügung stehen, wird im Customizing festgelegt.

Texte

Im Reiter TEXTE können Sie verschiedene Freitexte eingeben bzw. werden Ihnen z. T. Texte vom System automatisch vorgeschlagen (etwa aus dem Kundenstamm). Welche Texte und woher sie eingebracht werden, kann im Customizing eingestellt werden. Auch der Zweck der Texte kann ganz unterschiedlich sein. Hier einige Beispiele:

- Auf der Auftragsbestätigung soll folgender Text angedruckt werden: »Bitte beachten Sie die aktuellen Angebote auf unserer Homepage«.
- Im Auftrag können auch Texte eingegeben werden, die automatisch in die nachfolgende Lieferung kopiert und auf dem Lieferschein angedruckt werden, wie z. B.: »Bitte liefern Sie an Herrn xy persönlich in den Raum 234.«
- Notiztexte sind dafür vorgesehen, dass Anwender interne Anmerkungen zum Auftrag hinterlegen können. Diese werden in der Regel nicht auf Dokumenten angedruckt, die dem Kunden übermittelt werden.

Welchen Zweck die jeweiligen Texte in Ihrem firmenspezifischen System erfüllen, können Sie ggf. aus deren Bezeichnung schließen. Allerdings ist etwas Vorsicht geboten, weil die Bezeichnungen auch irreführend sein können. Daher sollten Ihnen idealerweise Kollegen diesbezüglich Informationen geben, oder es steht eine entsprechende Dokumentation zur Verfügung, wie die Texte im Unternehmen genutzt werden.

Zu beachten bei der Textpflege

Man sollte als Anwender genau wissen, ob und wo die gepflegten Texte angedruckt werden. Als Faustregel gilt meistens, dass Texte mit der Ergänzung *»notiz«* im Namen, z. B. *Kopfnotiz*, nicht angedruckt werden und für interne Zwecke dienen. Trotzdem ist Vorsicht geboten, und es lohnt sich, zu Testzwecken alle Texte zu füllen und zu beobachten, ob sie an den Stellen in den Ausdrucken auftauchen, an denen man sie erwarten würde. Denken Sie daran, auch die Ausdrucke zu Lieferungen und Fakturen zu überprüfen, weil manche Texte an alle Prozessschritte durchgereicht werden – je nach Customizing-Einstellungen im jeweiligen System.

Die Pflege der Texte erfordert etwas Übung: Zunächst muss man auf der linken Seite auf die Textbeschreibung des zu pflegenden Textes doppelklicken. Daraufhin blinkt im rechten Bildschirmbereich der Cursor, sodass dort der Text eingegeben werden kann (siehe Abbildung 4.18). Hier erscheint stets nur ein Text.

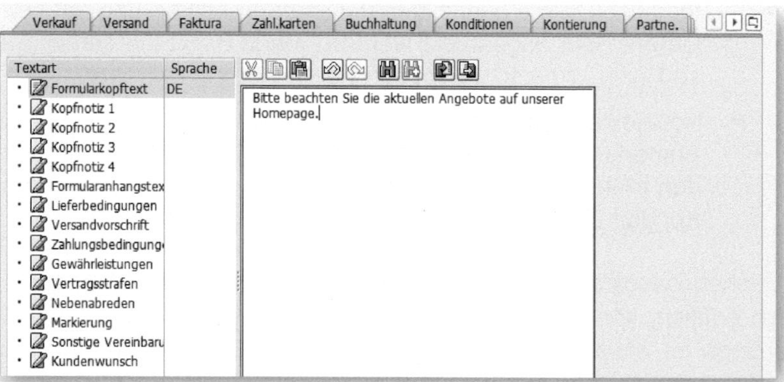

Abbildung 4.18: Texte in den Kopfdaten

Pflege von Texten

Ändern Sie Ihren Auftrag aus Abschnitt 3.2 und geben Sie einen Formularkopftext ein (sofern dieser Text in Ihrem System zur Verfügung steht – sonst wählen Sie einen anderen Text). Prüfen Sie, ob der Text in der Auftragsbestätigung angedruckt wird (vgl. Abschnitt 4.7.4).

Sie kennen nun die wichtigsten Informationen, die auf der Kopfebene eines Auftrags erfasst werden. Nun wollen wir uns die Positionen eines Auftrags genauer ansehen.

4.4 Auftragspositionen

Ein Auftrag kann eine oder mehrere Positionen enthalten. Im Gegensatz zu den Kopfdaten gelten die Positionsdaten nur für jeweils eine Position im Auftrag. Diese Daten können je Position unterschiedliche Werte annehmen; zudem ist es denkbar, dass Positionen bezüglich ihres Verhaltens und des dahinterliegenden betriebswirtschaftlichen Prozesses unterschiedlich ausgesteuert sind – hier ist das steuernde Element der *Positionstyp*.

Verschiedene Positionstypen

Eine kostenlose Position hat im Auftrag einen anderen Positionstyp als eine, die bezahlt werden muss. In diesem Fall ist der Preis kein Pflichtfeld und es wird keine Faktura für die Position erstellt. Auch eine Retourenposition hat einen anderen Positionstyp als eine Position, die zum Kunden ausgeliefert wird. Bei der Retourenposition ist mit dem Positionstyp indirekt schon festgelegt, dass es einen Wareneingang statt eines Warenausgangs geben wird.

4.4.1 Positionstyp

Den *Positionstyp* finden Sie in der Positionsübersicht des Auftrags in der Spalte PTYP (siehe Abbildung 4.19). In unserem Auftrag aus Abschnitt 3.2 hat das System den Positionstyp *TAN* ermittelt.

Abbildung 4.19: Positionstyp TAN

Der Positionstyp steuert (ähnlich wie die Auftragsart für den gesamten Beleg) die Eigenschaften der Position. Zudem legt er den Grundstein dafür, wie der weitere Prozess (Lieferung, Faktura) für die jeweilige Position aussieht. Durch die Verwendung unterschiedlicher Positionstypen ist es möglich, für die Positionen eines Auftrags verschiedene betriebswirtschaftliche Abläufe zu definieren. Der Positionstyp und seine Eigenschaften werden im Customizing festgelegt – Abbildung 4.20 zeigt einen Ausschnitt der Einstellungen für den Positionstyp TAN (Pfad in der Transaktion *SPRO*: VERTRIEB • VERKAUF • VERKAUFSBELEGE • VERKAUFSBELEGPOSITION • POSITIONSTYPEN DEFINIEREN).

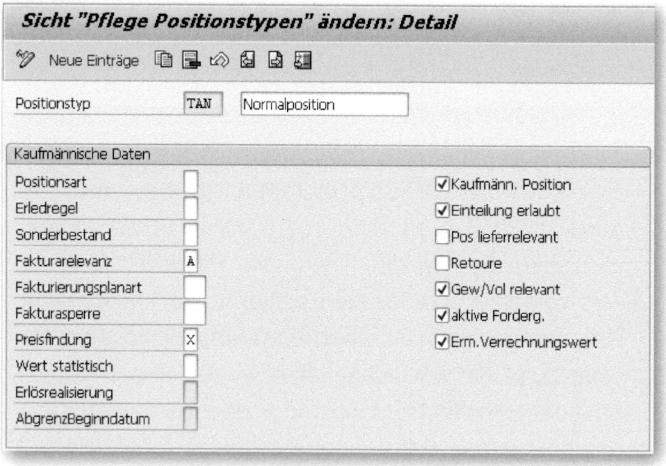

Abbildung 4.20: Einstellungen zum Positionstyp TAN im Customizing

Vom SAP-Standard werden bereits diverse Positionstypen zur Verfügung gestellt, die Sie direkt verwenden oder kopieren und gemäß Ihren unternehmensspezifischen Anforderungen anpassen können.

Standard bleibt Standard

Man könnte die Steuerung der Standard-Positionstypen im Customizing auch abändern; dies empfehle ich aber nicht. Es ist immer gut, den SAP-Standard wo möglich nicht anzutasten, damit man als Referenz anschauen kann, wie gewisse Einstellungen im Standard ursprünglich gesetzt waren. Zudem geht man, wenn man neu in ein Unternehmen kommt, zunächst einmal von der Standardfunktionalität aus.

Hier einige Beispiele für Eigenschaften, die je Positionstyp unterschiedlich ausgesteuert sein können: Sie entscheiden,

- ob Rechnungen für die Position erstellt werden und diese dann auftrags- oder lieferungsbezogen sein sollen (Fakturarelevanz). Für kostenlose Positionen (Standard-Positionstyp KLN) werden beispielsweise keine Rechnungen erstellt;
- ob es sich um eine Retourenposition handelt (Standard-Positionstyp REN);
- ob für die Position ohne weitere Prüfung Fakturen erstellt werden dürfen oder ob es hier einer Genehmigung bedarf (automatische Fakturasperre).

Positionstypenfindung

Der Positionstyp wird in der Regel vom System automatisch ermittelt. Im Materialstamm gibt es in der Vertriebssicht ein Feld (die POSITIONSTYPENGRUPPE), das hier steuernd wirkt (vgl. Abschnitt 10.2). Je Verkaufsbelegart und Positionstypengruppe wird definiert, welcher Positionstyp automatisch ermittelt werden soll und welche Positionstypen bei manueller Änderung/Eingabe erlaubt sind. Zusätzlich gibt es noch zwei Faktoren, die nur in Sonderfällen bei der Positionstypenermittlung eine Rolle spielen: die *Verwendung* (z. B. *TEXT* bei Textpositionen und *FREE* bei Naturalrabattpositionen) und der Positionstyp der übergeordneten Position, sofern es sich um einen Auftrag mit Unterpositionen handelt. Abbildung 4.21 zeigt einen Auszug der Positionstypenfindung für die Auftragsart *TA* und die Positionstypengruppe *NORM* (Pfad in der Transaktion *SPRO*: VERTRIEB • VERKAUF • VERKAUFSBELEGE • VERKAUFSBELEGPOSITION • POSITIONSTYPEN ZUORDNEN). Diese Customizingeinstellung hat in unserem Auftrag aus Abschnitt 3.2 dazu geführt, dass der Positionstyp *TAN* ermittelt wurde.

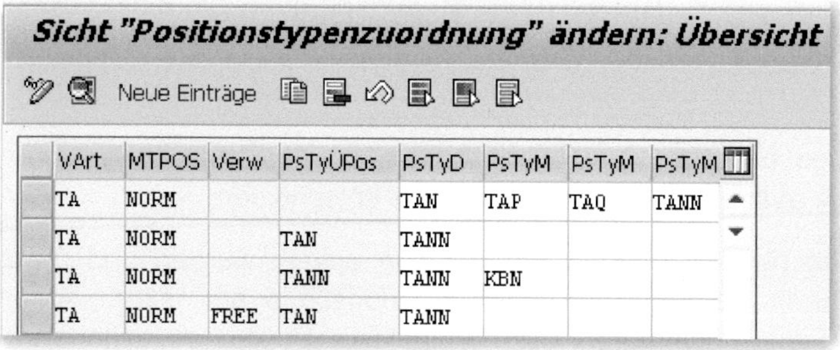

Sicht "Positionstypenzuordnung" ändern: Übersicht

Neue Einträge

VArt	MTPOS	Verw	PsTyÜPos	PsTyD	PsTyM	PsTyM	PsTyM
TA	NORM			TAN	TAP	TAQ	TANN
TA	NORM		TAN	TANN			
TA	NORM		TANN	TANN	KBN		
TA	NORM	FREE	TAN	TANN			

Abbildung 4.21: Positionstypenfindung im Customizing

4.4.2 Daten auf Positionsebene

Die Daten zu einer Position sind teilweise im Einstiegsbild des Auftrags in der tabellenartigen *Positionsübersicht* zu sehen (siehe Abbildung 4.22).

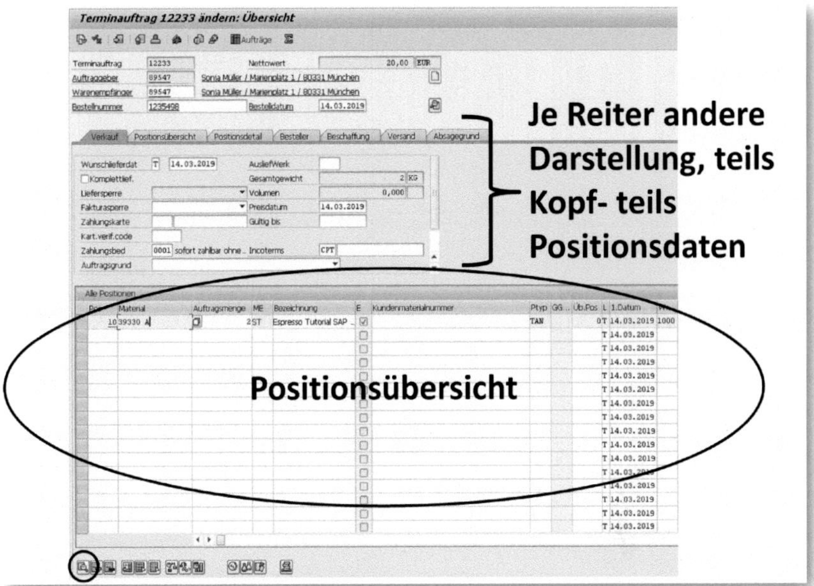

Abbildung 4.22: Positionsdaten

Sie können sich weitere Positionsdaten anzeigen lassen, indem Sie zunächst den Cursor in der Zeile derjenigen Position platzieren, zu der Sie Details aufrufen möchten. Anschließend klicken Sie entweder auf den Button (zur Position des Buttons vgl. Abbildung 4.22), oder Sie navigieren über das Menü SPRINGEN • POSITION • REITER AUSWÄHLEN (z. B. VERKAUF A). Hier sehen Sie die Details zur ausgewählten Position – präsentiert auf verschiedenen Reitern (siehe Abbildung 4.23).

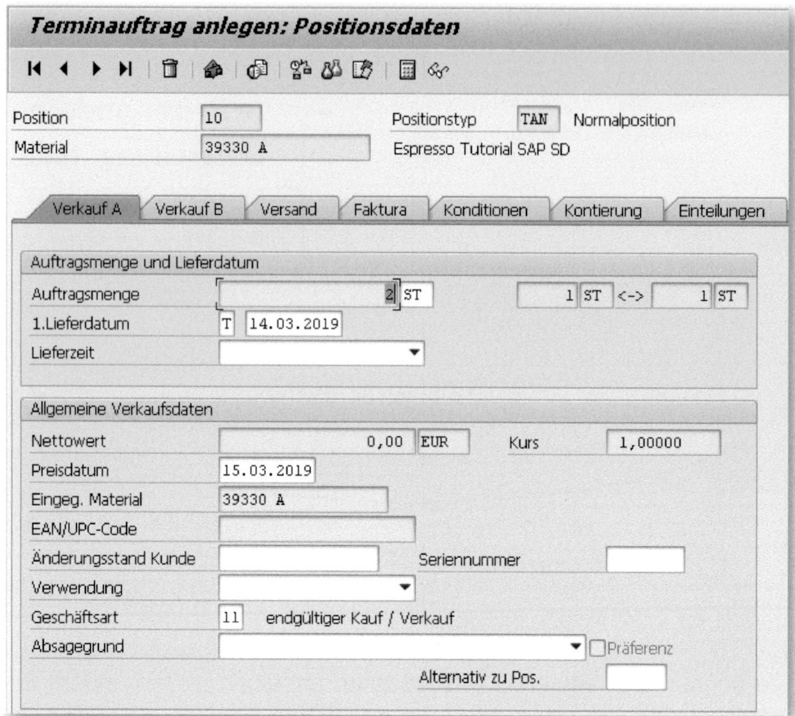

Abbildung 4.23: Reiter VERKAUF A auf Positionsebene

In dieser Ansicht kann man mittels der Buttons von Position zu Position springen. Zurück in die Positionsübersicht gelangen Sie durch Klick auf den Button ganz oben in der Systemfunktionsleiste.

Einige wichtige Felder auf Positionsebene sollen nun vorgestellt werden. Wieder lade ich Sie dazu ein, die Felder in unserem Bespielauftrag (Abschnitt 3.2) zu suchen und deren Bedeutung mittels der F1-Hilfe zu prüfen.

Felder, die die Preisfindung der Position beeinflussen

- PREISDATUM: das System übernimmt in der Regel das Preisdatum aus dem Kopf (vgl. Abschnitt 4.3). Normalerweise gilt für alle Positionen dasselbe Datum. Wenn der Prozess es anders vorsieht, hat man hier die Möglichkeit, je Position ein anderes Preisdatum manuell einzutragen. Das Feld befindet sich im Reiter VERKAUF A (vgl. Abbildung 4.23).

- PREISMATERIAL: Gibt es im System viele Materialien mit demselben Preis, kann man die Stammdatenpflege der Konditionssätze reduzieren, indem man den Preis nur für eines dieser Materialien pflegt. Dieses Referenzmaterial kann im Feld PREISMATERIAL auf Positionsebene im Auftrag als Maßgabe für die Preisfindung manuell eingegeben oder aus dem Materialstamm (Sicht VERTRIEB: VERKORG 2) übernommen werden. Bei der Preisfindung werden dann die Preise, statt für das eigentliche Material der Position, für das Preismaterial automatisch ermittelt. Dieses Feld befindet sich im Reiter VERKAUF B (siehe Abbildung 4.24).
- MATERIALGRUPPE: Materialien, die bezüglich der Preisfindung gleich behandelt werden sollen, können mit dem Feld MATERIALGRUPPE gruppiert werden. Beispielsweise könnte es für alle Materialien einer Materialgruppe einen bestimmten Rabatt geben. Das Feld kann im Materialstamm, Sicht VERTRIEB: VERKORG 2 vorbelegt werden und befindet sich auf Positionsebene im Auftrag im Reiter VERKAUF B.

Abbildung 4.24: Reiter VERKAUF B auf Positionsebene

Felder mit Bezug zum Versand

Die Felder, die den Versand steuern, sind auf Positionsebene im Reiter VERSAND zu finden (siehe Abbildung 4.25).

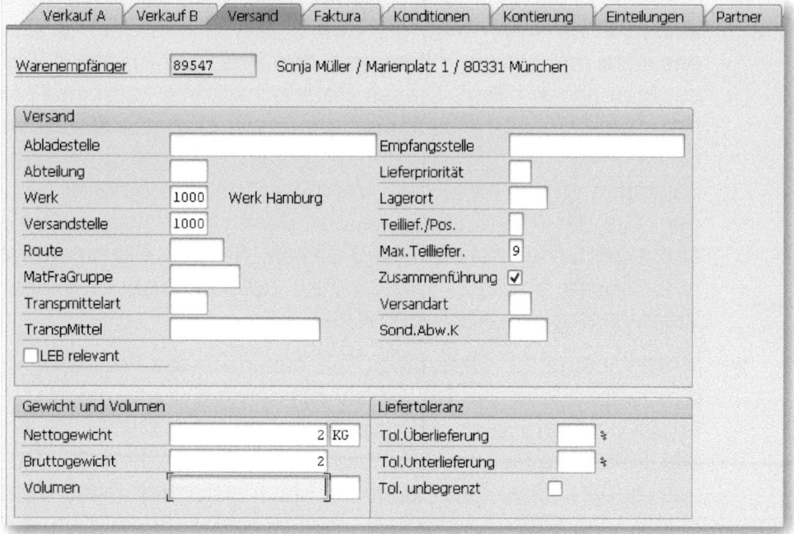

Abbildung 4.25: Versanddaten auf Positionsebene

Das WERK hat eine zentrale Bedeutung im Vertriebsprozess. Es handelt sich hierbei einerseits um eine Organisationseinheit in SAP und andererseits um einen Ort in Realität, wo Materialbestände verwaltet werden (Details hierzu vgl. Abschnitt 9.5). Ohne ein Werk kann der Auftrag in der Regel nicht sinnvoll weiterbearbeitet werden. Beispielsweise hängen die Ermittlung der Versandstelle, des steuerlichen Abgangslandes für die Steuerfindung und die Verfügbarkeitsprüfung vom Werk ab. SAP stellt eine Strategie zur Verfügung, mit der das System versucht, das Werk automatisch zu ermitteln, damit es vom User nicht manuell eingegeben werden muss:

- Zuerst wird geprüft, ob es einen passenden Kunden-Material-Infosatz (für Details vgl. Abschnitt 10.3) gibt und hier ein Werk eingetragen ist.

- Dann wird im Kundenstamm des Warenempfängers geschaut, ob in den Vertriebsbereichsdaten unter dem Reiter VERSAND das Feld AUSLIEFERUNGSWERK gepflegt ist (für Details vgl. Abschnitt 10.1.2).
- Nun wird im Materialstamm geprüft, ob hier in der Sicht VERTRIEB VERKORG1 im Feld AUSLIEFERUNGSWERK ein Wert eingetragen ist.
- Bei Bedarf kann die Standard-Werksfindung durch Programmierung eines sogenannten *Userexits* (kleines Programm an vorgegebenen Stellen im System, um kundenspezifische Anforderungen zu realisieren) erweitert werden.
- Wird kein Werk automatisch ermittelt, muss der User dieses manuell eintragen. Findet das System ein Werk, so kann dieses vom User manuell geändert werden.

Die VERSANDSTELLE definiert den Ort bzw. die organisatorische Stelle, von der aus die Ware versandt wird. Es handelt sich auch bei der Versandstelle um eine Organisationseinheit in SAP, die im Customizing definiert wird (siehe auch Abschnitt 9.4). Da z. B. für jede Versandstelle Zeiten für die notwendige Verladedauer von Ware hinterlegt werden können, ist die Versandstelle für die Versandterminierung wichtig (vgl. Abschnitt 4.7.1). Außerdem hängt die Routenfindung vom Ausgangsort des Versands ab (s. u.). Das System ermittelt im Auftrag die Versandstelle je auszuliefernder Position in der Regel automatisch – dieser Vorschlag kann manuell geändert werden, sofern im Customizing alternative Versandstellen vorgesehen sind. Um die Versandstelle ausfindig zu machen, rekrutiert das System drei Informationen – für jede Kombination dieser drei Felder muss im Customizing die entsprechende Versandstelle zugeordnet werden:

- *Versandbedingung* (aus dem Auftraggeber in den Auftrag übernommen),
- *Ladegruppe* (dieses Feld wird im Materialstamm gepflegt, und zwar in der Sicht VERTRIEB: ALLG./WERK, vgl. Abschnitt 10.2) und
- *Auslieferungswerk* der aktuellen Position.

Abbildung 4.26 zeigt einen Ausschnitt der Einstellungen zur Versandstellenfindung im Customizing (Pfad Transaktion *SPRO*: LOGISTICS EXECUTION • VERSAND • GRUNDLAGEN • VERSAND-/WARENANNAHMESTELLENFINDUNG • VERSANDSTELLEN ZUORDNEN).

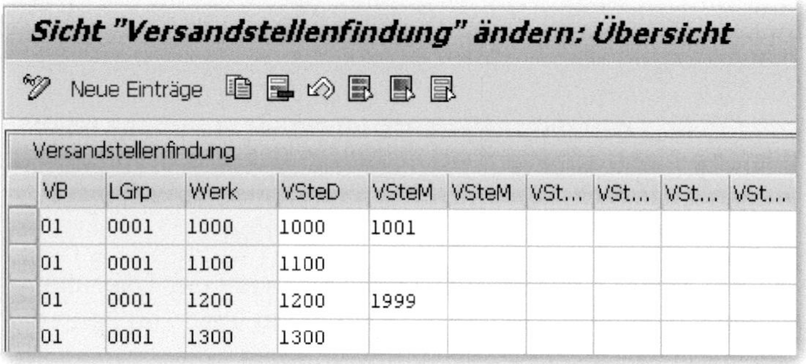

Sicht "Versandstellenfindung" ändern: Übersicht

Neue Einträge

Versandstellenfindung

VB	LGrp	Werk	VSteD	VSteM	VSteM	VSt...	VSt...	VSt...	VSt...
01	0001	1000	1000	1001					
01	0001	1100	1100						
01	0001	1200	1200	1999					
01	0001	1300	1300						

Abbildung 4.26: Versandstellenfindung im Customizing

Der LAGERORT definiert den Ort innerhalb eines Werks, an dem sich die Ware physisch befindet. Spätestens beim Kommissionieren muss ein Lagerort im Auslieferungsbeleg eingetragen sein. Wird im Auftrag bereits ein Lagerort vom System automatisch gefunden (für Details siehe Abschnitt 5.3.2) oder manuell eingetragen, so wird dieser Lagerort in die Lieferung übernommen.

ROUTE: Die Route bestimmt den Transportweg einer Auslieferung vom Auslieferungswerk bis zum Warenempfänger. Sie enthält einen Anfangs- und Endpunkt und charakterisiert den Transport der Ware hinsichtlich Dauer und Bedingungen, zu denen geliefert wird. Die Route kann vom System automatisch je Position ermittelt werden. Steuernd wirken hier die folgenden Felder:

- Wie wird versendet? VERSANDBEDINGUNG im Auftrag (ggf. übernommen aus dem Kundenstamm des Auftraggebers).
- Von wo wird versendet? Dafür ist das Feld ABGANGSZONE im Customizing der Versandstelle maßgebend.
- Wohin wird versendet? Steuernd wirkt hier das Feld TRANSPORTZONE aus dem Kundenstamm des Warenempfängers.

- Unter welchen Bedingungen soll das Material transportiert werden? Beispielsweise müssen bestimmte Materialien gekühlt transportiert werden. Dies kann man im Materialstamm, im Bereich VERTRIEB/WERKSDATEN in das Feld TRANSPORTGRUPPE eingeben.

Den Umgang mit Teillieferungen steuern die Felder:

- TEILLIEF./POS. (Sind Teillieferungen generell erlaubt?) und
- MAX. TEILLIEFERUNGEN (Wie viele Teillieferungen sind maximal erlaubt?).

Diese Information kommt, sofern vorhanden, aus dem Kunden-Material-Infosatz (vgl. Abschnitt 10.3).

Felder für die Fakturierung (Rechnungsstellung)

Hier gibt es im Wesentlichen dieselben Felder wie auf Kopfebene im Reiter FAKTURA (siehe Abbildung 4.27), daher gehe ich an dieser Stelle nicht mehr im Detail auf die einzelnen Felder ein. Sie können hier auf Positionsebene bei Bedarf vom Kopf abweichende Werte pflegen, falls diese nur für bestimmte Positionen gelten sollen.

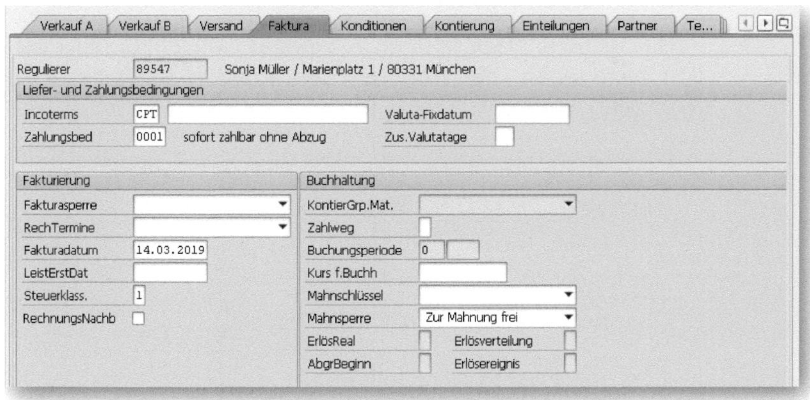

Abbildung 4.27: Fakturadaten auf Positionsebene

Entsprechend der Angabe auf Kopfebene möchte ich auch für die Positionsebene kurz auf die Reiter KONDITIONEN und TEXTE eingehen:

Konditionen

In den Positionsdaten sind die Preisinformationen für die jeweilige Position wiederum unter dem Reiter KONDITIONEN zu finden. Hier können Sie bei Bedarf Konditionen auch manuell eingeben (vgl. Abschnitt 4.7.3).

Positionstexte

Im Reiter TEXTE in den Positionsdaten (siehe Abbildung 4.28) können analog zu den Kopftexten verschiedene Freitexte eingegeben oder vom System automatisch vorgeschlagene übernommen werden (etwa aus dem Materialstamm). Welche Texte woher zur Verfügung stehen, kann je System unterschiedlich im Customizing eingestellt sein. Auch hier kann der Zweck der Texte verschieden sein – dazu einige Beispiele:

- MATERIALVERKAUFSTEXT: detaillierte Beschreibung des Materials (wird idealerweise aus dem Materialstamm kopiert, kann aber im Auftrag ergänzt und geändert werden)
- POSITIONSNOTIZ: Hier können Anwender Notizen zu der Position hinterlegen, die nicht an den Kunden weitergegeben (gedruckt) werden.

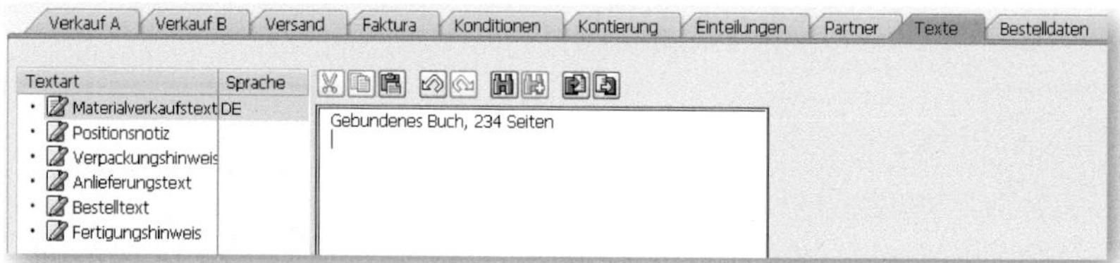

Abbildung 4.28: Texte auf Positionsebene

Ansonsten funktioniert die Textpflege auf Positionsebene analog zur Kopfebene (vgl. »Texte« in Abschnitt 4.3).

Reiter auf Kopf- und Positionsebene identisch benannt

Beachten Sie, dass auf Kopf- und Positionsebene die Reiter zur Gliederung der Daten teilweise die identische Bezeichnung haben, z. B. KONDITIONEN oder TEXTE. Dies kann unter Umständen zu Fehleingaben führen, wenn Sie nicht genau darauf achten, wo Sie sich gerade befinden.

4.4.3 Arbeiten mit Positionen

Eingabe mehrerer Positionen

Bisher haben wir in unserem Auftrag aus Abschnitt 3.2 mit nur einer Position gearbeitet. Ein Auftrag kann natürlich viele Positionen umfassen. Nehmen wir an, Sie wollen zusätzlich zum Buch »Espresso Tutorial SAP SD« auch das Buch »Espresso Tutorial SAP FI/CO« erwerben. Dann ergänzen Sie dieses einfach in der ersten freien Zeile der Positionsübersicht (siehe Abbildung 4.29).

Alle Positionen

Pos	Material	Auftragsmenge	ME	Bezeichnung	E	Kundenmaterialnummer	Ptyp
10	39330 A	2	ST	Espresso Tutorial SAP SD	☑		TAN
20	39330 G	2	ST	Espresso Tutorial SAP FI/CO	☑		TAN
					☐		
					☐		

Abbildung 4.29: Eingabe mehrerer Positionen

Kopieren von Positionen

Einen Button o. Ä., um Positionen zu kopieren, sucht man im Verkaufsbeleg vergebens – diese Funktion hat SAP nicht vorgesehen. Sie können sich aber mit folgenden Möglichkeiten behelfen:

- Haben Sie umfangreiche Daten zur Position manuell eingegeben und möchten die ganze Position mit sämtlichen Positionsdaten kopieren, so lässt sich folgender Umweg wählen: Markieren Sie die zu kopierende Position (farbig hinterlegt) und gehen Sie über das Menü: VERKAUFSBELEG • ANLEGEN MIT BEZUG. Es erscheint ein Pop-up (siehe Abbildung 4.30) – in diesem wählen Sie den Reiter AUFTRAG und stellen sicher, dass die Auftragsnummer des Auftrags selbst im Feld steht. Anschließend klicken Sie auf den Button [✔ Übernehmen]. Die Position wird mit allen Daten kopiert und in der ersten freien Zeile der Positionsübersicht eingefügt. Man bezieht hier den Auftrag also auf sich selbst.

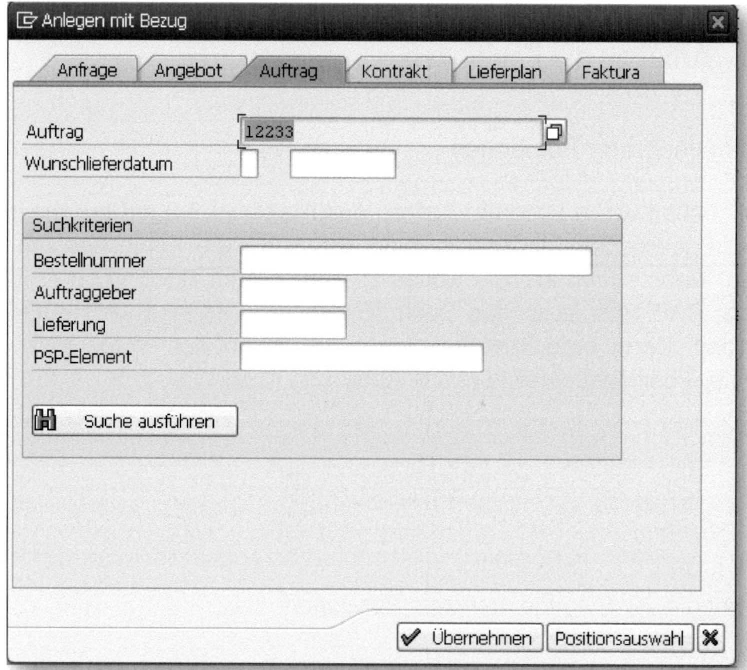

Abbildung 4.30: Kopieren einer Position mit Bezug

- [Strg] + [Y]: Hat man bei den zu kopierenden Positionen nicht allzu viele Daten in den einzelnen Reitern eingegeben und möchte man lediglich die Informationen aus der Positionsübersicht kopieren (z. B. Materialnummern und Mengen), so kann man die relevanten Felder markieren, kopieren und in den freien Zeilen wieder einfügen. Wenn Sie die Maus zum Markieren über die Felder ziehen, merken Sie, dass der Cursor gleich im ersten Feld »steckenbleibt«. Um mehrere Felder in die Zwischenablage übernehmen zu können, bietet SAP eine ungewöhnliche Funktionalität: Man betätigt die Tastenkombination [Strg] + [Y]. Der Cursor verändert daraufhin seine Form und wird zum Kreuz +. Damit können Sie nun über mehrere Felder hinweg markieren. Danach betätigen Sie die Tastenkombination [Strg] + [C], um die Daten in die Zwischenablage zu übernehmen, platzieren den Cursor schließlich dort, wo sie eingefügt werden sollen, und fügen die Daten per [Strg] + [V] ein.

Kopieren von Positionen

Ändern Sie Ihren Auftrag aus Abschnitt 3.2:

- Kopieren Sie die erste Position in Ihrem Auftrag mit der Option ANLEGEN MIT BEZUG im Menü.
- Kopieren Sie die erste Position in Ihrem Auftrag, indem Sie die sichtbaren Informationen mit der Tastenkombination [Strg] + [Y] markieren.

Ihr Auftrag hat nun drei Positionen.

[Strg] + [Y]

Die Tastenkombination [Strg] + [Y] ist nicht nur beim Kopieren von Positionen hilfreich. Sie werden feststellen, dass Sie diese Funktionalität häufig einsetzen werden. Sie funktioniert übrigens nicht nur in Tabellen wie der Positionsübersicht, sondern auch über ganze Bildschirme hinweg. Beispielsweise könnte man beim Einstieg in Transaktion *VA01* Auftragsart, Verkaufsorganisation, Vertriebsweg und Sparte auf diese Weise kopieren und in einem zweiten Fenster in die Transaktion *VA01* einfügen – probieren Sie es aus!

Löschen und Absagen von Positionen

Wurde eine Fehleingabe im System gemacht, gibt es die Möglichkeit, eine Position zu löschen. Hierfür platzieren Sie den Cursor in der entsprechenden Position und klicken unter der Positionsübersicht (vgl. Abbildung 4.22) auf den Button ▤. Die Position verschwindet aus dem Auftrag.

Alternativ zum Löschen bietet sich die Möglichkeit an, einen Absagegrund für die Position einzugeben (Reiter Verkauf A bzw. häufig auch als Feld in der Positionsübersicht verfügbar, wenn man weit genug nach rechts scrollt, siehe Abbildung 4.31). Wenn Sie für eine Position einen Absagegrund eingeben, so stornieren Sie damit die Position, und es können dafür keine Lieferungen oder Fakturen mehr erzeugt werden. Sie können zwischen verschiedenen Gründen auswählen, warum die Position abgesagt wird. Diese sind im Customizing hinterlegt und können bei Bedarf erweitert werden. Die Eingabe von Absagegründen für mehrere Positionen auf einmal kann man mit der Schnelländerungs-Funktionalität ausführen (siehe nächster Abschnitt).

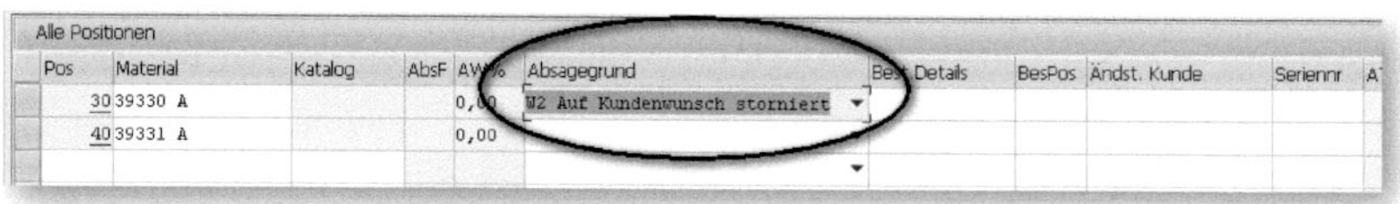

Abbildung 4.31: Absagegrund in der Positionsübersicht

Um alle Positionen eines Auftrags abzusagen, bietet die Transaktion *VA02* in der Anwendungsfunktionsleiste eine entsprechende Drucktaste an (siehe Abbildung 4.32). In einem Pop-up kann man anschließend einen Absagegrund auswählen, der automatisch in alle Positionen übernommen wird.

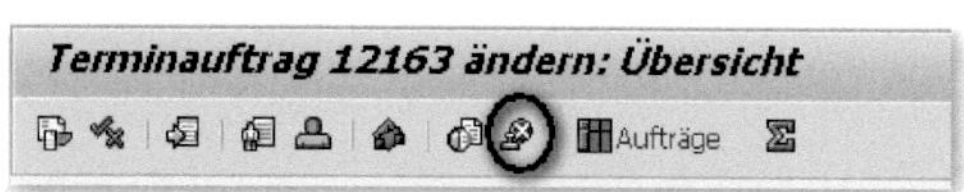

Abbildung 4.32: Button zur Absage des gesamten Belegs

Lieber absagen als löschen

Die Funktionalität, eine Position abzusagen, bietet den Vorteil, dass die Position im Auftrag erhalten bleibt und die Gründe für die Absage ausgewertet werden können.

Schnelländerung von Positionen

Hat man einen Auftrag mit vielen Positionen und will die Werte bestimmter Felder in mehreren dieser Positionen ändern, so steht die Möglichkeit der *Schnelländerung* zur Verfügung. Diese gibt es nur für folgende Felder: ABSAGEGRUND, LIEFERSPERRE, FAKTURASPERRE, LIEFERTERMIN, LIEFERPRIORITÄT und WERK. Man geht folgendermaßen vor: Erst werden alle Positionen markiert, die geändert werden sollen (Tipp: Sollen **alle** Positionen geändert werden, klicken Sie auf den Button unter der Positionsübersicht). Dann geht man über das Menü BEARBEITEN • SCHNELLÄNDERUNG und wählt das entsprechende Feld aus. Anschließend erscheint ein Pop-up, in das der neue Wert für das Feld eingegeben wird (siehe Abbildung 4.33). Durch Klick auf das Häkchen wird die Änderung in alle zuvor markierten Positionen übernommen.

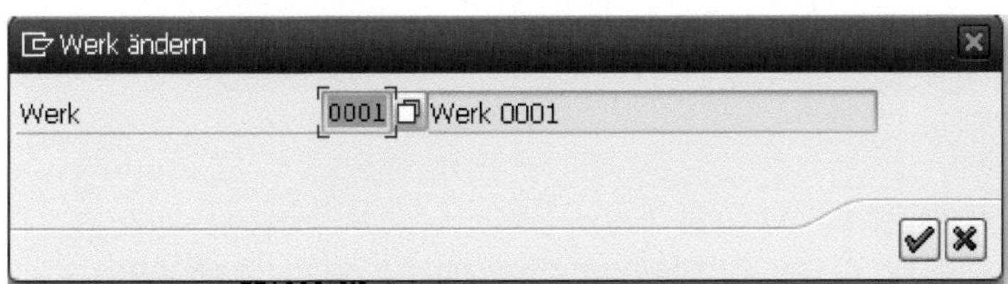

Abbildung 4.33: Schnelländerung vom Werk

Änderung mehrerer Belege

Soll in mehreren Belegen der Wert bestimmter Felder geändert werden, so kann dies in der Auswertungstransaktion *VA05* vorgenommen werden (SAP-Menü: LOGISTIK • VERTRIEB • VERKAUF • INFOSYSTEM •

AUFTRÄGE • LISTE AUFTRÄGE). Hier können Sie beispielsweise ein neues Werk in mehreren Aufträgen eintragen lassen oder eine neue Preisfindung in mehreren Belegen durchführen. Für Details zur Auswertung *VA05* vgl. Abschnitt 11.2.

Änderungen nachvollziehen

Änderungen an Aufträgen werden vom SAP-System in sogenannten *Änderungsbelegen* festgehalten. Hier wird dokumentiert, welcher Anwender welche Änderungen durchgeführt hat. Möchten Sie nachvollziehen, welche Änderungen zu Positionen und welche zum gesamten Auftrag durchgeführt wurden, so navigieren Sie in den Transaktionen zur Auftragsbearbeitung (*VA02/VA03*) über das Menü UMFELD • ÄNDERUNGEN. Es erscheint ein Fenster, in dem man nach Positionen eingrenzen kann (siehe Abbildung 4.34).

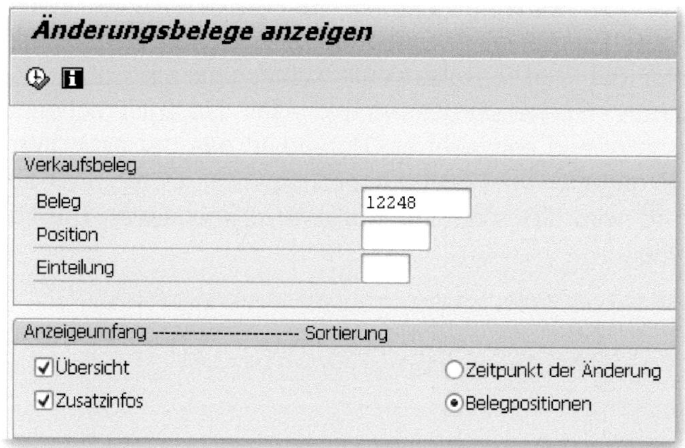

Abbildung 4.34: Änderungsbelege: Eingrenzen nach Positionen

Nach Bestätigung mit `Enter` oder Klick auf den Button erscheinen alle Änderungen, die im Auftrag vorgenommen wurden (siehe Abbildung 4.35).

Änderungen in Auftrag 12248

Auswählen

Änderungen in Auftrag 0000012248

Id	Datum	Pos	Eint	Aktion	Benutzer
■	27.03.2019			Verkaufsbüro wurde geändert	KUEHBERGER
■	27.03.2019			Verkäufergruppe wurde geändert	KUEHBERGER
■	27.03.2019	10		Route wurde geändert	KUEHBERGER
■	27.03.2019	10		Route wurde geändert	KUEHBERGER
■	27.03.2019	10		Route wurde geändert	KUEHBERGER
■	27.03.2019	10		Route wurde geändert	KUEHBERGER
■	27.03.2019	10	1	Bestätigte Menge wurde geändert	KUEHBERGER

Abbildung 4.35: Anzeige der Änderungen

Mit einem Doppelklick auf eine der Zeilen lassen sich weitere Details aufrufen, vor allem der alte und der neue Wert des geänderten Feldes (siehe Abbildung 4.36).

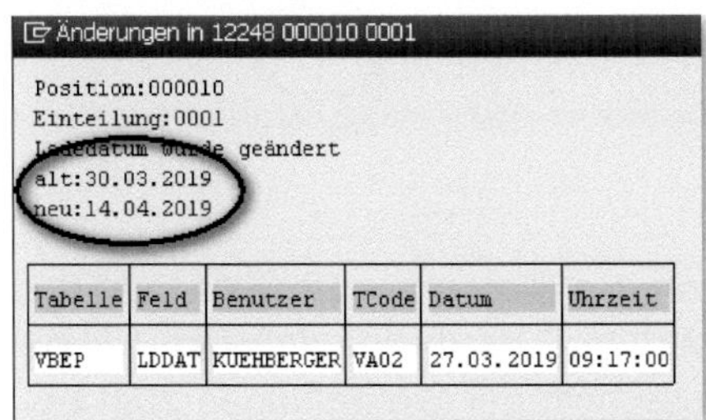
Änderungen in 12248 000010 0001

Position:000010
Einteilung:0001
Ladedatum wurde geändert
alt:30.03.2019
neu:14.04.2019

Tabelle	Feld	Benutzer	TCode	Datum	Uhrzeit
VBEP	LDDAT	KUEHBERGER	VA02	27.03.2019	09:17:00

Abbildung 4.36: Details zur Änderung

Änderungen nachvollziehen

Prüfen Sie, welche Änderungen am Beispielauftrag aus Abschnitt 3.2 mittlerweile vorgenommen wurden. Beispielsweise sollten Sie hier die hinzugefügten Positionen aus Abschnitt 4.4.3 sehen.

Auch in Lieferungen und Fakturen, sowie bei den Stammdaten (Kundenstamm, Materialstamm) gibt es eine vergleichbare Funktionalität unter dem Menüpunkt UMFELD.

4.5 Einteilungen

Die *Einteilungen* in einem Auftrag enthalten die Liefermengen und Liefertermine einer Position. Wenn im Folgeprozess eine Lieferung erstellt werden soll, muss die Position mindestens eine Einteilung haben. Wird die Auftragsmenge einer Position auf mehrere Liefertermine aufgeteilt, so gibt es entsprechend mehrere Einteilungen. Die Einteilungen zu einer Position kann man ansteuern, indem man in die Zeile der entsprechenden Position und dann auf den Button [Button] klickt (unter der Positionsübersicht), alternativ gehen Sie über das Menü SPRINGEN • POSITION • EINTEILUNGEN.

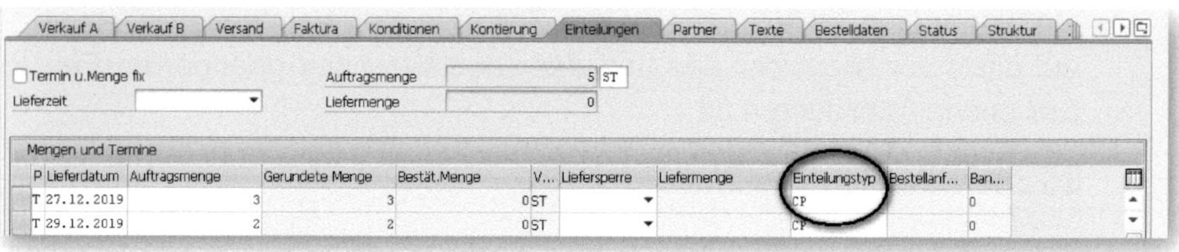

Abbildung 4.37: Einteilungen

Auch hier gibt es wieder ein steuerndes Element – den *Einteilungstyp* (siehe Abbildung 4.37). Dieser wird im Customizing definiert – Abbildung 4.38 zeigt einen kleinen Ausschnitt der Einstellungen zum EINTEILUNGSTYP *CP* (Pfad in der Transaktion *SPRO*: VERTRIEB • VERKAUF • VERKAUFSBELEGE • EINTEILUNGEN • EINTEILUNGSTYPEN DEFINIEREN).

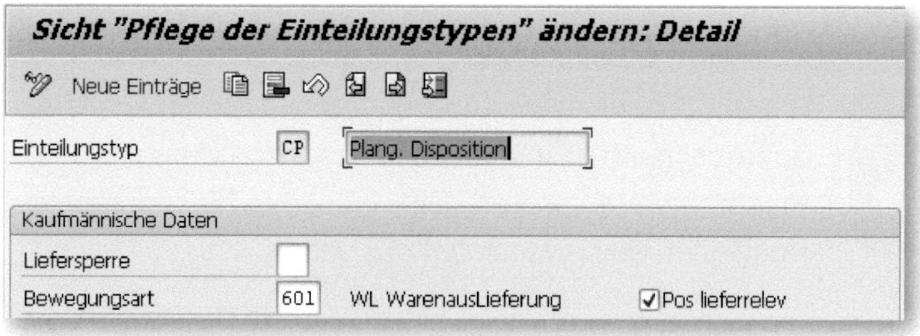

Sicht "Pflege der Einteilungstypen" ändern: Detail

Neue Einträge

Einteilungstyp CP Plang. Disposition

Kaufmännische Daten

Liefersperre

Bewegungsart 601 WL WarenausLieferung ☑ Pos lieferrelev

Abbildung 4.38: Customizing zu Einteilungstyp CP

Der Einteilungstyp steuert unter anderem die:

- *Lieferrelevanz*: muss im Einteilungstyp aktiviert sein, wenn eine physische Warenauslieferung im System dokumentiert werden soll;
- *Bewegungsart*: In SAP wird bei jeder Warenbewegung eine Bewegungsart verwendet. Diese wird über den Einteilungstyp vorgegeben und beinhaltet verschiedene Eigenschaften der Bewegung, etwa, ob sie sich bestandsverändernd auf die Menge und/oder den Wert auswirkt. Beispielsweise werden für den Warenausgang zum Auftrag häufig die Bewegungsart *601* und für Wareneingänge zur Retoure in der Regel die Bewegungsart *651* verwendet. Es wird also im Retourenauftrag ein anderer Einteilungstyp als im Verkaufsauftrag benutzt;
- *Liefersperre*: kann im Einteilungstyp vorgegeben und muss vom Anwender manuell im Auftrag entfernt werden, bevor eine Lieferung angelegt werden kann.

Die automatische Findung des Einteilungstyps wird im Customizing eingestellt (Pfad in der Transaktion *SPRO*: VERTRIEB • VERKAUF • VERKAUFSBELEGE • EINTEILUNGEN • EINTEILUNGSTYPEN ZUORDNEN). Der im Auftrag vom System automatisch ermittelte Einteilungstyp kann bei Bedarf – im Rahmen der im Customizing erlaubten alternativen Einteilungstypen – manuell geändert werden. Für die Findung des Einteilungstyps sind zwei Faktoren verantwortlich: der verwendete Positionstyp im Auftrag und das sogenannte *Dispositionsmerkmal* im Materialstamm. Dieses Feld ist im Materialstamm in der Sicht DISPOSITION 1 zu pflegen (siehe Abbildung 4.39).

Abbildung 4.40 zeigt die Zuordnung vom Einteilungstyp zu einer Kombination aus Positionstyp und Dispomerkmal. Zunächst lässt sich ein Einteilungstyp definieren, der automatisch gefunden wird und ergänzend können einige Alternativen zur manuellen Abänderung im Beleg erlaubt werden. Für den Fall, dass kein Dispomerkmal im Materialstamm hinterlegt ist, kann auch eine Findung festgelegt werden (wir hatten in unserem Material aus Abschnitt 3.1.2 die gesamte Sicht DISPOSITION 1 nicht gepflegt). In diesem Fall bleibt das Feld DISPO-

MERKMAL in der Customizing-Tabelle leer. Kontrollieren Sie: Welcher Einteilungstyp wurde in unserem Beispielauftrag aus Abschnitt 3.2 gefunden?

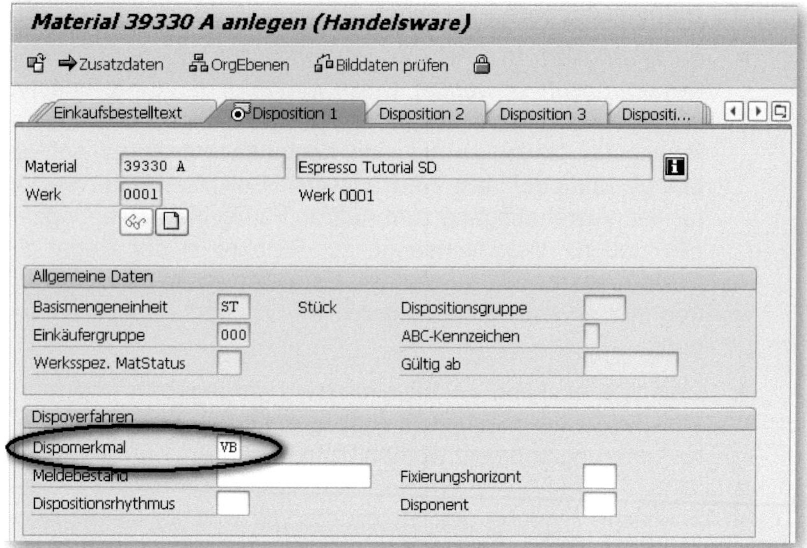

Abbildung 4.39: Dispositionsmerkmal im Materialstamm

Sicht "Einteilungstypenzuordnung" ändern: Detail

Neue Einträge

Positionstyp	TAN
Dispomerkmal	P1
EinteilTyp Def	CP
EinteilTyp Man.	CN
EinteilTyp Man.	
EinteilTyp Man.	
EinteilTyp Man.	
EinteilTyp Man.	

Abbildung 4.40: Zuordnung von Einteilungstypen im Customizing

Auf Einteilungsebene hat man die Möglichkeit, je Einteilung eine Liefersperre zu setzen (siehe Abbildung 4.41).

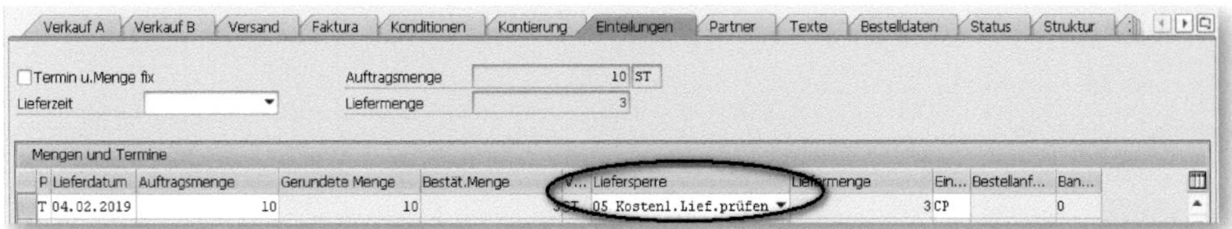

Abbildung 4.41: Liefersperre auf Einteilungsebene

4.6 Belegfluss und Anlegen mit Bezug

Es ist wichtig, dass alle Belege innerhalb eines Vertriebsprozesses miteinander verknüpft sind und man von einem zum anderen navigieren kann. So kann man verschiedenste Fragen leicht beantworten, wie z. B.:

- Wurde bereits eine Lieferung zu dem Auftrag erstellt?
- Welche Aufträge wurden in der Faktura zusammengefasst?
- Hat die Ware bereits das Haus verlassen?
- Wurde die Gutschrift zur Retoure bereits erstellt?

Diese Informationen werden mittels des sogenannten *Belegflusses* festgehalten. Dieser »verkettet« alle Belege miteinander, sodass man jederzeit die Historie und den aktuellen Status abfragen kann. Den Belegfluss rufen Sie im jeweiligen Beleg auf, indem Sie auf den Button klicken. Dieser Button ist in allen SD-Belegen – also in Verkaufsbelegen, Lieferungen und Fakturen – in der Anwendungsfunktionsleiste verfügbar (vgl. Abbildung 4.32).

Alternativ können Sie über das Menü UMFELD • BELEGFLUSS ANZEIGEN navigieren. Die Belege sind auf Kopf- und Positionsebene verknüpft – auf beiden Ebenen wird der Belegfluss fortgeschrieben. Er wird in Form einer Liste dargestellt. Befand man sich vor Aufruf des Belegflusses in den Positionsdaten oder war die Position markiert, so sieht man den Belegfluss auf Positionsebene (siehe Abbildung 4.42). Hinter der Belegnummer steht nach einem »/« jeweils die Positionsnummer. Abbildung 4.43 zeigt Ihnen den Belegfluss entsprechend auf Kopfebene.

Belegfluß

Statusübersicht | Beleg anzeigen | Servicebelege

Geschäftspartner 0000088563 Peter Wolf
Material 39330 A Espresso Tutorial SD

Beleg	Menge	Einheit	Ref. Wert	Währung	Am	Status
Terminauftrag 0000012163 / 10	3	ST	27,00	EUR	24.01.2019	erledigt
Lieferung 0080015225 / 10	3	ST			27.01.2019	in Arbeit
Kommissionierauftrag 20150127 / 10	3	ST			27.01.2019	erledigt
Retoure 0060000086 / 10	3	ST	27,00	EUR	13.02.2019	offen

Abbildung 4.42: Belegfluss auf Positionsebene

Beleg	Am	Status
Terminauftrag 0000012163	24.01.2019	erledigt
Lieferung 0080015225	27.01.2019	in Arbeit
Kommissionierauftrag 20150127	27.01.2019	erledigt
Retoure 0060000086	13.02.2019	offen

Abbildung 4.43: Belegfluss auf Kopfebene

Aus dieser Liste heraus verzweigen Sie in die einzelnen Belege, indem Sie die entsprechende Zeile und dann auf den Button Beleg anzeigen klicken. Zudem können Sie mit dem Button Statusübersicht Details zum Status abrufen.

Belegfluss

Sehen Sie sich mittels Transaktion *VA03* den Belegfluss Ihres Auftrags aus Abschnitt 3.2 an. Können Sie nachvollziehen, dass für die erste Position bereits Folgebelege existieren (Auslieferung, Warenausgang, Faktura)? Sehen Sie im Unterschied dazu, dass die in Abschnitt 4.4.3 hinzugefügten Positionen noch keine Folgebelege haben?

Teilweise kann ein Belegfluss ziemlich lang und unübersichtlich werden, vor allem, wenn auch noch Retouren etc. mit im Spiel sind – siehe das komplexe Beispiel in Abbildung 4.44.

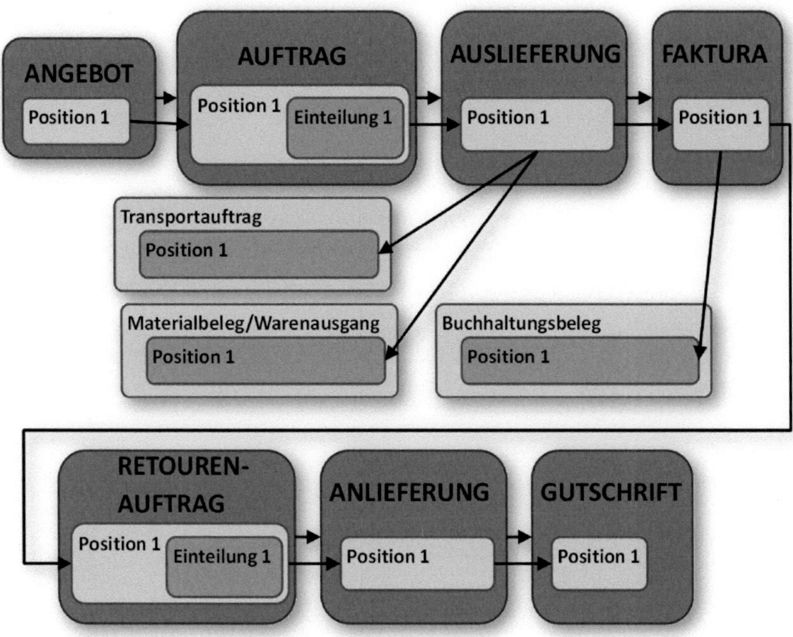

Abbildung 4.44: Komplexer Belegfluss

Beim Anlegen eines Auftrags hat der Anwender die Möglichkeit, sich auf einen bestehenden Beleg zu beziehen und die Daten aus diesem in den neuen Auftrag zu kopieren. Durch das *Anlegen mit Bezug*, das häufig bei Retouren verwendet wird, sind die Belege im Belegfluss miteinander verknüpft. Arbeitet man mit Vorverkaufsaktivitäten in SAP (Anfrage, Angebot), so kann man sich beim Anlegen eines Auftrags ebenso mit dieser Funktionalität auf die Vorgängerbelege beziehen. Zum Anlegen mit Bezug klicken Sie im Einstiegsbildschirm der Transaktion *VA01* (SAP-Menü: LOGISTIK • VERTRIEB • VERKAUF • AUFTRAG • ANLEGEN) auf den gleichnamigen Button (siehe Abbildung 4.45). Eine AUFTRAGSART für den neu anzulegenden Auftrag muss vorher angegeben werden.

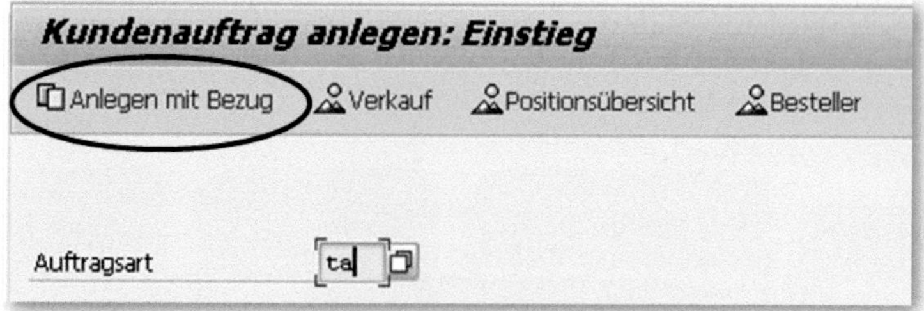

Abbildung 4.45: Anlegen eines Auftrags mit Bezug

Im nächsten Bild (siehe Abbildung 4.46) bestimmen Sie durch Auswahl des entsprechenden Reiters zunächst, auf welche Art von Beleg Sie sich beziehen möchten (z. B. Angebot, Auftrag oder Faktura).

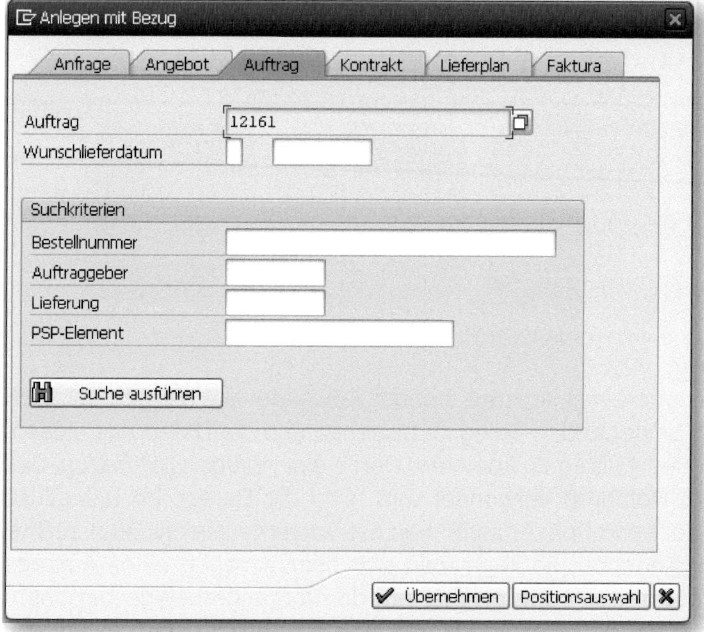

Abbildung 4.46: Auswahl für Anlegen mit Bezug

Unterhalb des Feldes mit der Belegnummer besteht die Möglichkeit, ein vom Vorgängerbeleg abweichendes WUNSCHLIEFERDATUM vorzugeben. Mit Klick auf den Button [✔ Übernehmen] werden alle Positionen in den Nachfolgebeleg übernommen. Um die Positionen vorher noch einzugrenzen, klicken Sie auf den Button [Positionsauswahl] und wählen im nächsten Bild aus, welche Positionen übernommen werden sollen (mit Häkchen in der ersten Spalte markieren). Zudem können Sie hier noch die Mengen anpassen (siehe Abbildung 4.47).

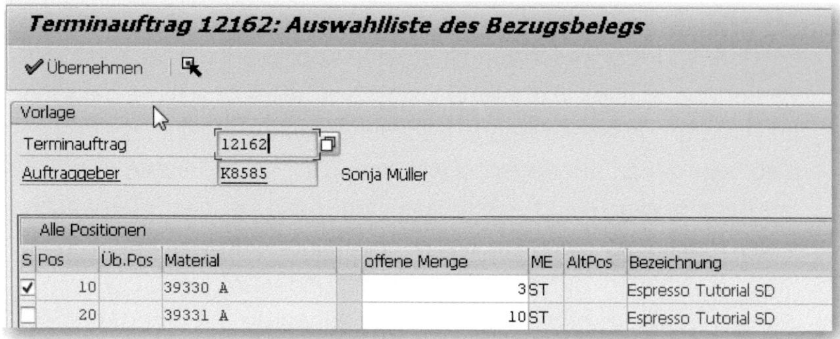

Abbildung 4.47: Auswahl der Positionen für den Nachfolgebeleg

Zusätzlich zu der soeben beschriebenen Möglichkeit, bereits beim Einstieg in die Auftragserfassung Bezug zu einem Vorgängerbeleg zu nehmen, kann dies auch aus der Belegbearbeitung heraus geschehen: Dazu gehen Sie über das Menü VERKAUFSBELEG • ANLEGEN MIT BEZUG und gelangen so in die Darstellung gemäß Abbildung 4.46. Auf diese Weise lässt sich in einem Nachfolgebeleg auch Bezug auf mehrere Vorgängerbelege nehmen.

4.7 Grundlegende Funktionen im Auftrag

Ich möchte Ihnen nun noch kurz ausgewählte Funktionen rund um die Auftragserfassung vorstellen.

Das dauert ...

Sie als Anwender wundern sich vielleicht, warum das SAP-System bei der Bearbeitung von Aufträgen stellenweise so lange braucht. Bei der Auftragsanlage laufen zahlreiche Vorgänge im Hintergrund ab (z. B. Verfügbarkeitsprüfung, Preisfindung, ...). Es werden viele Aktivitäten angestoßen, sobald man scrollt oder die `Return`-Taste drückt. Erfasst man Aufträge mit dem Kunden am Telefon, so kann es für den Bearbeiter sehr wichtig sein, dass das System so schnell wie irgend möglich arbeitet und nicht dauernd im Hintergrund irgendwelche Funktionen ablaufen. Man sollte sich also sehr genau überlegen, wann man die `Return`-Taste betätigt. Ich habe in der Praxis schon gesehen, dass bei der Bearbeitung vieler Positionen die Bildschirme hochkant gestellt wurden, damit mehr Positionen auf ein Bild passen und nicht so oft gescrollt werden muss. In diesem speziellen Fall wurde mit einer kundeneigenen Version der Transaktion *VA01* gearbeitet.

4.7.1 Versandterminierung

Im Auftrag wird auf Kopfebene das vom Kunden angegebene Wunschlieferdatum eingegeben. Zunächst wird anhand dessen rückwärts rechnend geprüft, ob und für welche Menge der Termin als Liefertermin möglich ist (*Rückwärtsterminierung*). Kann der Termin nicht eingehalten werden, so wird der nächstmögliche ab Auftragsdatum vorwärts rechnend ermittelt (*Vorwärtsterminierung*). Die jeweilige Berechnung setzt sich aus verschiedenen Zeiten zusammen, z. B. spielen benötigte Transport- und Verladezeiten eine Rolle. Diese Zeiten sind im Customizing in der Route bzw. der Versandstelle hinterlegt.

Das Ergebnis der Versandterminierung hat folgende Auswirkungen auf den Auftrag: Kann der Wunschliefertermin bestätigt werden, so legt das System für die Position genau eine Einteilung an, deren Lieferdatum dem Wunschlieferdatum entspricht. Kann dieses nicht eingehalten werden, erstellt das System zwei Einteilungen – eine mit dem Wunschlieferdatum des Kunden und der Menge *0* und eine mit dem bestätigten Lieferdatum und der bestätigten Menge (siehe Abbildung 4.48).

Abbildung 4.48: Selektion der Einteilung mit bestätigter Menge

Gibt es mehrere Einteilungen, so ist dies für Sie als Anwender beim Bearbeiten des Auftrags in der Positionsübersicht in der Spalte mit der Bezeichnung E ersichtlich. Der Haken in der zugehörigen Checkbox zeigt an, dass es mehr als eine Einteilung gibt.

Dies ist unter Umständen eine wertvolle Information, beispielsweise, wenn Sie den Kunden am Telefon haben und dieser darauf hingewiesen werden möchte, dass der Liefertermin nicht gehalten werden kann.

4.7.2 Verfügbarkeitsprüfung

Eng mit der Versandterminierung verknüpft ist die *Verfügbarkeitsprüfung*. Mit ihr wird geprüft, ob die benötigte Warenmenge zum gewünschten Zeitpunkt im Lager vorliegt. Die Versandterminierung ermittelt das *Materialbereitstellungsdatum*, das notwendig wäre, um dem Kundenwunsch (Wunschlieferdatum) möglichst gerecht zu werden. An diesem Tag muss genügend Ware im Lager vorhanden sein, das wird mit der Verfügbarkeit geprüft. Diese Prüfung erfolgt in der Regel für das in der Position angegebene Werk. Vereinfacht gesprochen, werden bei der Verfügbarkeitsprüfung der aktuelle Bestand und geplante Zugänge (z. B. aus Bestellungen oder Fertigungsaufträgen in SAP) aufaddiert sowie geplante Abgänge (z. B. aufgrund von Aufträgen) subtrahiert. Die aktuelle Situation zum jeweiligen Material können Sie einsehen, indem Sie im Auftrag nach Positionierung des Cursors in einer Position den Button klicken oder über das Menü UMFELD • VERFÜGBARKEIT gehen. Es wird eine Liste mit der aktuellen Bestandssituation angezeigt (siehe Abbildung 4.49).

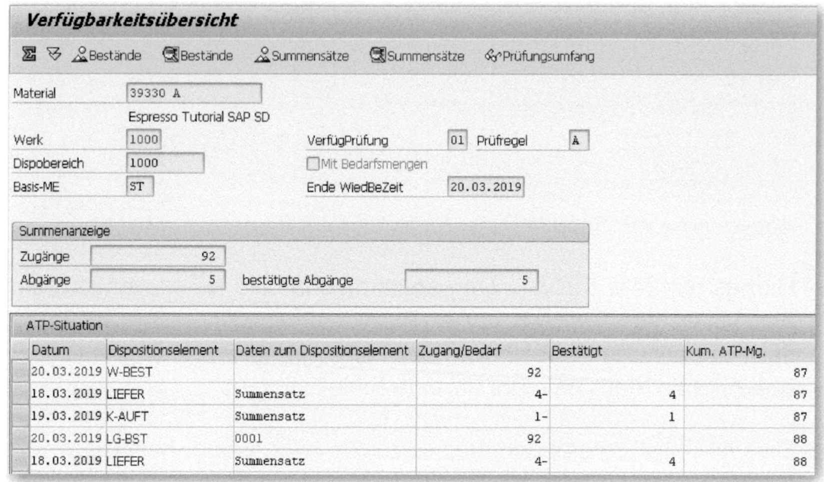

Abbildung 4.49: Verfügbarkeitsübersicht im Auftrag

Die Liste ist etwas schwer zu lesen. In der Spalte DISPOSITIONSELEMENT sind kryptische Kürzel eingetragen – die Bedeutung der Kürzel kann über die F1-Hilfe zum Feld nachgelesen werden. Die für uns wichtigsten Kürzel sind *W-BEST* (Werksbestand), *LIEFER* (geplante Abgänge aufgrund von Lieferungen) und *K-AUFT* (geplante Abgänge aufgrund von Aufträgen). Die Liste beginnt mit dem aktuell verfügbaren Bestand im Werk. Dann folgt der Bedarf aus Lieferungen und Aufträgen. Die Summe der Bedarfe wird vom Bestand abgezogen – das Ergebnis der verfügbaren Menge wird in der Spalte KUM. ATP-MG. angezeigt. In der vierten Zeile beginnt die Darstellung der verfügbaren Menge auf Lagerortebene. Gäbe es geplante Zugänge, würden diese auch hier in der Liste erscheinen und die kumulierte Menge beeinflussen.

Bestandssituation

Sehen Sie sich mittels Transaktion *VA03* die Bestandssituation zu dem Material in Ihrem Auftrag aus Abschnitt 3.2 an. Entdecken Sie die Bedarfe aus den in 4.4.3 hinzugefügten Positionen? Diese sollten sich in einer Zeile mit K-AUFT als Dispositionselement wiederfinden.

Bedarfs-/Bestandsliste Transaktion »MD04«

Mit der Transaktion *MD04* aus dem Logistik-Umfeld können Sie sich eine ähnliche Übersicht der Bedarfs- und Bestandssituation wie in Abbildung 4.49, unabhängig vom Erstellen eines Auftrags (auch für mehrere Materialien auf einmal), anzeigen lassen (Pfad SAP-Menü z. B.: LOGISTIK • MATERIALWIRTSCHAFT • BESTANDSFÜHRUNG • UMFELD • BESTAND).

Sie können die Verfügbarkeitsprüfung im Auftrag explizit anstoßen: für den ganzen Beleg über das Menü BEARBEITEN • BELEGVERFÜGBARKEIT PRÜFEN und für eine Position, indem Sie diese Position markieren (farbig hinterlegt) und den Button anklicken.

Innerhalb eines Auftrags wird die Verfügbarkeit auch automatisch geprüft, sobald man die Taste `Enter` nach Eingabe des Materials drückt bzw., wenn gescrollt wird. Kann die gewünschte Menge nicht vollständig bedient werden, so erscheint das in Abbildung 4.50 gezeigte Bild.

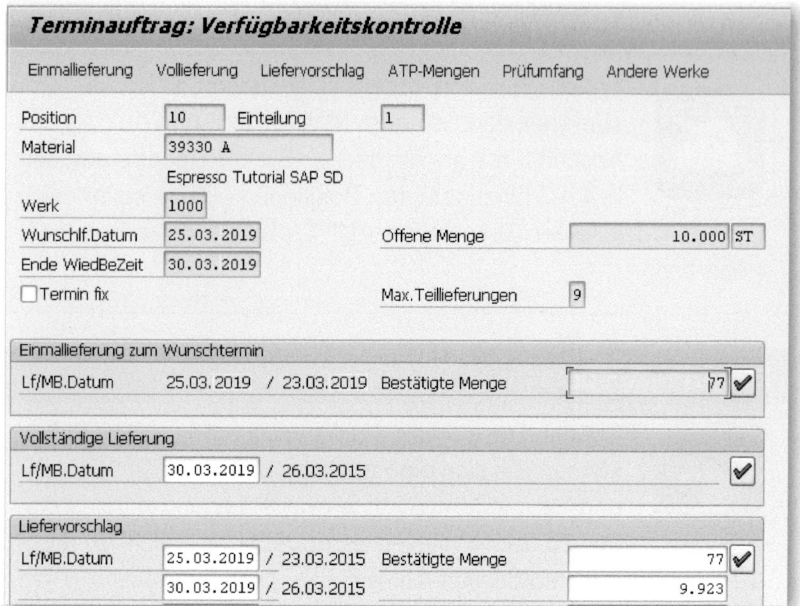

Abbildung 4.50: Verfügbarkeitskontrolle

In diesem Beispiel kann zwischen drei Alternativen gewählt werden:

- EINMALLIEFERUNG ZUM WUNSCHTERMIN (in diesem Beispiel sind nur 77 Stück lieferbar), die Restmenge wird nicht nachgeliefert.
- VOLLSTÄNDIGE LIEFERUNG: Das System ermittelt, wann die komplette gewünschte Menge aller Voraussicht nach verfügbar sein wird, und schlägt dieses Datum vor.
- LIEFERVORSCHLAG: Eine Teilmenge wird termingerecht zugestellt und der Rest nachgeliefert.

Durch Klick auf eines der Häkchen kann der Anwender die gewünschte Alternative auswählen. Normalerweise versucht die Disposition (die Abteilung, die für die Bedarfsplanung in einem Unternehmen zuständig ist) doch noch eine Möglichkeit zu schaffen, dem Wunschliefertermin des Kunden zu entsprechen. Da sich die Bestandssituation laufend ändern kann, ergibt es ggf. Sinn, im Auftrag immer wieder eine erneute Verfügbarkeitsprüfung durchzuführen. Dies kann z. B. täglich als *Hintergrundjob* (siehe Abschnitt 5.1.2) eingeplant werden. Durch Setzen des Häkchens bei ☑ Termin fix (vgl. Abbildung 4.50) teilt man der Disposition mit, dass das neue Lieferdatum mit dem Kunden abgesprochen ist und nicht mehr versucht werden soll, das Wunschlieferdatum zu bedienen.

4.7.3 Preisfindung

Eine ganz zentrale Funktionalität im Modul SAP SD ist die Preisfindung. SAP bietet hier vielfältige Funktionalitäten, um auch den komplexesten Anforderungen gerecht werden zu können. Um die nötige Flexibilität zu erreichen, benutzt man eine Kombination aus umfangreichem Customizing und der Pflege von Stammdaten (Konditionssätzen). Das dahinterliegende Konzept ist die *Konditionstechnik*. Diese begegnet uns auch an anderen Stellen in SAP (z. B. in der Nachrichtenfindung), ist aber im Bereich der Preisfindung besonders raffiniert ausgeprägt. Allein zu den Einstellungsmöglichkeiten der Preisfindung gibt es ganze Bücher. Wir werden hier an der Oberfläche bleiben und nur einen kurzen Blick auf die Thematik werfen.

Weitere Lektüre zur Preisfindung

Sollte Sie das Thema Preisfindung im Detail interessieren, empfehle ich Ihnen das Buch »Preisfindung und Konditionstechnik in SAP® SD« von Ilona Bauer (Espresso Tutorials, 2015).

Konditionsarten

Die Kalkulation des Endpreises für einen Kunden setzt sich in der Regel aus mehreren Preiselementen zusammen. Das kennen wir aus dem täglichen Leben: Artikel haben einen Preis, von dem z. B. Rabatte abgezogen und die Mehrwertsteuer hinzu addiert werden, bis sich der Endpreis für den Kunden ergibt. Jedes dieser Preiselemente wird in SAP durch eine sogenannte *Konditionsart* abgebildet. Hier einige Beispiele für Konditionsarten in SAP:

- MWST – Ausgangssteuer/Mehrwertsteuer
- PB00 – Bruttopreis
- HB00 – Absolutrabatt
- KF00 – Frachtkosten
- ...

Betrachten wir im Positionsdetail unseres Auftrags aus Abschnitt 3.2 den Reiter KONDITIONEN, so können wir die Konditionsarten sehen, die für den Verkauf unseres Buches eine Rolle spielen (siehe Abbildung 4.51).

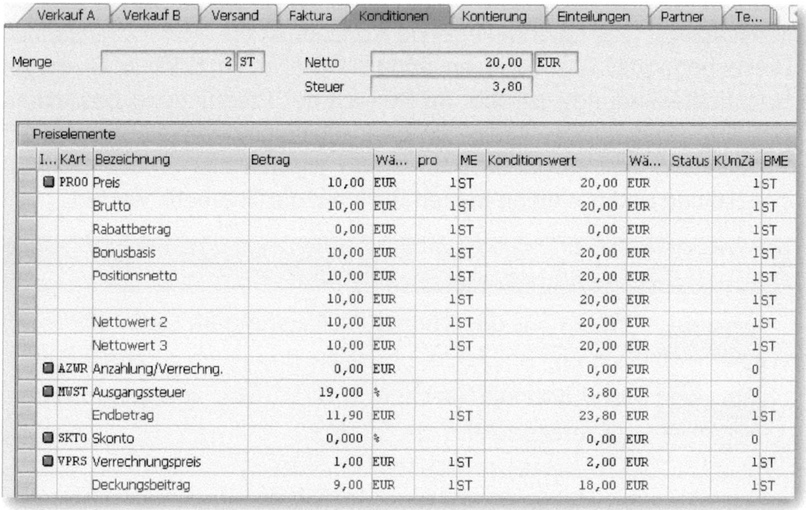

Verkauf A | Verkauf B | Versand | Faktura | Konditionen | Kontierung | Einteilungen | Partner | Te...

Menge 2 ST Netto 20,00 EUR
Steuer 3,80

Preiselemente

I...	KArt	Bezeichnung	Betrag	Wä...	pro	ME	Konditionswert	Wä...	Status	KUmZä	BME
	PR00	Preis	10,00	EUR	1	ST	20,00	EUR		1	ST
		Brutto	10,00	EUR	1	ST	20,00	EUR		1	ST
		Rabattbetrag	0,00	EUR	1	ST	0,00	EUR		1	ST
		Bonusbasis	10,00	EUR	1	ST	20,00	EUR		1	ST
		Positionsnetto	10,00	EUR	1	ST	20,00	EUR		1	ST
			10,00	EUR	1	ST	20,00	EUR		1	ST
		Nettowert 2	10,00	EUR	1	ST	20,00	EUR		1	ST
		Nettowert 3	10,00	EUR	1	ST	20,00	EUR		1	ST
	AZWR	Anzahlung/Verrechng.	0,00	EUR			0,00	EUR		0	
	MWST	Ausgangssteuer	19,000	%			3,80	EUR		0	
		Endbetrag	11,90	EUR	1	ST	23,80	EUR		1	ST
	SKTO	Skonto	0,000	%			0,00	EUR		0	
	VPRS	Verrechnungspreis	1,00	EUR	1	ST	2,00	EUR		1	ST
		Deckungsbeitrag	9,00	EUR	1	ST	18,00	EUR		1	ST

Abbildung 4.51: Preiskalkulation auf Positionsebene

Das jeweilige Kürzel der verwendeten Konditionsarten ist in der Spalte KART (Konditionsart) zu sehen. Unser Endpreis pro Stück setzt sich aus all denjenigen Werten in Spalte BETRAG zusammen, die schwarz angezeigt werden. Der Betrag für die Gesamtmenge (in unserem Beispiel 2 Stück à 10 Euro) wird in der Spalte KONDITIONSWERT angezeigt (20 Euro). Alle Zeilen ohne eingetragene Konditionsart sind vom

System automatisch berechnete Zwischensummen. In unserem Fall ist die Berechnung einfach: Der *Preis PR00* und die *Ausgangssteuer MWST* werden addiert und ergeben den Endbetrag für den Kunden (Zwischensumme in der vierten Zeile von unten). Den Preis hatten wir im Auftrag manuell eingegeben (vgl. Abschnitt 3.2), die Mehrwertsteuer hat das System automatisch für uns berechnet. Die Zeilen unterhalb des Endbetrags (Skonto und Verrechnungspreis) beachten wir an dieser Stelle der Einfachheit halber nicht – für die Berechnung des Endpreises für den Kunden spielen diese Konditionsarten erst einmal keine Rolle.

Manuelle Eingabe von Konditionen

Man kann bei der Auftragsbearbeitung manuell Konditionsarten ergänzen. Die Eingabe erfolgt, indem Sie den Cursor auf die erste eingabebereite Zeile unter den bereits vorhandenen Konditionen in der Spalte KART (Konditionsart) platzieren und dort über die Suchhilfe eine Konditionsart auswählen. In der Regel sind viele verschiedene Konditionsarten verfügbar (siehe Abbildung 4.52).

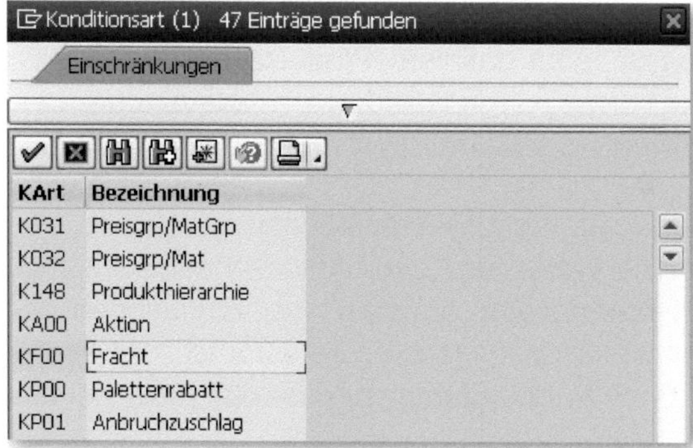

Abbildung 4.52: Verfügbare Konditionsarten auf Positionsebene

Als Beispiel wählen wir die Konditionsart *KF00 (Fracht)* manuell aus und geben anschließend einen Wert in der Spalte BETRAG ein. Nach Bestätigung mit `Enter` wird die hinzugefügte Kondition automatisch an die richtige Stelle innerhalb der Kalkulation verschoben. Die Zwischensummen, der Endbetrag etc. werden neu berechnet (siehe Abbildung 4.53).

Preiselemente

I...	KArt	Bezeichnung	Betrag	Wä...	pro	ME	Konditionswert	Wä...
	PR00	Preis	10,00	EUR	1	ST	20,00	EUR
		Brutto	10,00	EUR	1	ST	20,00	EUR
		Rabattbetrag	0,00	EUR	1	ST	0,00	EUR
		Bonusbasis	10,00	EUR	1	ST	20,00	EUR
		Positionsnetto	10,00	EUR	1	ST	20,00	EUR
	KF00	Fracht	3,00	EUR	1	KG	6,00	EUR
			13,00	EUR	1	ST	26,00	EUR
		Nettowert 2	13,00	EUR	1	ST	26,00	EUR
		Nettowert 3	13,00	EUR	1	ST	26,00	EUR
	AZWR	Anzahlung/Verrechng.	0,00	EUR			0,00	EUR
	MWST	Ausgangssteuer	19,000	%			4,94	EUR
		Endbetrag	15,47	EUR	1	ST	30,94	EUR

Abbildung 4.53: Frachtkosten auf Positionsebene eingefügt

Das System arbeitet bei der Kalkulation des Endpreises von oben nach unten: Erst werden Preis und Fracht addiert, und anschließend wird die Mehrwertsteuer für die Summe daraus berechnet. Welche Konditionsarten erlaubt sind und in welcher Reihenfolge sie in der Kalkulation eingefügt werden sollen, wird im Customizing über ein sogenanntes *Kalkulationsschema* definiert (Pfad Transaktion *SPRO*: VERTRIEB • GRUNDFUNKTIONEN • PREISFINDUNG • STEUERUNG DER PREISFINDUNG • KALKULATIONSSCHEMATA DEFINIEREN UND ZUORDNEN).

Wir haben gesehen, wie man Konditionen manuell im Auftrag einträgt. Das System kann die Werte für Konditionsarten auch automatisch berechnen, sofern Stammdaten für die Preisinformationen gepflegt wurden – sogenannte *Konditionssätze*. Die automatische Preisfindung wird in diesem Buch aufgrund ihrer Komplexität nicht behandelt.

4.7.4 Nachrichten

Wenn man einen Auftrag im System anlegt, prüft das System, ob z. B. eine Auftragsbestätigung gedruckt werden soll. Beim Anlegen einer Lieferung kann es sein, dass Versandpapiere (Lieferschein), eine Kommissionierliste oder auch Versandetiketten o. Ä. zu drucken sind. Legt man eine Rechnung an, ermittelt das System automatisch, wie (z. B. Fax, E-Mail) und an welche Adresse die Rechnung geschickt werden soll. All diese Vorgänge werden im SAP-System *Nachrichten* genannt. Auch für die Nachrichtenfindung wird, wie bei der Preisfindung, die *Konditionstechnik* verwendet (Pfad in der Transaktion *SPRO*: VERTRIEB • GRUNDFUNKTIONEN • NACHRICHTENSTEUERUNG). Die erlaubten *Nachrichtenarten* (z. B. *LD00* Lieferschein, *PL00* Packliste, *Z000* Versandetikett) werden in einem *Nachrichtenschema* hinterlegt. Die auszugebenden Nachrichten können im Auftrag automatisch ermittelt werden, sofern passende Stammdaten (*Nachrichtenkonditionssätze*) gepflegt wurden. Diese Aufgabe übernimmt in der Regel die IT-Abteilung in einem Unternehmen. Die Nachrichten können im Auftrag auch manuell eingegeben werden (Menü: ZUSÄTZE • NACHRICHTEN • KOPF • BEARBEITEN). Wie das Layout einer Nachricht aussieht, wird im Hintergrund durch ein sogenanntes *Formular* festgelegt. Die komplexe Aufgabe der Entwicklung von Formularen übernehmen Programmierer. SAP stellt hier verschiedene Technologien zur Verfügung, wie *SAPScript*, *Smartforms* oder *Adobe Forms*. Die Ausgabe einer Auftragsbestätigung könnte beispielsweise wie in Abbildung 4.54 gezeigt aussehen.

IDES Holding AG, Postfach 16 05 29, D-60070 Frankfurt/M

Auftragsbestätigung

Frau
Sonja Müller
Marienplatz 6
80331 München

Nummer/Datum
12163 /24.01.2019
Referenznummer/Datum

Kundennummer
K8585

Versandanschrift

Wir liefern zu nach- und umstehenden Bedingungen: Währung EUR
Lieferbedingungen EXW

Gewichte (Brutto/Netto) - Volumen - Markierung
Bruttogewicht 1 KG Nettogewicht 1 KG

Bitte beachten Sie unser beiliegendes Werbeangebot. Lieferung solange Vorrat reicht.

Pos.	Material / Menge	Bezeichnung / Preis	Preiseinheit	Wert
000010	39330 A	Espresso Tutorial SD		
	2 ST	10,00 EUR	1 ST	20,00
	Kundenrabatt	10,000- %		2,00-
	Positionsnetto	9,00 EUR	1 ST	18,00
	Liefertermin unbestätigt			

Abbildung 4.54: Auftragsbestätigung

Anzeige der Auftragsbestätigung

Im Auftrag können Sie sich durch Klick auf den Button in der Anwendungsfunktionsleiste die Auftragsbestätigung anzeigen lassen.

4.7.5 Unvollständigkeitsprüfung

Vertriebsprozesse erfordern je nach betriebswirtschaftlichem Vorgang unterschiedliche Informationen. Um zu verhindern, dass wichtige Felder im Auftrag nicht gefüllt sind, stellt SAP die Funktionalität der *Unvollständigkeitsprüfung* zur Verfügung. Fehlende Informationen werden im sogenannten *Unvollständigkeitsprotokoll* angezeigt (siehe Abbildung 4.55). Durch Doppelklick auf die Zeilen kann man direkt zu den nicht gefüllten Feldern navigieren, um sie zu füllen.

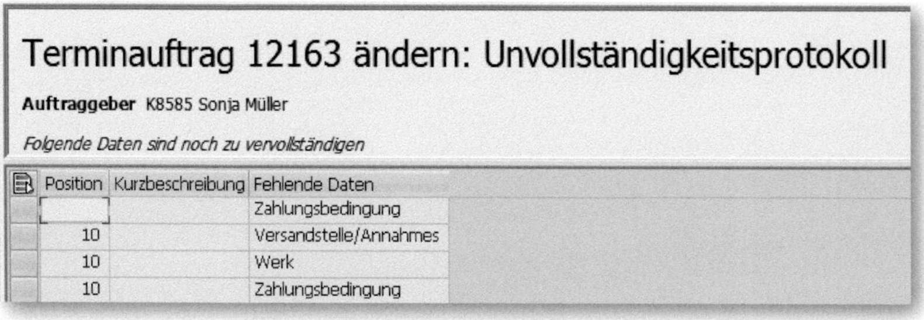

Terminauftrag 12163 ändern: Unvollständigkeitsprotokoll

Auftraggeber K8585 Sonja Müller

Folgende Daten sind noch zu vervollständigen

Position	Kurzbeschreibung	Fehlende Daten
		Zahlungsbedingung
10		Versandstelle/Annahmes
10		Werk
10		Zahlungsbedingung

Abbildung 4.55: Unvollständigkeitsprotokoll

Die Unvollständigkeitsprüfung mit Anzeige des zugehörigen Protokolls findet beim Sichern eines Auftrags automatisch statt, kann aber auch vom User explizit aufgerufen werden (Menü BEARBEITEN • UNVOLLSTÄNDIGKEITSPROTOKOLL). Will man einen unvollständigen Auftrag sichern, so erhält man (je nach Einstellungen) eine entsprechende Meldung, die alternativ zum Sichern die Weiterbearbeitung des unvollständigen Auftrags anbietet.

Im Customizing kann eingestellt werden, welche Felder im Rahmen der Unvollständigkeitsprüfung geprüft werden. Dies geschieht im sogenannten *Unvollständigkeitsschema* (Pfad in der Transaktion *SPRO*: VERTRIEB • GRUNDFUNKTIONEN • UNVOLLSTÄNDIGKEIT).

5 Lieferung

Alles, was mit dem Versand zu tun hat, startet in SAP mit dem Anlegen des Auslieferungsbelegs (im Unternehmensjargon häufig auch Lieferschein oder einfach Lieferung genannt). Dieser Beleg ist sozusagen der Startschuss für alle Folgeaktivitäten im Versand: Kommissionierung der Ware im Lager, Ausgabe von Versandpapieren, Buchung des Warenausgangs. Im Auslieferungsbeleg laufen die Informationen zu den Folgeaktivitäten und zum Status zusammen.

Die Vertriebsabteilung hat den Verkauf durch Anlegen des Auftrags abgeschlossen. Normalerweise ist in einem großen Unternehmen eine andere Fachabteilung (z. B. die Logistikabteilung) für das Erstellen und die Bearbeitung von Lieferungen zuständig. Meist wird die Lieferung erst an dem Tag angelegt, an dem die Versandaktivitäten starten müssen. Unsere erste Auslieferung hatten wir bereits in Abschnitt 3.3.1 angelegt. Diese können wir nun als Grundlage verwenden, um die hier beschriebenen Details im System zu überprüfen.

5.1 Wie werden Auslieferungen angelegt?

Lieferungen können entweder manuell einzeln oder als *Sammellauf* angelegt werden.

5.1.1 Manuelle Anlage einer Auslieferung

Legt man eine Lieferung mit der Transaktion *VL01N* (SAP-Menü: LOGISTIK • VERTRIEB • VERSAND UND TRANSPORT • AUSLIEFERUNG • ANLEGEN • EINZELBELEG) an, so muss man folgende Felder im Einstiegsbild füllen (siehe Abbildung 5.1):

- VERSANDSTELLE: Eine Lieferung wird immer für nur eine Versandstelle angelegt. Die Versandstelle der Lieferung muss mit der Versandstelle im Auftrag übereinstimmen.
- SELEKTIONSDATUM: Das System prüft dieses Datum gegen die Einteilungen in jeder Position des zu bearbeitenden Auftrags. Nur, wenn das Materialbereitstellungsdatum der Einteilung mit dem Selektionsdatum übereinstimmt oder davor liegt, kopiert das System die Einteilungsmenge in die Lieferung. Damit soll verhindert werden, dass Auslieferungen erstellt werden, die eigentlich erst viel später bearbeitet werden müssten.

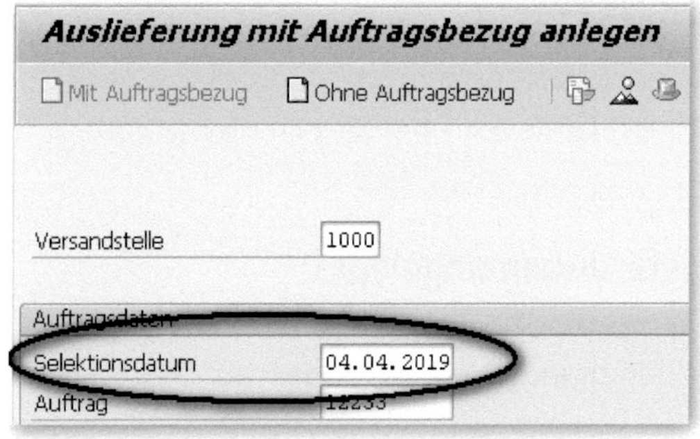

Abbildung 5.1: Einstiegsbild Transaktion VL01N

Sind die Einteilungen erst zu einem späteren Zeitpunkt fällig, erhält man eine Meldung (siehe Abbildung 5.2), und die Lieferung wird für diese Position noch nicht erstellt.

Protokolle anzeigen

Technische Informationen | Hilfe

Typ	Beleg	Pos	Meldungstext	Lt...
△	12163	10	Bis zum ausgewählten Datum sind keine Einteilungen zur Lieferung fällig	
△	12163	20	Bis zum ausgewählten Datum sind keine Einteilungen zur Lieferung fällig	

Abbildung 5.2: Keine Einteilungen zur Lieferung fällig

Soll auf **jeden** Fall eine Auslieferung erstellt werden, selbst wenn diese erst in der Zukunft benötigt wird, so ändert man einfach das Selektionsdatum auf einen Wert, der weit genug in der Zukunft liegt.

Auslieferung manuell anlegen

Falls Sie in Abschnitt 4.4.3 weitere Positionen im Beispielauftrag aus Abschnitt 3.2 angelegt haben, können Sie für diese eine weitere Auslieferung anlegen – probieren Sie es aus! Es sollten nur die hinzugefügten Positionen in die Lieferung übernommen werden, wenn Sie die Transaktion *VL01N* für die Belieferung Ihres Auftrags verwenden.

5.1.2 Sammellauf zum Erstellen von Auslieferungen

Im Sammellauf (Transaktion *VL10A*, SAP-Menü LOGISTIK • VERTRIEB • VERSAND UND TRANSPORT • AUSLIEFERUNG • ANLEGEN • SAMMELVERARBEITUNG VERSANDFÄLLIGER BELEGE) werden (sofern möglich) mehrere Lieferungen gleichzeitig erstellt. Zudem wird versucht, Aufträge in Lieferungen zusammenzufassen. Hier können Sie im Selektionsbildschirm ein Datum bzw. einen Zeitraum im Feld LIEFERUNGSERSTELL-DAT vorgeben (mit derselben Bedeutung wie das Selektionsdatum beim Anlegen der Lieferung mit Transaktion *VL01N*) und zudem die Auswahl der Aufträge weiter eingrenzen (siehe Abbildung 5.3).

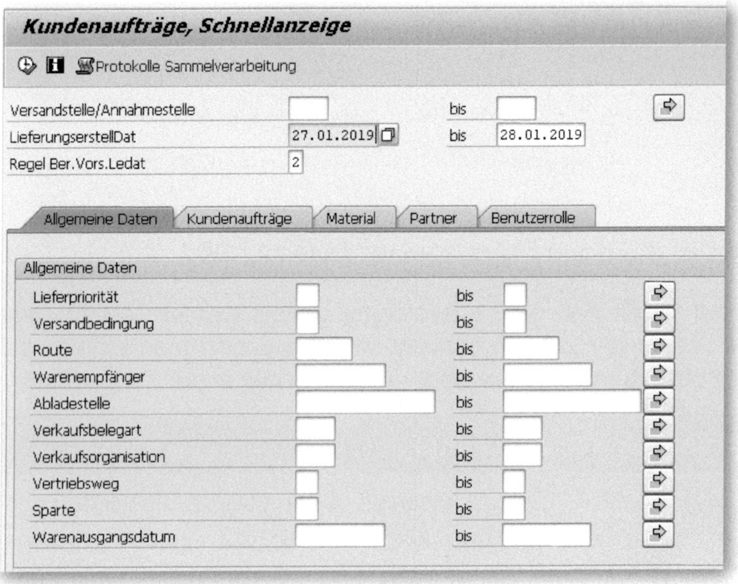

Kundenaufträge, Schnellanzeige

Protokolle Sammelverarbeitung

Versandstelle/Annahmestelle		bis	
LieferungserstellDat	27.01.2019	bis	28.01.2019
Regel Ber.Vors.Ledat	2		

Allgemeine Daten | Kundenaufträge | Material | Partner | Benutzerrolle

Allgemeine Daten

Lieferpriorität		bis	
Versandbedingung		bis	
Route		bis	
Warenempfänger		bis	
Abladestelle		bis	
Verkaufsbelegart		bis	
Verkaufsorganisation		bis	
Vertriebsweg		bis	
Sparte		bis	
Warenausgangsdatum		bis	

Abbildung 5.3: Einstieg Sammelverarbeitung mit Transaktion VL10A

Nach Ausführung mit dem Button bekommen Sie eine Liste der versandfälligen Auftragspositionen angezeigt (siehe Abbildung 5.4). Das Layout der Liste kann userspezifisch angepasst werden. Wie das geht, beschreibe ich in Abschnitt 11.1.3. Beispielsweise könnte es sinnvoll sein, zusätzlich zur Auftragsnummer (Spalte VERURSACHER) die Positionsnummer einzublenden. In der Spalte WARENAUSGANG ist erkennbar, wann der Warenausgang stattfinden soll, um die Ware rechtzeitig auszuliefern. Die Ampel in der ersten Spalte zeigt an, ob das Warenausgangsdatum noch gehalten werden kann.

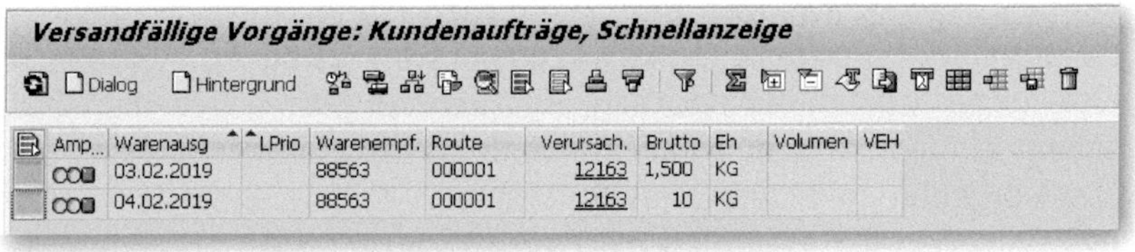

Versandfällige Vorgänge: Kundenaufträge, Schnellanzeige

Dialog | Hintergrund

Amp...	Warenausg	LPrio	Warenempf.	Route	Verursach.	Brutto	Eh	Volumen	VEH
	03.02.2019		88563	000001	12163	1,500	KG		
	04.02.2019		88563	000001	12163	10	KG		

Abbildung 5.4: Liste versandfälliger Vorgänge

Nun können Sie diejenigen Zeilen markieren, für die Auslieferungen angelegt werden sollen. Hierfür klicken Sie auf das Kästchen links von der Ampel. Möchte man mehrere Zeilen markieren, so klickt man mit gedrückter Strg-Taste. Um alle Zeilen zu markieren, können Sie auf den Button klicken.

Man muss sich entscheiden, ob man online verfolgen möchte, wie die Lieferungen angelegt werden (Button Dialog), oder ob das Ganze im Hintergrund geschehen soll (Button Hintergrund). Im Dialog hat der User die Möglichkeit, Änderungen vorzunehmen, muss aber jede Lieferung manuell sichern. Sobald alle Lieferungen erstellt sind, können Sie sich die Lieferungs-Belegnummern durch Klick auf den Button (Lieferungen ein-/ausblenden) in der Liste anzeigen lassen. Außerdem erscheint nach dem Anlegen der Lieferungen in der Anwendungsfunktionsleiste ein neuer Button – mit diesem kann man ein Protokoll der Lieferungserstellung aufrufen (siehe Abbildung 5.5). Meldungen, die beim Anlegen der Lieferungen vom System generiert wurden, sind durch Klick auf den Button Hinweise einzusehen.

Protokoll Liefererzeugung

Auswählen Sichern Hinweise Belege

Gruppe	Angel.von	Angel.am	Anz	Fehl	VStl	Brutto	Eh	Volumen	VEH	Max Zt	Uhrzeit
6038	KUEHBERGER	18.03.2019	1		1000	2	KG			0,00	07:17:27

Abbildung 5.5: Protokoll Sammellauf

Vorsicht mit dem Sammellauf

Beachten Sie, dass Sie bei Ausführung des Sammellaufs zum Erstellen von Lieferungen im Selektionsbildschirm richtig eingrenzen (vgl. Abbildung 5.3) und nicht aus Versehen **alle** versandfälligen Auftragspositionen im System bearbeiten. In einer Schulung wäre es z. B. nicht erwünscht, alle Aufträge zu beliefern, weil das jeder Schulungsteilnehmer für seine eigenen Aufträge selbst vornehmen möchte.

Der Sammellauf kann vom Anwender online ausgeführt werden. Weil bei der Lieferungserstellung meist keine Usereingaben erforderlich sind, kann man hierfür einen Hintergrundjob einplanen.

Jobs im Hintergrund

Im SAP-Umfeld wird häufig von »Jobs« gesprochen. Was ist damit gemeint? Es gibt in SAP die Möglichkeit, einzelne Programme oder einen definierten Ablauf mehrerer Programme periodisch (z. B. täglich zu einer bestimmten Uhrzeit) oder einmalig einzuplanen. Dies eignet sich für Programme, die häufig gestartet werden und in der Regel keiner Benutzerinteraktion bedürfen. In einem großen Unternehmen laufen täglich z. T. Hunderte von Jobs im Hintergrund ab. Die Erstellung der fälligen Auslieferungen ist ein typisches Beispiel für einen Hintergrundjob. Man kann das System so einstellen, dass das Selektionsdatum, mit welchem die Transaktion gestartet wird, automatisch an das Tagesdatum angepasst oder dass z. B. immer der nächste Tag gewählt wird.

5.2 Auftragszusammenführung und Teillieferungen

Zu einem Auftrag können Sie mehrere Auslieferungen anlegen, beispielsweise, wenn zunächst nur eine Teillieferung möglich ist: eine Auslieferung für die aktuell verfügbare Menge und einen weiteren Beleg für die Auslieferung der Restmenge zu einem späteren Zeitpunkt – siehe auch Abbildung 5.6.

Genauso ist es möglich, mehrere Aufträge mit zusammenpassenden Daten in einen Auslieferungsbeleg zusammenzuführen (siehe Abbildung 5.7).

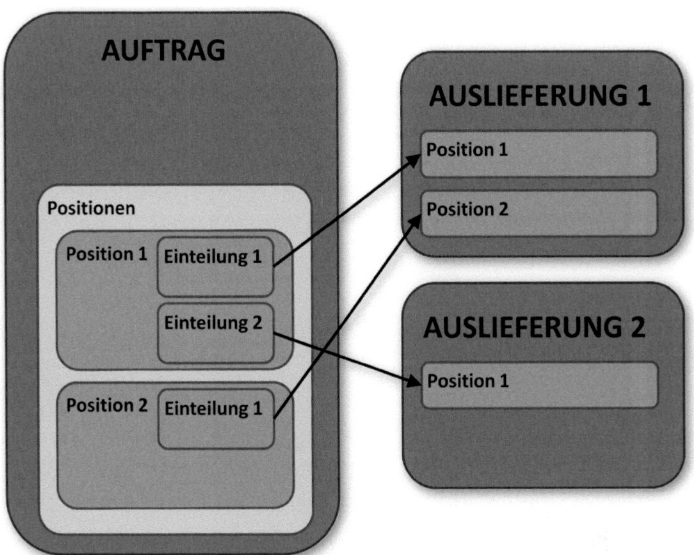

Abbildung 5.6: Aufteilung eines Auftrags in mehrere Auslieferungen

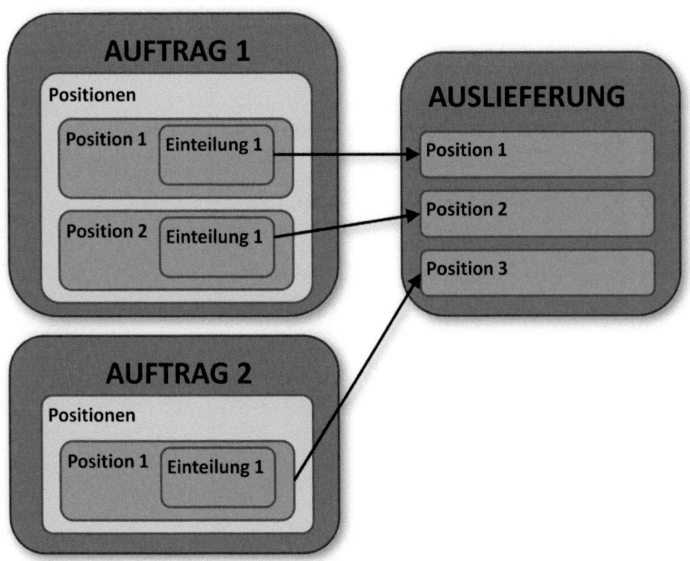

Abbildung 5.7: Zusammenfassung mehrerer Aufträge in eine Lieferung

Wichtig sind hierbei die beiden Felder AUFTRAGSZUSAMMENFÜHRUNG und KOMPLETTLIEFERUNG, die Sie in Abschnitt 4.3 bereits kennengelernt haben. Wird eine Komplettlieferung erwünscht, so wird nur dann eine Lieferung erstellt, wenn für alle Einteilungen des Auftrags die Auslieferung erstellt werden kann. Die Auftragszusammenführung für einzelne Positionen kann hingegen nur dann funktionieren, wenn die Positionen in bestimmten Feldern übereinstimmen, z. B. Liefertermin und Warenempfänger (die Ware muss dasselbe Ziel haben).

5.3 Daten in der Lieferung

Wird eine Lieferung mit Bezug zum Auftrag angelegt, so werden alle versandrelevanten Informationen aus dem Vorgängerbeleg übernommen. Eine manuelle Änderung der Daten ist selten erforderlich, daher navigiert man in der Lieferung wesentlich seltener als im Auftrag. Nichtsdestotrotz möchte ich kurz auf den Bildschirmaufbau und einzelne Felder der Auslieferung eingehen. Dieser teilt sich bei der Lieferung wie beim Auftrag in Kopf- und Positionsdaten auf. Einteilungsdaten gibt es in einem Auslieferungsbeleg nicht.

5.3.1 Kopfdaten in der Lieferung

Eine existierende Lieferung können Sie mit der Transaktion *VL02N* ändern (SAP-Menü: LOGISTIK • VERTRIEB • VERSAND UND TRANSPORT • AUSLIEFERUNG • ÄNDERN) und mit der Transaktion *VL03N* anzeigen (SAP-Menü: LOGISTIK • VERTRIEB • VERSAND UND TRANSPORT • AUSLIEFERUNG). Benutzen Sie eine dieser Transaktionen, um Ihre Auslieferung aus Abschnitt 3.3.1 genauer anzuschauen. Beim Einstieg in die Lieferung sehen Sie einige Kopffelder (siehe Abbildung 5.8).

Abbildung 5.8: Bildschirmaufbau Lieferung

- AUSLIEFERUNG: Belegnummer der Auslieferung,
- WARENEMPFÄNGER: die entscheidende Partnerrolle im Auslieferungsbeleg – der Auftraggeber wird nicht in die Lieferung übernommen, da er für den Versand in der Regel nicht relevant ist,
- PLAN-WARENAUSG.: geplantes Warenausgangsdatum,
- IST-WARENAUSG.: dieses Feld wird nach Buchung des Warenausgangs mit dem tatsächlichen Buchungsdatum gefüllt.

Weitere Kopfdaten können über das Menü SPRINGEN • KOPF oder über den Button angesteuert werden. Wichtig sind hier z. B. die VERSANDSTELLE und die ROUTE (in den Kopfdaten, Reiter TRANSPORT).

Wie es zum Auftrag die Auftragsart gibt, so ist für die Lieferung das entsprechende steuernde Element im Customizing die *Lieferart*. Sie ist in der Auftragsart des Auftrags hinterlegt und wird beim Anlegen der Lieferung aus dieser Customizingeinstellung automatisch ermittelt. Will man die Lieferart einer Auslieferung im Beleg ansehen, so findet sich dieses Feld etwas versteckt in den Kopfdaten, Reiter VERWALTUNG.

Da Fracht- und andere logistische Kosten häufig auslieferungsbezogen sind und im Auftrag noch gar nicht feststehen, gibt es auf Kopf- und Positionsebene einen Reiter KONDITIONEN zur Preispflege.

Eine schöne Übersicht aller Termine zur Auslieferung und zum Status finden Sie in den Kopfdaten im Reiter ABWICKLUNG (siehe Abbildung 5.9).

Abbildung 5.9: Termine und Status in der Lieferung

Navigation im Auslieferungsbeleg

Prüfen Sie, welche Werte für die einzelnen Felder in Ihrer Auslieferung aus Abschnitt 3.3.1 enthalten sind:

- Welche Lieferart wurde verwendet (normalerweise *LF*)?
- Für welche Versandstelle wurde die Lieferung angelegt?
- Wie ist der aktuelle Status
  - der Kommissionierung?
  - des Warenausgangs?

Vergleichen Sie den Status Ihrer Lieferung aus Abschnitt 3.3.1 (für diese haben wir die Kommissionierung und den Warenausgang bereits gebucht) mit dem Status der neu angelegten Lieferung aus Abschnitt 5.1.1 (hier wurde noch nicht kommissioniert und kein Warenausgang gebucht).

5.3.2 Positionsdaten in der Lieferung

Die Positionen einer Auslieferung sehen wir in der POSITIONSÜBERSICHT aufgelistet (vgl. Abbildung 5.8). Hinter der Positionsübersicht gibt es noch weitere Reiter:

KOMMISSIONIERUNG, LADEN, TRANSPORT, ... In diesen Reitern wird die Liste der Positionen gemäß der jeweiligen Folgeaktivität passend dargestellt. Detaildaten zu einer Position findet man, indem man diese markiert und auf den Button unten klickt oder über das Menü SPRINGEN • POSITION navigiert. Das kennen wir bereits aus dem Auftrag.

Das steuernde Element in der Lieferung auf Positionsebene ist der *Lieferungspositionstyp* (Pfad in der Transaktion *SPRO*: LOGISTICS EXECUTION • VERSAND • LIEFERUNGEN • POSITIONSTYPEN LIEFERUNGEN DEFINIEREN). Bei der Anlage von Lieferungen mit Bezug zu einem Auftrag wird automatisch derjenige Lieferungspositionstyp ermittelt, der dieselbe Bezeichnung wie der Positionstyp der Vorgängerposition im Auftrag hat. Wird also im Auftrag der Positionstyp *TAN* verwendet, so wird in der Lieferung automatisch der Lieferungspositionstyp *TAN* verwendet. Eine Lieferungs-Positionstypenfindung gibt es im Customizing nur für Sonderfälle, bei denen eine Auslieferung ohne Bezug auf einen Auftrag erstellt wird.

Ein wichtiges Feld in der Lieferung auf Positionsebene ist der LAGERORT. Um den Warenausgang buchen zu können, muss der Lagerort mit einem Wert gefüllt sein. Dazu gibt es folgende Möglichkeiten:

- manuelle Eingabe des Lagerorts im Auftrag auf Positionsebene – dieser wird in die Lieferung übernommen,
- manuelle Pflege des Lagerorts in der Lieferung auf Positionsebene,
- automatische Ermittlung des Kommissionierlagerorts durch Einstellungen im Customizing (Pfad in der Transaktion *SPRO*: LOGISTICS EXECUTION • VERSAND • KOMMISSIONIERUNG • KOMMISSIONIERLAGERORTFINDUNG). Hier kann man je Lieferart eine Regel zur Findung zuordnen. Für Details lesen Sie bitte die Dokumentation zum entsprechenden Customizingpunkt in der Transaktion *SPRO*.

5.4 Folgeaktivitäten nach Anlage der Auslieferung

Wie im vorherigen Abschnitt bereits dargestellt, steht bei der Auslieferung nicht die Bearbeitung des Lieferbelegs im Vordergrund, sondern das Durchführen von Folgeaktivitäten, die den Auslieferungsbeleg als Basis haben. In diesem Beleg laufen alle Informationen zu den Folgeaktivitäten zusammen. Im Folgenden wollen wir uns detailliert mit der Kommissionierung und der Buchung des Warenausgangs befassen. Auch die Ausgabe von Versandpapieren werde ich kurz vorstellen. Weitere denkbare Schritte, wie beispielsweise die Transportplanung in einem gesonderten Transportbeleg, das Verpacken von Materialien oder die Quittierung der Kommissionierung, sind nicht Gegenstand dieses Buches.

5.4.1 Kommissionierung

Eine zentrale Folgeaktivität nach Anlegen der Auslieferung ist die *Kommissionierung* der Ware. Dabei werden alle Materialien, die zu einer Lieferung gehören, aber an unterschiedlichen Orten gelagert sein können, für den Versand zusammengestellt. Eine Lieferposition kann (muss aber nicht) so ausgesteuert sein, dass die Kommissionierung im System hinterlegt werden muss. Dies wird von den Einstellungen im Lieferungspositionstyp gesteuert. Ist eine Kommissionierung erforderlich, so kann diese unterschiedliche Ausprägungen annehmen:

- *Warehouse Management* (WM) mit voller Funktionalität: SAP stellt mit WM eine eigene Komponente für die Lagerhaltung zur Verfügung. Bisher hatten wir nur mit Lagerorten zu tun – diese sind aber eine eher grobe Angabe des Ortes, an dem sich die Ware befindet. Beim vollumfänglichen Einsatz von WM ist eine erweiterte Bestandsführung auf den Ebenen LAGERTYP, LAGERBEREICH und LAGERPLATZ vorgeschrieben. Bewegungen innerhalb des Lagers werden im WM mit einem eigenen Beleg, dem *Transportauftrag* abgebildet. Mit diesem Beleg kann man Lagerbewegungen anstoßen bzw. überwachen und angeben, welche Materialien von wo (Reiter VON-DATEN) nach wo (Reiter NACH-DATEN) innerhalb des Lagers transportiert werden sollen (siehe Abbildung 5.10).

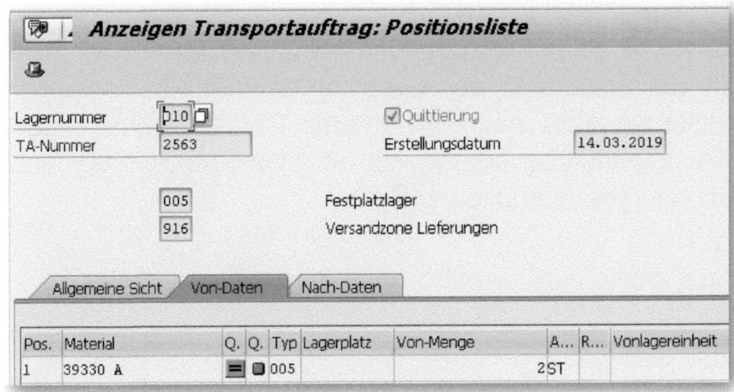

Abbildung 5.10: Transportauftrag im WM

- *Lean-WM:* Diese »abgespeckte« Version stellt SAP für Nutzer zur Verfügung, die nicht die volle, komplexe Funktionalität des Warehouse Managements verwenden. Hier kann man zwar die Möglichkeit von Transportaufträgen nutzen, muss aber nicht die Bestände auf der Ebene von Lagerplätzen detailliert in SAP verwalten. Diese Option wurde in unserem Beispiel aus Abschnitt 3.3.2 verwendet.
- Die dritte Möglichkeit ist, dass weder Warehouse Management noch Lean-WM im Einsatz sind. In diesem Fall wird kein Transportauftrag erstellt, sondern die kommissionierte Menge im Auslieferungsbeleg manuell eingetragen.

Woher weiß man nun, welche der drei Möglichkeiten für eine angelegte Lieferung relevant ist? Die wichtigste Organisationseinheit aus dem Bereich des Warehouse Managements ist die sogenannte *Lagernummer*. Das Verwenden des Warehouse Managements stellen Sie im Customizing ein, indem der Kombination aus Werk und Lagerort eine Lagernummer zugeordnet wird (Pfad in der Transaktion *SPRO*: UNTERNEHMENSSTRUKTUR • ZUORDNUNG • LOGISTICS EXECUTION • LAGERNUMMER ZU WERK/LAGERORT ZUORDNEN). Ob dabei die volle Funktionalität von WM oder nur Lean-WM zum Einsatz kommt, wird im Customizing aktiviert, und zwar jeweils für die Kombination von Werk/Lagerort/Lagernummer unter dem Pfad LOGISTICS EXECUTION • VERSAND • KOMMISSIONIERUNG • LEAN-WM • STEUERUNG ZUR ZUORDNUNG WERK/LAGERORT/LAGERNUMMER.

Ist es Ihnen zu kompliziert, das im Customizing nachzuvollziehen, sehen Sie einfach in der Lieferung in den Positionsdaten, Reiter KOMMISSIONIERUNG, nach. Im unteren Bereich rechts sehen Sie, ob ein Transportauftrag erforderlich ist (WM-STATUS »A«), und die Lagernummer (siehe Abbildung 5.11).

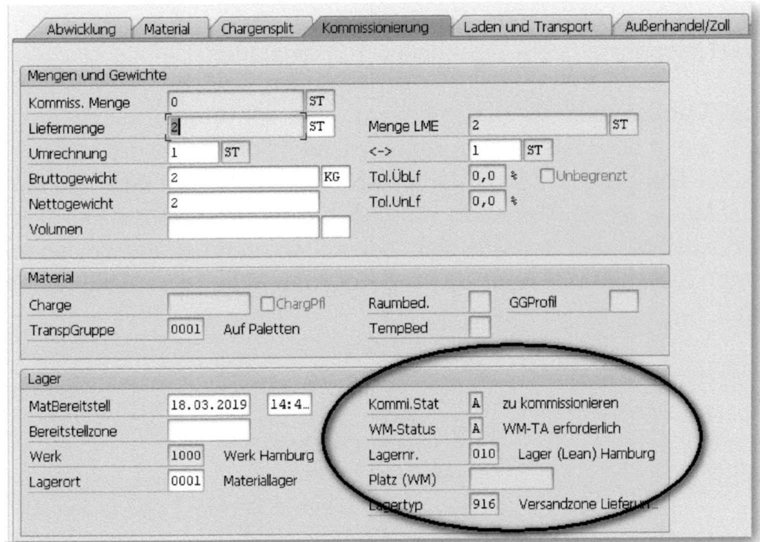

Abbildung 5.11: WM aktiv – Transportauftrag erforderlich

Wenn es sich um eine Kombination von Werk und Lagerort handelt, der keine Lagernummer zugeordnet ist (WM nicht aktiv), so erscheint z. B. das Feld LAGERNR. nicht (siehe Abbildung 5.12), und der WM-STATUS ist leer (kein Transportauftrag erforderlich).

Lager
MatBereitstell 18.03.2019 15:2...
Kommi.Stat A zu kommissionieren
WM-Status kein WM-TA nötig
Werk 1000 Werk Hamburg
Lagerort 0001 Materiallager
Lagerplatz

Abbildung 5.12: WM nicht aktiv – kein Transportauftrag notwendig

Ist ein Transportauftrag erforderlich, können Sie diesen entweder als Einzelbeleg mit der Transaktion *LT03* (SAP-Menü: LOGISTIK • VERTRIEB • VERSAND UND TRANSPORT • KOMMISSIONIERUNG • TRANSPORTAUFTRAG ANLEGEN) oder als Sammelverarbeitung mit der Transaktion *LT42* erstellen. Die Transaktion *LT03* haben wir bereits in Abschnitt 3.3.2 kennengelernt. Die Sammelverarbeitung kann man auch als Hintergrundjob (siehe Abschnitt 5.1.2) einplanen.

Ohne Transportauftrag dokumentieren Sie die Kommissionierung, indem Sie in der Lieferung im Reiter KOMMISSIONIERUNG die kommissionierte Menge eintragen (siehe Abbildung 5.13). Mit dem Sichern der Lieferung ist die Kommissionierung in diesem einfachen Fall auch schon erledigt, und es wird statt eines Transportauftrags ein sogenannter *Kommissionierauftrag* im Belegfluss hinterlegt (siehe Abbildung 5.14).

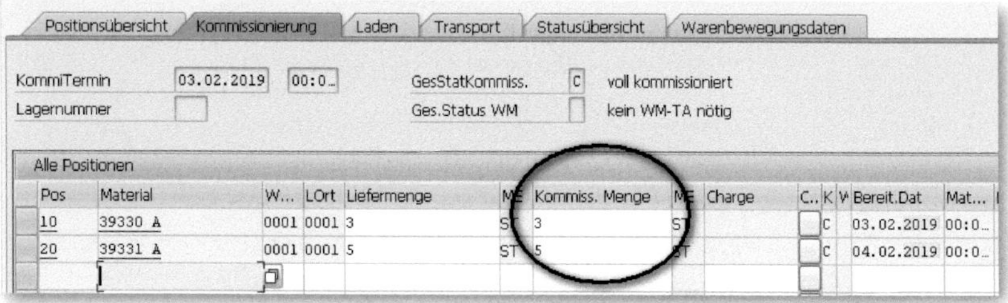

Abbildung 5.13: Manuelle Kommissionierung

Abbildung 5.14: Kommissionierauftrag im Belegfluss

In der Lieferung kann der Warenausgang erst dann gebucht werden, wenn die Liefermenge und die kommissionierte Menge (Fachbegriff: *Pickmenge*) gleich sind, d. h. die Kommissionierung vollständig erfolgt ist.

Kommissionierung

Prüfen Sie mit dem Hintergrundwissen aus diesem Abschnitt, welche Form der Kommissionierung für Ihre neue Auslieferung aus Abschnitt 5.1.1 vorgesehen ist, und führen Sie diese durch.

5.4.2 Buchen des Warenausgangs

Der letzte Schritt im Versand ist das Buchen des Warenausgangs. Dieser erfolgt, wenn die Ware tatsächlich physisch das Unternehmen verlässt. Für diesen Vorgang stehen verschiedene Möglichkeiten zur Verfügung. Am einfachsten ist es, den Warenausgang beim Ändern der Lieferung mit der Transaktion *VL02N* (SAP-Menü: LOGISTIK • VERTRIEB • VERSAND UND TRANSPORT • AUSLIEFERUNG • ÄNDERN) zu buchen. Dies kann entweder direkt im Einstiegsbildschirm durch Klick auf den Button Warenausgang buchen geschehen (siehe Abbildung 5.15) oder aber im Bild zur Bearbeitung der Lieferung (siehe Abbildung 5.16). Der Warenausgang kann immer nur für die gesamte Lieferung und nicht etwa je Position gebucht werden.

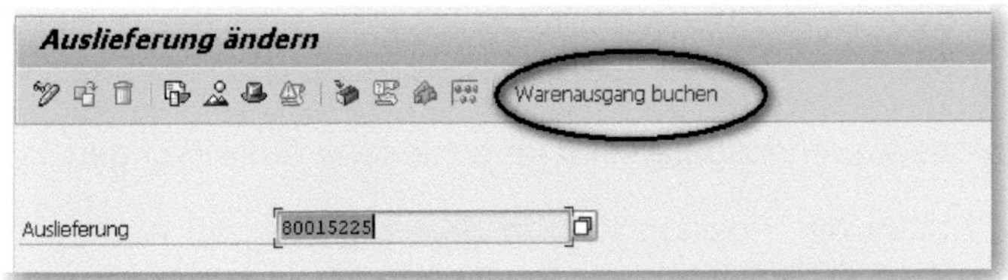

Abbildung 5.15: Warenausgang buchen, Einstiegsbild

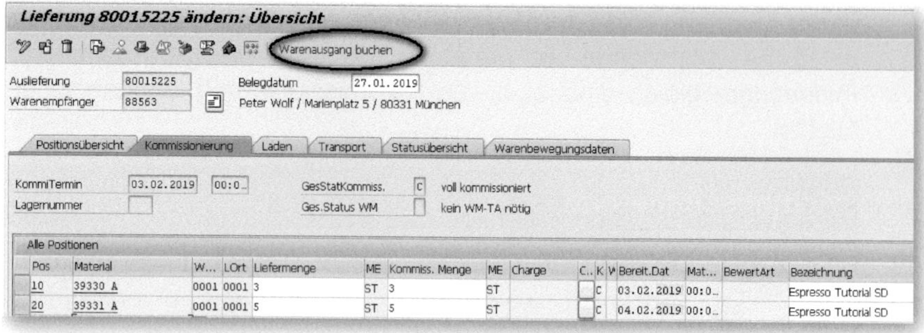

Abbildung 5.16: Warenausgang buchen, Folgebild

Zudem stellt SAP eine Transaktion für die Sammelverarbeitung aller zur Warenausgangsbuchung fälligen Auslieferungen zur Verfügung: *VL06G* (SAP-Menü: LOGISTIK • VERTRIEB • VERSAND UND TRANSPORT • BUCHUNG WARENAUSGANG).

Warenausgang über Sammelverarbeitung

Probieren Sie die Sammelverarbeitung aus, um für Ihre neue Auslieferung aus Abschnitt 5.1.1 den Warenausgang zu buchen. Im Einstiegsbild der Transaktion *VL06G* können Sie nach VERSANDSTELLE und geplantem WARENBEWEGUNGSDATUM eingrenzen. Führen Sie die Selektion über Klick auf den Button aus. Haken Sie im nächsten Bild nur Ihre Auslieferung an (80015257), und klicken Sie auf den Button Warenausgang buchen, um den Warenausgang zu buchen.

Das Buchen des Warenausgangs hat verschiedene Auswirkungen:

- Der Status der Position wird in den zugehörigen Aufträgen aktualisiert (z. B. Status der Position im Auftrag wird aktualisiert: »voll beliefert«).
- Der *Fakturavorrat* wird erzeugt – die Position kann nun in Rechnung gestellt werden.

- Es wird ein Materialbeleg erstellt, um die Warenbewegung zu dokumentieren.
- Die Erstellung von Buchhaltungsbelegen im Hintergrund, falls sich der Wert auf den Bestandskonten verändert hat, wird angestoßen.
- Die physische Bestandsmenge wird aktualisiert und ggf. werden Liefer-/Produktionsbedarfe an die Disposition gemeldet.

5.4.3 Belegfluss nach Warenausgang

Bei jeder Folgeaktivität zur Lieferung wird der Belegfluss fortgeschrieben. Nach erfolgreicher Buchung des Warenausgangs könnte der Belegfluss wie in Abbildung 5.17 aussehen.

Beleg	Am	Status
▾ Terminauftrag 0000012233	15.03.2019	erledigt
▾ ⇒Lieferung 0080015250	18.03.2019	in Arbeit
• LVS-Transportauftrag 0000002571	18.03.2019	erledigt
• WL WarenausLieferung 4900008090	18.03.2019	erledigt

Abbildung 5.17: Belegfluss nach Warenausgang

Der Eintrag LVS-Transportauftrag repräsentiert den Transportauftrag und der Eintrag WL Warenauslieferung den Materialbeleg zum Warenausgang. Wie wir bereits wissen, kann man sich jeweils die Belege anzeigen lassen, indem man den Cursor auf der Zeile platziert und auf den Button Beleg anzeigen klickt.

Der Materialbeleg zum Warenausgang sieht wie in Abbildung 5.18 gezeigt aus. Er dokumentiert die Warenbewegung im System und die Reduktion des Lagerbestands. In diesem Beleg findet man unter anderem die Bewegungsart (BwA – in unserem Beispiel *601*, die Standard-Bewegungsart für »normale« Warenausgänge zum SD-Lieferbeleg) und auch, ob es sich um einen Zu- oder Abgang handelt (in unserem Fall steht im Feld EAu ein Minuszeichen d. h., der Bestand wird reduziert).

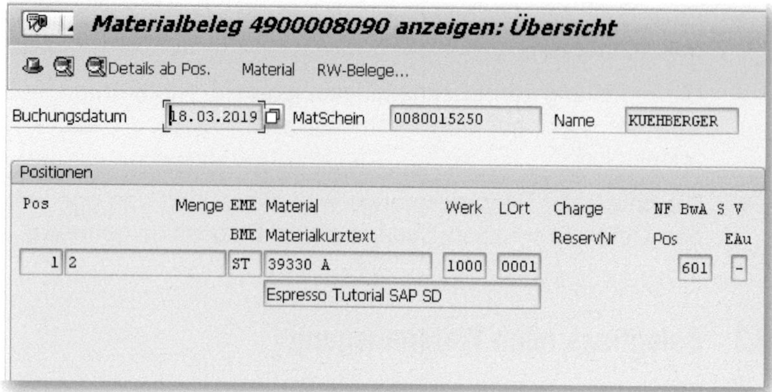

Abbildung 5.18: Materialbeleg

Durch Klick auf den Button RW-Belege... können Sie in den Buchhaltungsbeleg verzweigen, der automatisch beim Buchen des Warenausgangs erstellt wurde. Es erscheint ein Pop-up, in welchem Sie die erste Zeile markieren (siehe Abbildung 5.19) und anschließend auf den Button klicken.

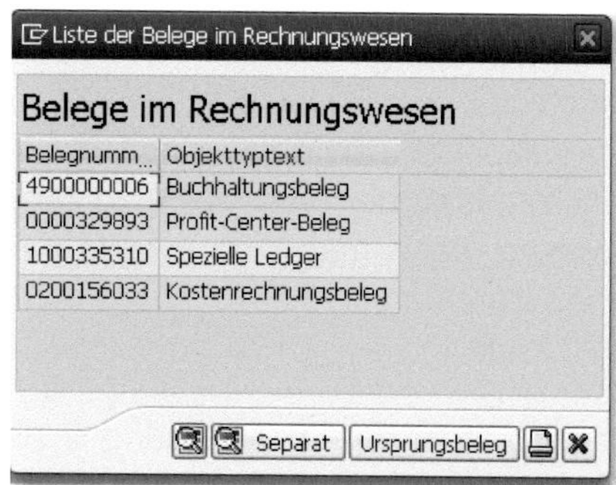

Abbildung 5.19: Aufruf Buchhaltungsbeleg

Im Buchhaltungsbeleg sehen wir, welche Konten der Finanzbuchhaltung beim Warenausgang in unserem Beispiel bebucht wurden (siehe Abbildung 5.20).

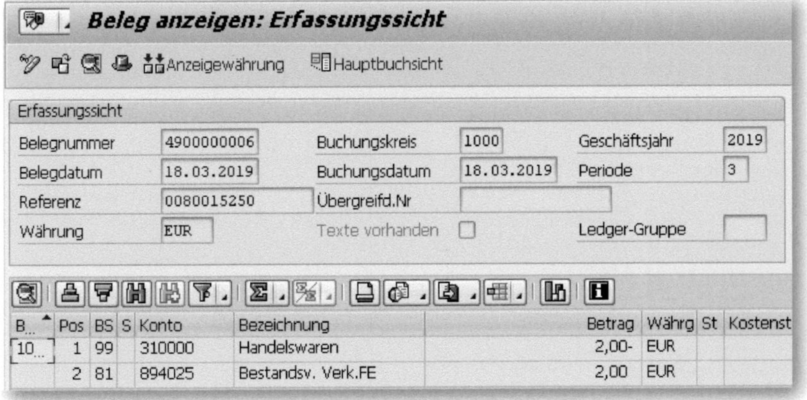

Abbildung 5.20: Buchhaltungsbeleg zum Warenausgang

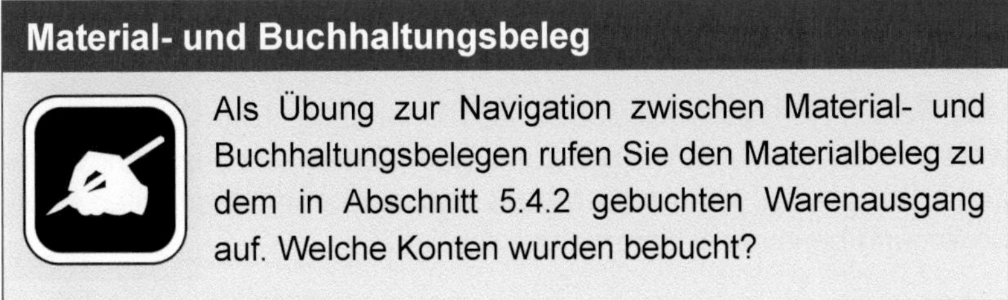

Material- und Buchhaltungsbeleg

Als Übung zur Navigation zwischen Material- und Buchhaltungsbelegen rufen Sie den Materialbeleg zu dem in Abschnitt 5.4.2 gebuchten Warenausgang auf. Welche Konten wurden bebucht?

5.4.4 Nachrichtensteuerung: Ausgabe der Versandpapiere

Auch in der Lieferung können Nachrichten ausgegeben werden. Typische Beispiele für Nachrichten aus Lieferungen sind Warenbegleitpapiere wie Lieferschein, Lieferavis, Versandetiketten etc. Deren Ausgabe kann je nach Einstellungen entweder automatisch beim Sichern der Lieferung erfolgen oder aber durch Aufruf der Transaktion *VL71* (SAP-Menü: LOGISTIK • VERTRIEB • VERSAND UND TRANSPORT • KOMMUNIKATION / DRUCK). Im Selektionsbild lässt sich eingrenzen, welche Nachrichten ausgegeben werden sollen (siehe Abbildung 5.21).

Nachrichten aus Lieferungen
Nachrichten
Nachrichtenart LD00 bis
Sendemedium bis
Sortierung 01
Verarbeitungsmodus 1
Lieferungen
Versandstelle/Annahmestelle 1000 bis
Lieferung 80015250 bis
Referenz bis
Warenempfänger bis
Warenausgangsdatum bis
Lieferdatum bis
Route bis
Routenfahrplan bis

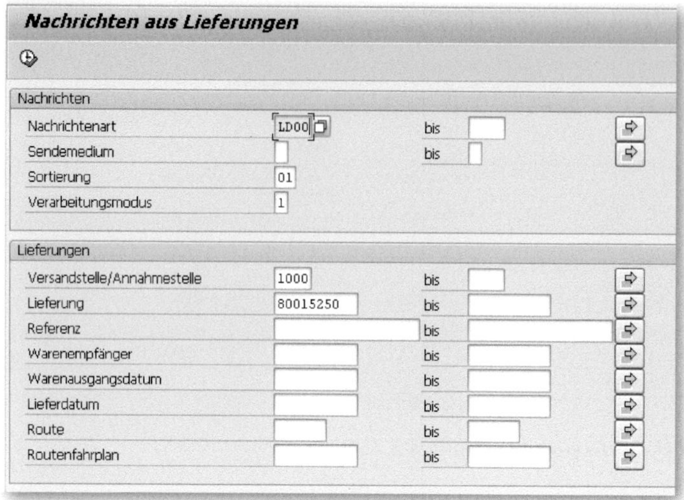

Abbildung 5.21: Einstieg Transaktion VL71

Das Feld VERARBEITUNGSMODUS ist hier wichtig: Enthält es eine *1*, werden nur noch nicht bearbeitete Nachrichten zur Auswahl angezeigt. Bei einer *2* kann man bereits ausgegebene Nachrichten bearbeiten und bei einer *3* fehlerhafte Nachrichten.

Führt man die getroffene Auswahl durch Klick auf den Button aus, so erhält man eine Liste der auszugebenden Nachrichten. Diejenigen, die Sie drucken bzw. ausgeben möchten, markieren Sie links per Mausklick mit einem Häkchen (siehe Abbildung 5.22).

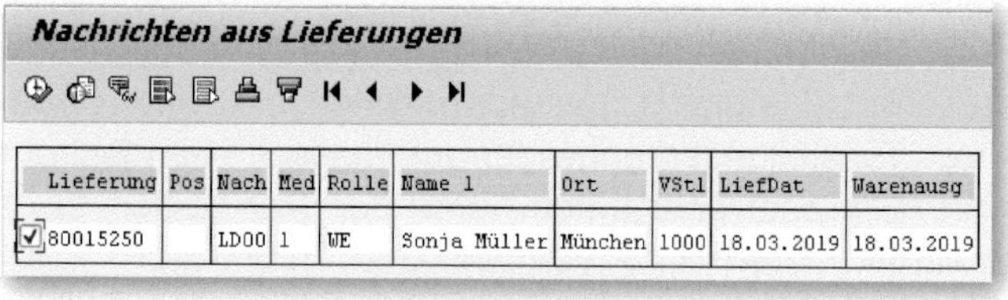

Nachrichten aus Lieferungen
Lieferung | Pos | Nach | Med | Rolle | Name 1 | Ort | VStl | LiefDat | Warenausg
80015250 | | LD00 | 1 | WE | Sonja Müller | München | 1000 | 18.03.2019 | 18.03.2019

Abbildung 5.22: Auswahl Nachrichten

Durch Klick auf den Button wird die Nachricht ausgegeben. Eine Druckansicht erhält man nach Klick auf den Button. Abbildung 5.23 zeigt beispielhaft die Druckansicht für einen Lieferschein. Versuchen Sie, sich für Ihre Lieferung aus Abschnitt 3.3.1 den Lieferschein anzeigen zu lassen.

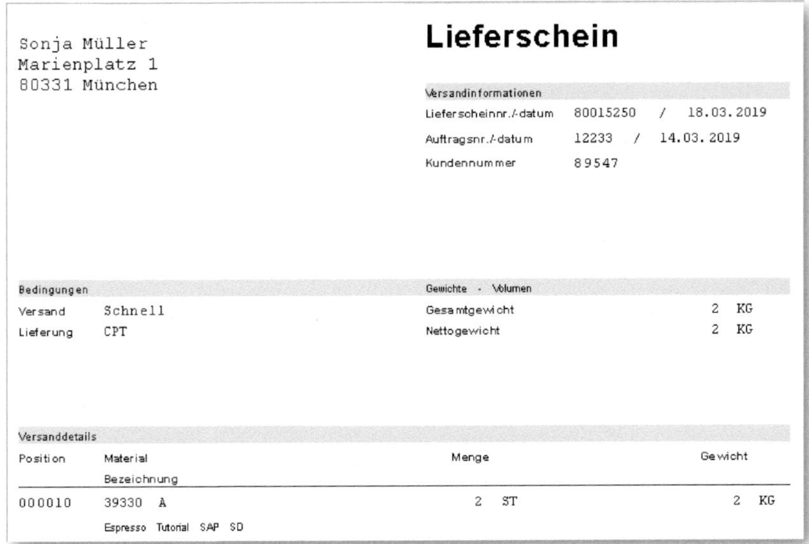

Sonja Müller
Marienplatz 1
80331 München

Lieferschein

Versandinformationen

Lieferscheinnr./-datum	80015250 / 18.03.2019
Auftragsnr./-datum	12233 / 14.03.2019
Kundennummer	89547

Bedingungen

Versand	Schnell
Lieferung	CPT

Gewichte - Volumen

Gesamtgewicht	2 KG
Nettogewicht	2 KG

Versanddetails

Position	Material Bezeichnung	Menge	Gewicht
000010	39330 A Espresso Tutorial SAP SD	2 ST	2 KG

Abbildung 5.23: Druckansicht Lieferschein

In der Lieferung kann man den Status der Nachrichtenübermittlung über das Menü ZUSÄTZE • LIEFERNACHRICHTEN KOPF prüfen (siehe Abbildung 5.24).

Lieferung: Nachrichten

Kommunikationsmittel Verarbeitungsprotokoll Zusatzangaben

Lieferung 0080015250

Nachrichten

St...	Nach...	Beschreibung	Medium	Rolle	Partner	Sp...	Ä...
	LD00	Lieferschein	1 Druckausgabe	WE	89547	DE	

Abbildung 5.24: Liefernachrichten VL03N

6 Faktura

Die Erstellung der Rechnung bildet den letzten Schritt in unserem Vertriebsprozess. Im SAP-Umfeld verwendet man für eine Rechnung in der Regel den Begriff *Faktura*. Die Zahlungsbearbeitung, die nach der Fakturierung ausgeführt wird, erfolgt im Modul Finanzwesen (FI) und ist nicht Bestandteil dieses Buches. Das bedeutet für uns, dass wir fast am Ende des Prozesses im SD angekommen sind.

Eine Faktura kann im SAP-System mit Bezug auf eine oder mehrere Auslieferungen (*lieferbezogene Faktura*) bzw. mit Bezug auf einen oder mehrere Aufträge (*auftragsbezogene Faktura*) angelegt werden. Letztere wäre etwa ein Vorgang mit Vorauskasse – hier wird die Rechnung vor der Lieferung erstellt. In unseren Beispielen zur Terminauftragsabwicklung legen wir die Faktura mit Bezug zur Lieferung an, wie in Abschnitt 3.4 geschehen. Aus der Lieferung werden die Menge der jeweiligen Position und der Preis aus dem davorliegenden Auftrag übernommen. Es gibt die Möglichkeit, mehrere Lieferungen in eine Faktura zu übernehmen (Sammelrechnung), je Lieferung genau eine Faktura zu erstellen oder aber einen sogenannten *Fakturasplit* aufgrund gewisser im Customizing festgelegter Kriterien vorzunehmen (siehe Abbildung 6.1).

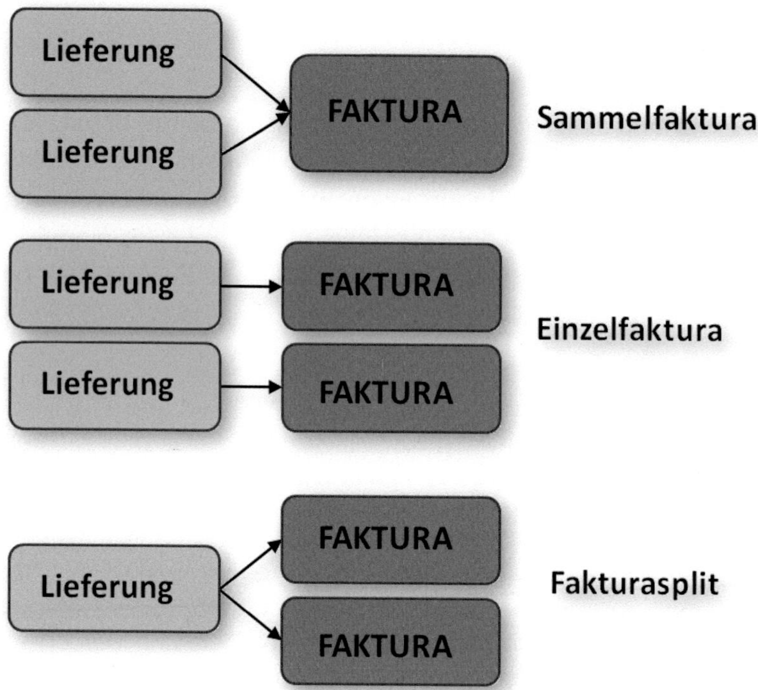

Abbildung 6.1: Möglichkeiten bei der lieferbezogenen Faktura

Bei einer Zusammenfassung von Belegen ist es wichtig, dass sie in allen Daten übereinstimmen, die als Kopfdaten in der Faktura angelegt sind, z. B. Regulierer, Rechnungsempfänger, Fakturadatum und Zahlungsbedingung. Bei der Fakturierung können unterschiedliche *Fakturaarten* verwendet werden, die im Customizing definiert werden (Pfad in der Transaktion *SPRO*: VERTRIEB • FAKTURIERUNG • FAKTUREN • FAKTURAARTEN DEFINIEREN). Hier kann man z. B. festlegen, ob der Buchhaltungsbeleg direkt an die Finanzbuchhaltung übergeben oder erst nach einer expliziten Freigabe erstellt wird. Dies wird über die Checkbox BUCHUNGSSPERRE gesteuert (siehe Ausschnitt zum Customizing der Fakturaart in Abbildung 6.2).

Sicht "Faktura: Belegarten" ändern: Detail

Neue Einträge

Fakturaart	F2	Rechnung (F2)	Angelegt von	SAP

Nummernsysteme

Nummernkr.int.Verg.	19		Inkrement Pos.Nummer	10

Allgemeine Steuerung

Vertriebsbelegtyp	M	Rechnung	☐ Buchungssperre
Gr.Transakt.Vorgang	7	Faktura	☑ Statistiken
Fakturatyp			
Belegart			
Negativbuchung		keine Negativbuchung	
FilialeZentrale		Kunde=Regulierer/Filiale=Auftraggeber	
ValutierteGutschrift	☐	nein	
Rechnungslistenart	LR	Rechnungsliste	

Abbildung 6.2: Customizing der Fakturaart

Rechnungslisten

In der Fakturaart ist auch eine Angabe zur *Rechnungslistenart* vorgesehen. In einer *Rechnungsliste* kann man alle Rechnungen eines Kunden innerhalb eines bestimmten Zeitraums zusammenfassen (SAP-Menü: Logistik • Vertrieb • Fakturierung • Rechnungsliste). Mit der Rechnungsliste können Sie also eine Übersicht aller Rechnungen eines konkreten Zeitraums mit der Gesamtsumme je Faktura an den Kunden übermitteln.

Einen speziellen Positionstyp gibt es für die Faktura nicht.

Eine Faktura legt man mit der Transaktion *VF01* an (SAP-Menü: Logistik • Vertrieb • Fakturierung • Faktura). In dieser Transaktion geben Sie im Einstiegsbild in der Spalte Beleg die zu fakturierenden Belege an (in unserem Fall der lieferbezogenen Faktura sind es Auslieferungen) – siehe Abbildung 6.3. Man kann hier auch mehrere Belege direkt untereinander eingeben.

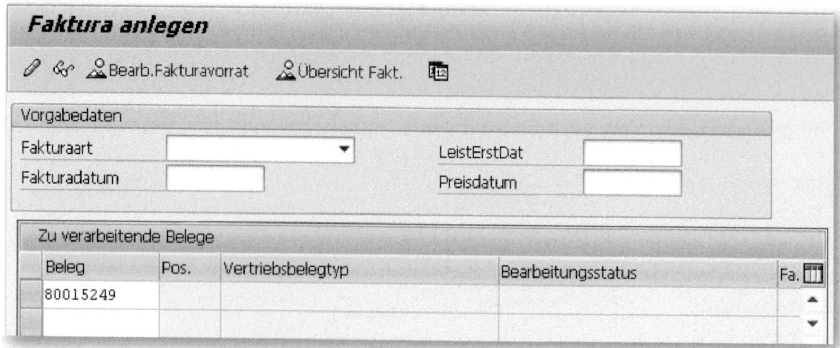

Abbildung 6.3: Einstieg Transaktion VF01

Anschließend könnte man gleich auf Sichern klicken – mehr Eingaben benötigt man nicht, um die Faktura anzulegen. Die Fakturaart wird aus dem Customizing der Auftragsart automatisch ermittelt. Möchten Sie aber lieber vorher noch einen Blick auf die Faktura werfen, können Sie auch die Taste Enter betätigen und erst im nächsten Bild sichern (siehe Abbildung 6.4).

Rechnung (F2) (F2) anlegen: Übersicht - Fakturapositionen

Fakturen

Rechnung (F2) $000000001 Nettowert 20,00 EUR

Regulierer 89547 Sonja Müller / Marienplatz 1 / 80331 München

Fakturadatum 19.03.2019

Pos	Bezeichnung	Fakturierte Menge	ME	Nettowert	Material
40	Espresso Tutorial SAP SD	2	ST	20,00	39330 A

Abbildung 6.4: Ansicht der Faktura in Transaktion VF01

Des Weiteren gibt es die Transaktionen *VF02* zum Ändern und *VF03* zum Anzeigen der Faktura (jeweils im SAP-Menü: LOGISTIK • VERTRIEB • FAKTURIERUNG • FAKTURA). In der Transaktion *VF02* lassen sich nur wenige Felder ändern. Der gängige Weg, eine fehlerhafte Faktura zu korrigieren, ist der, sie zu stornieren (vgl. Abschnitt 8.3) und nochmals korrekt anzulegen.

Beim Erstellen von Fakturen empfiehlt sich auch eine Sammel- bzw. Hintergrundverarbeitung, weil dieser Vorgang in der Regel keine aktiven Usereingaben erfordert. Für die Sammelverarbeitung steht die Transaktion *VF04* zur Verfügung. Auf dem Einstiegsbildschirm grenzt man ein, welche Belege man bearbeiten möchte (siehe Abbildung 6.5).

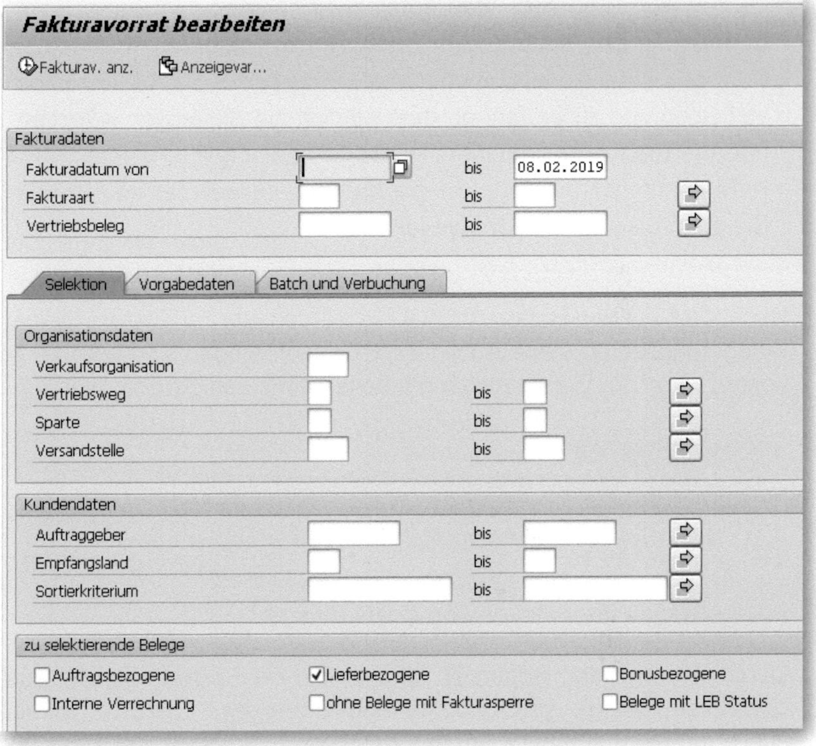

Abbildung 6.5: Einstieg Sammelverarbeitung Fakturavorrat

Das System bearbeitet in dieser Transaktion den *Fakturavorrat* (alle zur Fakturierung bereitstehenden Belege).

Vorsicht mit der Sammelerstellung von Fakturen

Klicken Sie im Einstiegsbild der Transaktion *VF04* auf den Button 🖫, so führt das System **unmittelbar** die Fakturierung für **alle** Belege durch, die den Selektionskriterien entsprechen und fällig zur Fakturierung sind. Man erhält zwar noch eine Warnmeldung, ob man die Bearbeitung des Fakturavorrats durchführen möchte. Dennoch ist es sicherer, sich zuerst die Liste der Belege anzeigen zu lassen und zu prüfen, ob man wirklich nur diejenigen selektiert hat, die man auch fakturieren möchte bzw. darf. In einem SAP-Kurs könnte es ärgerlich für die anderen Teilnehmer sein, wenn Sie aus Versehen alle Belege fakturieren.

Nach Klick auf den Button Fakturav. anz. werden alle zur Faktura fälligen Belege angezeigt (siehe Abbildung 6.6). Lieferungen sind hier nur zu sehen, wenn der Warenausgang bereits erfolgreich gebucht wurde.

Fakturavorrat bearbeiten

Einzelfaktura Sammelfaktura Sammelfaktura/Dialog

S	FkTyp	VkOrg	Fakturadatum	Auftr.geb.	FkArt	ELnd	Vertr.Bel.	VWeg	SP	VBTyp	Adresse	Name d. AG	Ort des AG
X	L	1000	18.03.2019	89547	F2	DE	80015250	10	00	J	114663	Sonja Müller	München
X	L	1000	19.03.2019	89547	F2	DE	80015249	10	00	J	114663	Sonja Müller	München

Abbildung 6.6: Zur Fakturierung fällige Belege

Durch Klick auf den Button 🖫 können Sie die Fakturen für die ausgewählten Belege (farbig hinterlegt) erzeugen. Einzelne Belege schließen Sie durch Klick auf das Kästchen ☐ links von der Zeile aus – wenn die Zeile nicht farbig hinterlegt ist, werden für diese Belege keine Fakturen erstellt. Wurden die Fakturen erfolgreich angelegt, wird dem Sammellauf eine Nummer zugeteilt (in der Spalte GRUPPE in Abbildung 6.7), und man kann über den Button Protokoll das Fehlerprotokoll aufrufen (sofern vorhanden) sowie sich über den Button Belege die Belegnummern der erstellten Fakturen anzeigen lassen.

Fakturavorrat bearbeiten

Auswählen Sichern Belege

Gruppe	Angel.von	Angel.am	Anz	Fehl
1000000599	KUEHBERGER	19.03.2019	11	

Abbildung 6.7: Erfolgreicher Sammellauf zum Anlegen von Fakturen

Sammellauf zur Fakturaerstellung

Probieren Sie den Sammellauf (Transaktion *VF04*) aus, um eine Faktura für Ihre Auslieferung aus Abschnitt 5.1.1 zu erstellen. Achten Sie dabei darauf, dass Sie nur Ihre Auslieferung fakturieren – geben Sie hierfür im Selektionsbild die Auslieferungsnummer im Feld Vertriebsbeleg ein (vgl. Abbildung 6.5), bzw. markieren Sie nur diese Auslieferung im Fakturavorrat (vgl. Abbildung 6.6).

Stornierung eines Sammellaufs

Wurde ein Sammellauf aus Versehen durchgeführt, oder sind im Nachhinein Fehler aufgefallen, so gibt es die Möglichkeit, ihn insgesamt zu stornieren. Hierfür kann man die Transaktion *V.21* (Protokoll des Sammellaufs) verwenden (SAP-Menü: Logistik • Vertrieb • Fakturierung • Infosystem • Fakturierung • Fakturen • Protokoll des Sammellaufs). Dort geben Sie im Einstiegsbild die Sammellaufnummer oder den Benutzernamen vor, im nächsten Bild wählen Sie den relevanten Sammellauf aus und klicken auf den Button Belege. Das führt Sie in ein weiteres Fenster, in dem Sie mit dem Button Alles stornieren den gesamten Sammellauf stornieren können.

Das Sichern der Faktura hat verschiedenste Auswirkungen:

- Es werden Belege für das Rechnungswesen erstellt – allen voran der Buchhaltungsbeleg. Hier werden das Forderungskonto des Kunden und das Erlöskonto des Unternehmens entsprechend bebucht.
- Der Status der Vorgängerbelege wird aktualisiert – z. B. wird der Status »Faktura« im Lieferbeleg auf den Wert »C – voll fakturiert« gesetzt.
- Der Belegfluss wird mit dem Faktura- und dem Buchhaltungsbeleg aktualisiert (siehe Abbildung 6.8)

Abbildung 6.8: Belegfluss nach Erstellen einer Faktura

6.1 Daten in der Faktura

Eine Faktura gliedert sich in Kopf- und Positionsdaten. Das kennen wir nun bereits von den Aufträgen und Auslieferungsbelegen. Auch die Navigation im Fakturabeleg ähnelt der im Auftrag sehr. In der Regel wird der Fakturabeleg nur wenig oder gar nicht weiterbearbeitet, daher wird hier auf eine detailliertere Information zu einzelnen Felder verzichtet.

Kennen Sie sich in der Faktura aus?

Seien Sie dazu eingeladen, Ihre Faktura aus Abschnitt 3.4 mittels Transaktion *VF03* zu erkunden – sie werden sehen, dass Sie sich mittlerweile in SAP-Belegen gut zurechtfinden.

Zum Abschluss möchte ich noch den Buchhaltungsbeleg zeigen. In der Faktura kann man (z. B. aus der Transaktion *VF03* heraus, SAP-Menü: LOGISTIK • VERTRIEB • FAKTURIERUNG • FAKTURA) über Klick auf den Button Rechnungswesen in der Anwendungsfunktionsleiste die Belege für das Rechnungswesen aufrufen (siehe Abbildung 6.9).

Rechnung (F2) 90036302 (F2) anzeigen: Übersicht - Fakturapositionen

Rechnungswesen Fakturen

Rechnung (F2) 90036302 Nettowert 20,00 EUR
Regulierer 89547 Sonja Müller / Marienplatz 1 / 80331 München
Fakturadatum 19.03.2019

Pos	Bezeichnung	Fakturierte Menge	ME	Nettowert	Material	Steuerbetrag
40	Espresso Tutorial SAP SD	2	ST	20,00	39330 A	3,80

Abbildung 6.9: Anzeigen der Faktura mit Transaktion VF03

Es erscheint ein Pop-up, in dem man den entsprechenden Beleg auswählen (Zeile farbig hinterlegt) und über Klick auf den Button ansehen kann (siehe Abbildung 6.10).

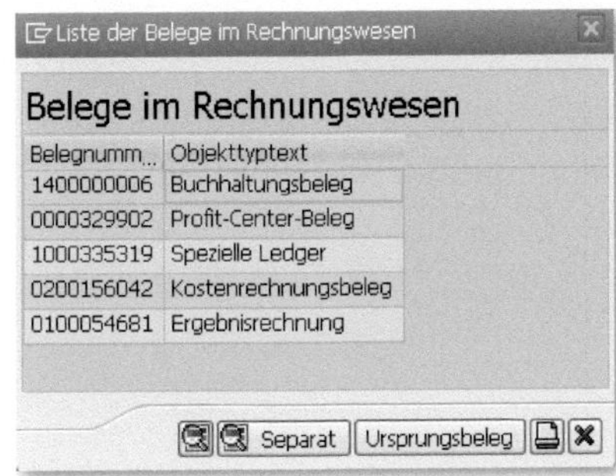

Abbildung 6.10: Auswahl Buchhaltungsbeleg

Im Buchhaltungsbeleg sieht man, welche Konten bei Erstellung der Faktura bebucht wurden – in unserem Beispiel sind es folgende:

- Konto des Regulierers (in der Hauptbuchsicht wäre es das im Kundenstamm des Regulierers hinterlegte *Abstimmkonto* – siehe hierzu auch Abschnitt 10.1.4),
- *Erlöskonto* – wird über die Kontenfindung ermittelt, die allerdings nicht Gegenstand dieses Buches ist,
- *Mehrwertsteuerkonto*.

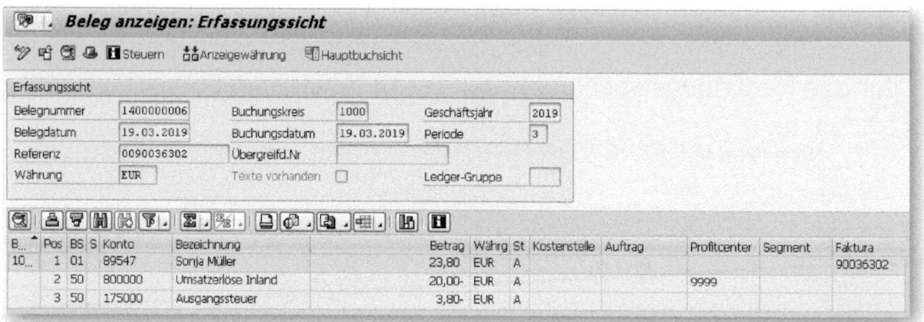

Abbildung 6.11: Buchhaltungsbeleg zur Faktura

Alternativ können Sie sich den Buchhaltungsbeleg auch über den Belegfluss anzeigen lassen, da dieser (im Gegensatz zum Buchhaltungsbeleg zum Warenausgang) dort aufgeführt wird (vgl. Abbildung 6.8).

Buchhaltungsbeleg zur Faktura

Navigieren Sie zu dem Buchhaltungsbeleg Ihrer Faktura aus Abschnitt 3.4 und prüfen Sie, welche Konten darin bebucht wurden.

6.2 Ausgabe der Faktura

Allein durch Anlegen der Faktura weiß der Kunde noch nicht, dass er bezahlen soll. Erst durch Ausgabe der Fakturanachrichten und deren Übermittlung an den Kunden erhält er die Rechnung. Die Transaktion zum Ausgeben der Nachrichten lautet *VF31* (SAP-Menü: VERTRIEB • FAKTURIERUNG • NACHRICHTEN). Die Funktionalität ist analog zur Transaktion *VL71* für Auslieferungen (vgl. Abschnitt 5.4.4). Im Einstiegsbild (siehe Abbildung 6.12) grenzt man die Auswahl der auszugebenden Fakturen ein.

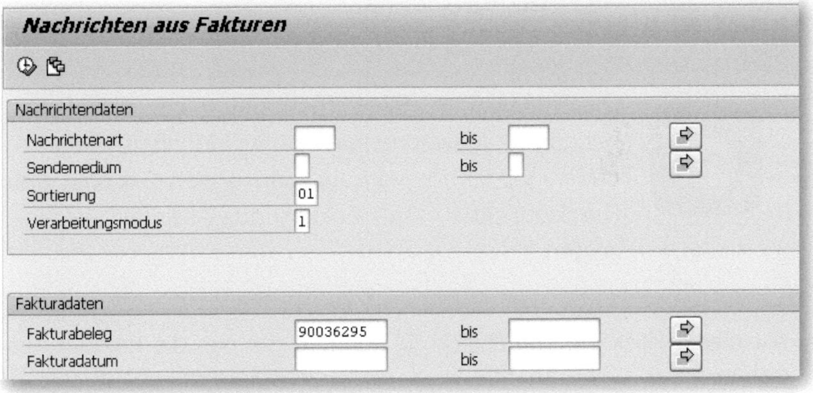

Abbildung 6.12: Transaktion VF31 – Faktura ausgeben

Wurde die Faktura bereits gedruckt oder besteht ein Fehler in der Nachrichtensteuerung (dem wir hier nicht näher auf den Grund gehen wollen), so ändern wir den Inhalt des Feldes VERARBEITUNGSMODUS und geben hier entweder eine *2* ein (schafft Abhilfe, falls ein anderer User unsere Faktura bereits gedruckt hat) oder eine *3* (bei Fehlern in der Nachrichtensteuerung). Wenn Sie nun mit [Enter] bestätigen, können Sie im darauffolgenden Bild ein Häkchen links neben der Belegnummer setzen (siehe Abbildung 6.13).

Abbildung 6.13: Transaktion VF31 – Fakturen auswählen

Um nun zu prüfen, wie die Faktura gedruckt aussehen wird, klicken Sie oben auf den Button , woraufhin die Druckansicht gezeigt wird (siehe Abbildung 6.14).

Transaktion »VF31«

Die Transaktion *VF31* wird oft gebraucht, ihre Handhabung ist gewöhnungsbedürftig. Machen Sie sich daher gut mit ihr vertraut, und lassen Sie sich die Druckansicht zu Ihrer Faktura aus Abschnitt 3.4 anzeigen.

Mit einem Klick auf den Button könnten Sie nun die Faktura ausgeben.

IDES Holding AG, Postfach 16 05 29,
D-60070 Frankfurt/M

Sonja Müller
Marienplatz 1
80331 München

Rechnung
Wiederhohlungsdruck
Nummer/Datum
90036295 / 14.03.2019
Referenznummer/Datum
1234567 / 14.03.2019
Lieferscheinnr./Datum
80015242 / 14.03.2019
Auftragsnummer/Datum
12233 / 14.03.2019
Kundennummer
89547
Unsere Steuernr.
DE123456789

Bedingungen
Zahlungsbedingungen Bis zum 14.03.2019 ohne Abzug

Währung EUR

Lieferbedingungen CPT

Gewichte (Brutto/Netto) - Volumen - Markierung
Bruttogewicht 2 KG Nettogewicht 2 KG

Pos.	Material	Menge	Bezeichnung	Preis	Preiseinheit	Wert
000010	39330 A	2 ST	Espresso Tutorial SAP SD	10,00 EUR	1 ST	20,00

Summe Positionen			20,00
Ausgangssteuer	19,000 %	20,00	3,80
Endbetrag			23,80

Abbildung 6.14: Transaktion VF31 – Druckansicht der Faktura

7 Nachtrag: Vorverkaufsaktivitäten

Jetzt, da Sie den Kern des Vertriebsprozesses (Auftrag – Auslieferung – Faktura) im Detail kennengelernt haben, möchte ich die Informationen zu den Vorverkaufsaktivitäten in SAP nachreichen und Ihnen die Belege *Anfrage* und *Angebot* in diesem Kapitel kurz vorstellen.

Eine Kundenanfrage nach Materialpreisen und Lieferzeiten kann im System in Form einer *Anfrage* dokumentiert werden. Mit dem *Angebot* können Sie diese Informationen dem Kunden übermitteln. Nimmt der Kunde das Angebot an, folgt in der Belegkette in SAP ein Auftrag. Zunächst wollen wir Schritt für Schritt eine Anfrage und ein Angebot im System anlegen.

Eine Anfrage erstellen Sie mit der Transaktion *VA11* (SAP-Menü: LOGISTIK • VERTRIEB • VERKAUF • ANFRAGE). Abbildung 7.1 zeigt den Einstieg: Hier gibt man die ANFRAGEART (in unserem Fall *AF*) und verschiedene Angaben zum Vertriebsbereich ein (wie beim Einstieg in die Auftragserfassung mit Transaktion *VA01*).

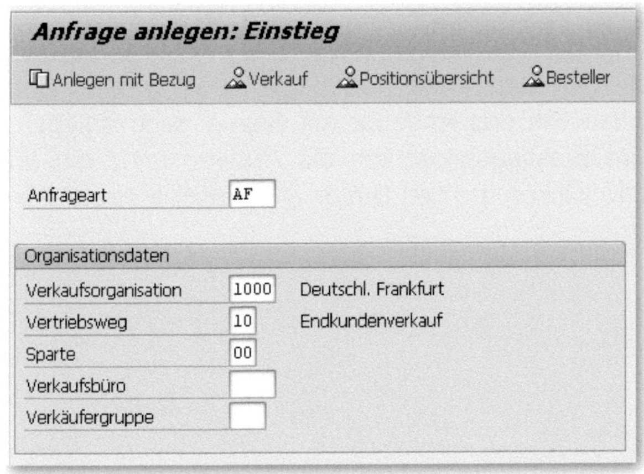

Abbildung 7.1: Einstiegsbild Anfrage, Transaktion VA11

Im nächsten Bild ergänzen Sie AUFTRAGGEBER, MATERIAL und AUFTRAGSMENGE (siehe Abbildung 7.2) – im Idealfall sind nach Betätigen der Taste [Enter] keine weiteren Eingaben mehr nötig.

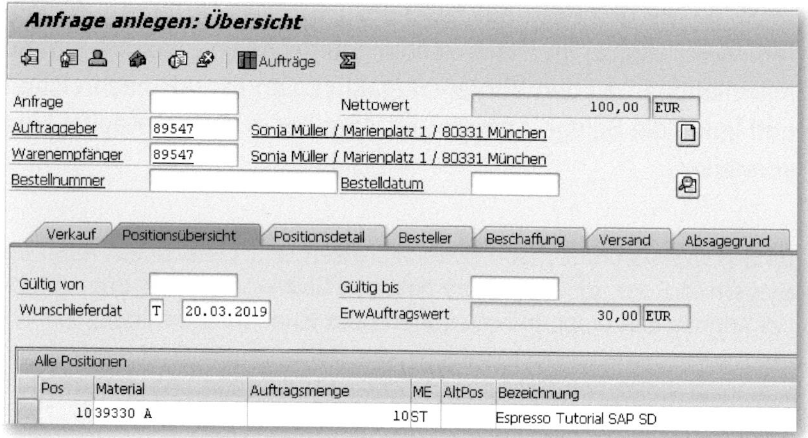

Abbildung 7.2: Bearbeitung einer Anfrage

Der Bildschirmaufbau und die Daten in der Anfrage kommen uns sehr vertraut vor – es ist alles sehr ähnlich wie im Auftrag. Wir sichern die Anfrage über den Button . Es erscheint eine Erfolgsmeldung mit der Anfragenummer Anfrage 10000003 wurde gesichert.

Angebote legt man mit der Transaktion *VA21* (SAP-Menü: LOGISTIK • VERTRIEB • VERKAUF • ANGEBOT) an. Haben Sie zuvor bereits eine Anfrage erstellt, sollten Sie das Angebot mit Bezug dazu anlegen. Hierzu geben Sie im Einstiegsbildschirm die ANGEBOTSART ein (in unserem Fall *AG*) und klicken auf den Button Anlegen mit Bezug (siehe Abbildung 7.3).

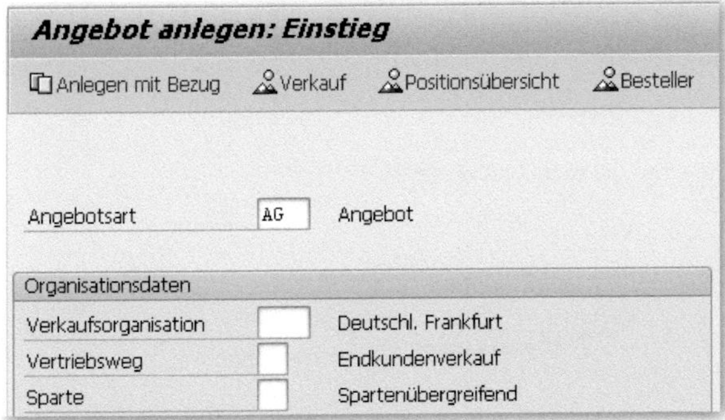

Abbildung 7.3: Einstieg Transaktion VA21

Im erscheinenden Pop-up wird die Anfragenummer eingetragen (siehe Abbildung 7.4) und anschließend auf den Button [✔ Übernehmen] geklickt.

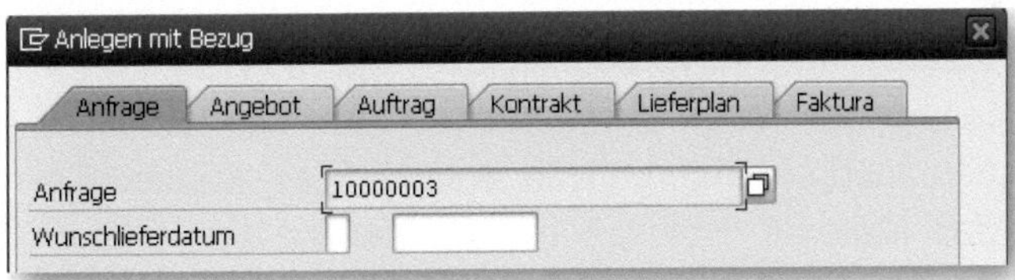

Abbildung 7.4: Anlegen mit Bezug zur Anfrage

Im nächsten Bild wurden vom System die relevanten Daten aus der Anfrage automatisch übernommen. Sie können noch Daten ergänzen und eingeben, in welchem Zeitraum das Angebot gültig ist (siehe Abbildung 7.5). Innerhalb des Gültigkeitszeitraumes ist das Angebot rechtlich bindend. Wir sichern das Angebot – es erscheint die Meldung [☑ Angebot 20000021 wurde gesichert].

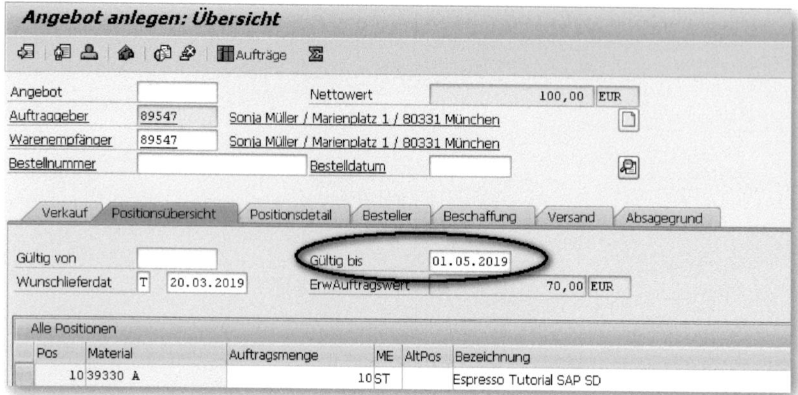

Abbildung 7.5: Eingabe des Gültigkeitsdatums

Alternativpositionen

Es gibt in Anfrage und Angebot die Möglichkeit, Alternativpositionen einzugeben. Wollen Sie dem Kunden mehrere Alternativen anbieten, so wählen Sie das Material, welches der Kunde am wahrscheinlichsten kaufen möchte, als »Hauptposition«. Die Alternativen werden als eigene Positionen unterhalb der »Hauptposition« eingegeben, und in der Spalte ALTPOS geben Sie die Positionsnummer der »Hauptposition« an (siehe Abbildung 7.6).

Die Alternativpositionen gehen nicht in die Ermittlung des Gesamtnettowerts des Auftrags ein.

Alle Positionen

Pos	Material	Auftragsmenge	ME	AltPos	Bezeichnung
10	39330 A	10	ST	0	Espresso Tutorial SAP SD
20	39330 C	10	ST	10	Espresso Tutorial SAP FI/CO

Abbildung 7.6: Eingabe von Alternativpositionen im Angebot

Nun kann man sich beim Erstellen eines Auftrags wiederum auf das Angebot beziehen, wodurch im Belegfluss alle Belege verkettet werden (siehe Abbildung 7.7).

Beleg	Am	Status
Anfrage 0010000003	20.03.2019	erledigt
Angebot 0020000021	20.03.2019	erledigt
Terminauftrag 0000012243	20.03.2019	offen

Abbildung 7.7: Belegfluss mit Anfrage und Angebot

Wir haben gesehen, dass Anfrage und Angebot dem Aufbau von Aufträgen sehr ähneln: Es gibt Kopf- und Positionsdaten und auch Einteilungsdaten. Innerhalb von Anfrage und Angebot sind Standard-Funktionalitäten wie die automatische Preisfindung, die Versandterminierung und die Verfügbarkeitsprüfung möglich, um dem Kunden Auskünfte bezüglich Preisen und dem möglichen Liefertermin geben zu können.

8 Reklamationsabwicklung und Storno

Leider behalten viele Kunden nicht alles, was sie kaufen. Wenn die Artikel nicht gefallen oder beschädigt sind, werden diese zurückgegeben. Andere Formen der Reklamation haben nichts mit der Ware selbst zu tun, sondern beziehen sich auf die Rechnungsstellung. Da die Reklamationsabwicklung zum Geschäft jedes verkaufenden Unternehmens gehört, wollen wir dieser ein gesondertes Kapitel widmen. Zudem wollen wir die Stornierung von Fakturen behandeln.

Man kann bei der Reklamationsabwicklung grob zwei Fälle unterscheiden:

- Reklamation mit Warenbewegung – hier handelt es sich um eine *Retoure*,
- Reklamation ohne Warenbewegung – z. B. Korrektur von Preisen oder anderen Informationen in der Faktura).

Diese beiden Fälle wollen wir uns nun genauer ansehen.

8.1 Retoure

Im Fall einer Retoure wird die Ware an das verkaufende Unternehmen zurückgeschickt. Ggf. muss der Rücktransport veranlasst und dokumentiert werden. Die Ware wird nach Erhalt meist erst einmal in einen gesonderten Bestand, den *Retourenbestand* eingebucht. Je nach Zustand der Ware wird diese dann entweder verschrottet oder in den frei verwendbaren Bestand umgebucht. Der Retourenauftrag enthält eine Fakturasperre, welche die Erstellung der Gutschrift verhindert. Erst, wenn der Beleg genehmigt (d. h. die Fakturasperre entfernt) wurde, kann eine Gutschrift erzeugt werden. Einen Überblick dieses Vorgangs sehen Sie in Abbildung 8.1.

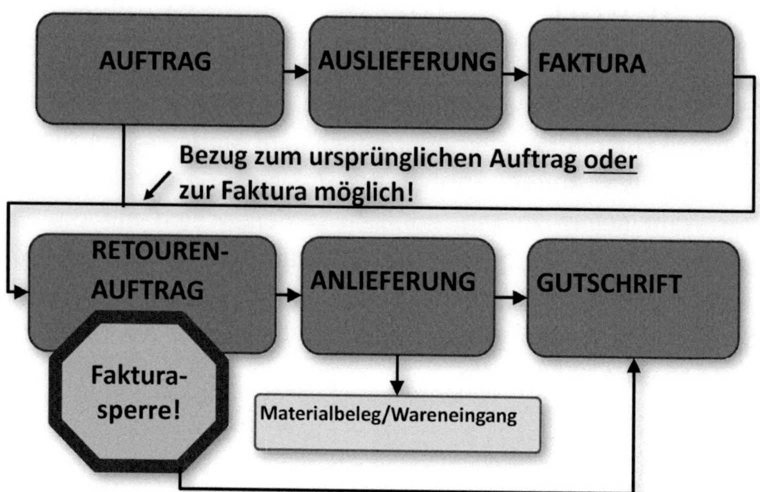

Die Gutschrift kann erst erstellt werden, wenn die Fakturasperre entfernt wurde.

Abbildung 8.1: Belegfluss bei einer Retoure

Einen Retourenauftrag legen Sie, wie andere Aufträge auch, mit der Transaktion *VA01* (SAP-Menü: LOGISTIK • VERTRIEB • VERKAUF • AUFTRAG • ANLEGEN) an. Allerdings wählt man die in dem jeweiligen Unternehmen vorgesehene Auftragsart für Retouren aus, z. B. *RE* (siehe Abbildung 8.2). Anschließend klicken Sie auf den Button Anlegen mit Bezug, um sich auf den entsprechenden Vorgängerbeleg zu beziehen.

Abbildung 8.2: Anlegen einer Retoure mit Bezug

In unserem Beispiel nehmen wir Bezug zum Auftrag (siehe Abbildung 8.3).

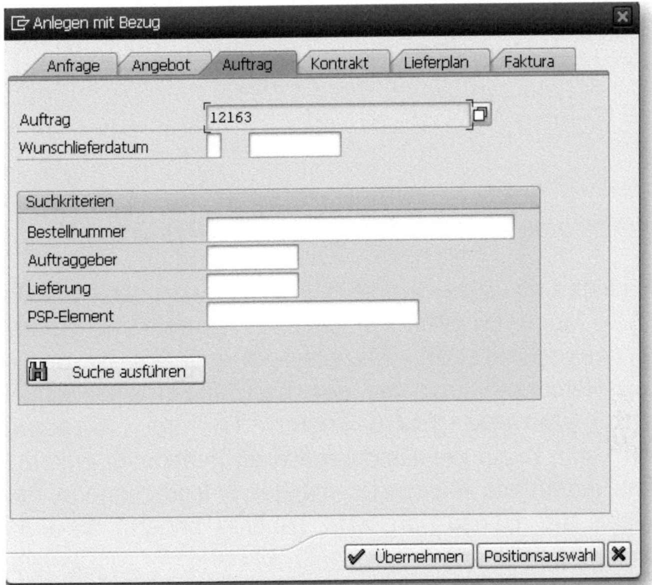

Abbildung 8.3: Anlegen der Retoure mit Bezug zum Auftrag

Im Retourenauftrag (siehe Abbildung 8.4) fällt Folgendes auf (sofern die Einstellungen im Customizing dem entsprechen, was man erwarten würde):

- Es wird nach einem AUFTRAGSGRUND verlangt (es erscheint die Meldung ⚠ Bitte Auftragsgrund eingeben). Dieser wird für Auswertungszwecke gefüllt.
- Es wurde automatisch eine FAKTURASPERRE gesetzt. Die Vorbelegung des Auftrags mit einer Fakturasperre wird in der Auftragsart im Customizing vorgegeben.

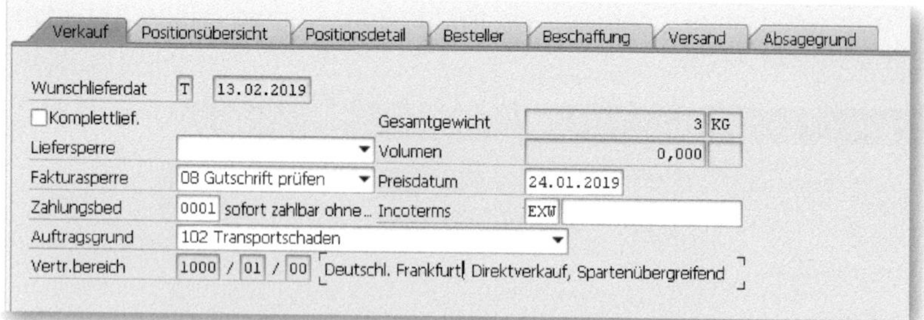

Abbildung 8.4: Fakturasperre und Auftragsgrund im Retourenauftrag

Die Retourenanlieferung wird (wie eine Auslieferung) mit der Transaktion *VL01N* (SAP-Menü: LOGISTIK • VERTRIEB • VERSAND UND TRANSPORT • AUSLIEFERUNG • ANLEGEN • EINZELBELEG) angelegt. Bevor die Gutschrift zum Retourenauftrag mit der Transaktion *VF01* (SAP-Menü: LOGISTIK • VERTRIEB • FAKTURIERUNG • FAKTURA • ANLEGEN) erstellt werden kann, muss der Retourenauftrag genehmigt werden. Dies geschieht, indem ein Mitarbeiter mit der entsprechenden Berechtigung mittels der Transaktion *VA02* (Auftrag ändern) die Fakturasperre im Auftrag entfernt.

8.2 Gut- und Lastschriften ohne Warenbewegung

Beschwert sich ein Kunde nicht über die Ware, sondern über die ihm gestellte Rechnung, so erfolgt eventuell eine Gutschrift, allerdings ohne Warenbewegung. Es kann umgekehrt auch Lastschriften geben, wenn dem verkaufenden Unternehmen beispielsweise auffällt, dass ein zu niedriger Preis in Rechnung gestellt wurde. Dafür legt man Aufträge besonderer Auftragsarten an – die *Gut-* bzw. *Lastschriftsanforderung* – und darauffolgend einen entsprechenden Fakturabeleg, eine *Gut-* oder *Lastschrift*. Abbildung 8.5 zeigt diesen Ablauf. Die Standard-Auftragsarten für diese Vorgänge lauten »G2« (Gutschriftsanforderung) und »L2« (Lastschriftsanforderung). Sie werden mit der Transaktion *VA01* (SAP-Menü: LOGISTIK • VERTRIEB • VERKAUF • AUFTRAG • ANLEGEN) angelegt.

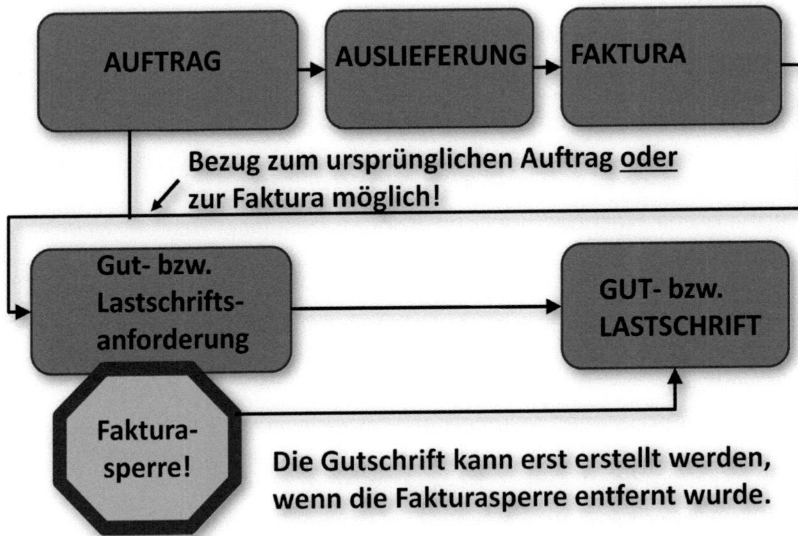

Abbildung 8.5: Belegfluss mit Gut- bzw. Lastschriftsanforderung

Rechnungskorrektur mittels Gut- und Lastschriftanforderung

zB

Häufig wird mit einer Kombination aus Gut- und Lastschriftsanforderung gearbeitet, um falsche Fakturen zu korrigieren. Wenn etwa in der ursprünglichen Faktura der falsche Regulierer eingetragen war, erstellt man eine Gutschriftsanforderung und Gutschrift, damit der falsche Regulierer sein Geld wiederbekommt. Anschließend legt man eine Lastschriftsanforderung an, in der der richtige Regulierer eingetragen ist. Für diese Lastschriftsanforderung wird dann eine Lastschrift erstellt, und der richtige Regulierer muss bezahlen. Versuchen Sie, solch ein Szenario für Ihre Faktura aus Abschnitt 3.4 im System nachzuvollziehen!

8.3 Storno

Fällt Ihnen auf, dass Sie eine falsche Rechnung erstellt haben, so können Sie sie stornieren. Dieses Vorgehen wenden Sie in der Regel an, wenn Sie keine korrigierten Belege an den Kunden schicken müssen (z. B., wenn Ihnen der Fehler auffällt, **bevor** Sie die ursprüngliche Rechnung an den Kunden geschickt haben). Man kann eine falsche Rechnung allerdings nicht einfach löschen, sondern erstellt eine spezielle Faktura (*Storno-Faktura*) mit eigenem Buchhaltungsbeleg, in der jede Buchungszeile mit dem umgekehrten Vorzeichen gebucht und damit die ursprüngliche Faktura rückgängig gemacht wird. Anschließend sind die Vorgängerbelege (Aufträge bzw. Lieferungen) wieder fakturierbar und eine neue Faktura kann nach Korrektur der Fehler erstellt werden. Für das Stornieren von Fakturen gibt es eine eigene Transaktion: *VF11* (SAP-Menü: LOGISTIK • VERTRIEB • FAKTURIERUNG • FAKTURA). Die zu stornierenden Belege werden hier eingetragen und anschließend über Klick auf den Button storniert (siehe Abbildung 8.6).

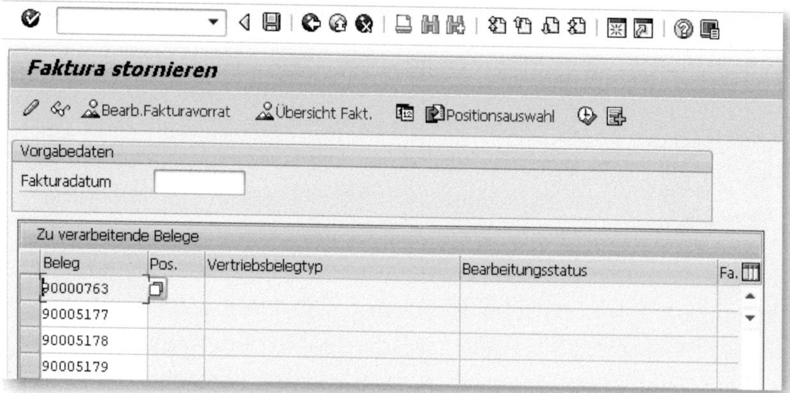

Abbildung 8.6: Storno von Fakturen

Korrektur einer Faktura

Es soll auf Ihre Rechnung aus Abschnitt 3.4 noch ein Text angedruckt werden: »Bitte besuchen Sie unsere Webseite und prüfen Sie die neuesten Angebote«. Stornieren Sie die Faktura aus Abschnitt 3.4 (Transaktion *VF11*). Legen Sie eine neue Faktura an, und pflegen Sie darin den entsprechenden Text (Menü SPRINGEN • KOPF • KOPFTEXTE). Lassen Sie sich anschließend die Druckansicht der Faktura anzeigen, und prüfen Sie, ob der Kopftext angedruckt wird (dies kann je nach Systemeinstellungen ggf. auch nicht der Fall sein). Dies ist nun schon eine Übung für Fortgeschrittene – Sie müssen mehrere Transaktionen hintereinander ausführen und in der Faktura navigieren.

9 Organisationseinheiten

Um die Prozesse eines Unternehmens in einem System abbilden zu können, muss zumindest ein Teil der Unternehmensstruktur im System modelliert sein – es werden in SAP im Customizing sogenannte *Organisationseinheiten* definiert.

In SAP werden als Organisationseinheiten beispielsweise abgebildet:

- physische Orte: z. B. Produktionsstätten oder Lagerhallen,
- Abteilungen bzw. Zuständigkeiten: z. B. Vertriebsabteilung, Einkaufsabteilung,
- rechtliche/juristische Einheiten: Ebene, auf der die Bilanz sowie Gewinn- und Verlustrechnung (GuV) in der Finanzbuchhaltung erstellt werden.

Im Folgenden sollen diejenigen Organisationseinheiten vorgestellt werden, die beim Vertrieb eine Rolle spielen.

9.1 Mandant

Die oberste Organisationseinheit in SAP ist der *Mandant*. Er repräsentiert das gesamte Unternehmen bzw. einen Konzern innerhalb eines SAP-Systems. Der Mandant wird bei der Anmeldung in SAP angegeben. Jeder Mandant hat eigene Stammsätze und einen eigenständigen Satz von Tabellen als technischen Hintergrund. Bei manchen Daten spricht man davon, dass sie »mandantenweit« gültig sind, d. h., sie sind innerhalb des SAP-Systems allgemein gültig und nicht an eine der anderen Organisationseinheiten gebunden.

9.2 Buchungskreis

Der *Buchungskreis* bildet eine rechtlich selbstständige und bilanzierende Einheit ab. Auf dieser Ebene werden die Bilanz und die GuV erstellt. Alle buchungspflichtigen Vorgänge werden unter dem Dach eines Buchungskreises im System hinterlegt und können diesem eindeutig zugeordnet werden. Ein Unternehmen könnte auch mehrere Buchungskreise haben, z. B. ist für jede Tochtergesellschaft ein eigener Buchungskreis möglich. Die Organisationseinheiten werden im Customizing definiert (Pfad in der Transaktion *SPRO*: Unternehmensstruktur • Definition). Jeder Organisationseinheit wird ein Kürzel zugeordnet. Abbildung 9.1 zeigt die Definition mehrerer Buchungskreise – 0001 bis 0007 (Pfad in der Transaktion *SPRO*: Unternehmensstruktur • Definition • Finanzwesen • Buchungskreis bearbeiten, kopieren, löschen, prüfen).

Sicht "Buchungskreis" ändern: Übersicht

Neue Einträge

BuKr.	Name der Firma
0001	SAP A.G.
0005	IDES AG NEW GL
0006	IDES US INC New GL
0007	IDES AG NEW GL 7

Abbildung 9.1: Mehrere Buchungskreise in einem SAP-System

Zu manchen Organisationseinheiten – wie auch zum Buchungskreis – können Sie noch weitere Daten definieren (siehe Abbildung 9.2). Die Details rufen Sie auf, indem Sie eine Zeile durch Klick auf das Kästchen neben dem Kürzel ( ) markieren und anschließend auf den Button klicken.

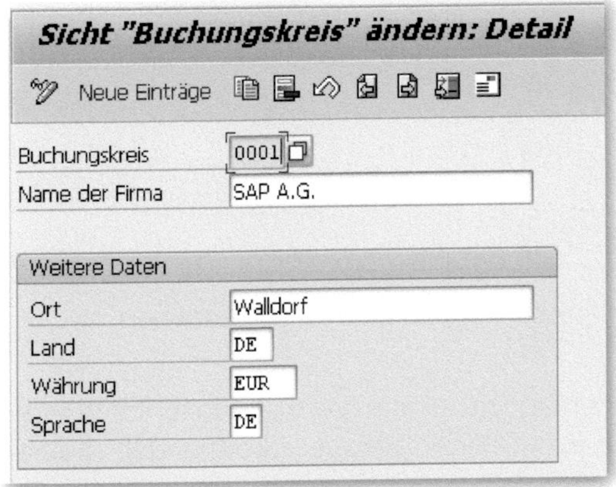

Abbildung 9.2: Details zum Buchungskreis

SAP als integriertes System

Der Buchungskreis ist eigentlich eine Organisationseinheit aus dem Modul Finanzwesen in SAP. Da aber zu gewissen Vertriebsbelegen im Hintergrund Buchhaltungsbelege erzeugt werden (bei Erstellung der Faktura bzw. beim Warenausgang zur Lieferung), die wiederum eindeutig einem Buchungskreis zugehören, ist dieser auch für den Vertrieb wichtig.

9.3 Verkaufsorganisation, Vertriebsweg, Sparte und Vertriebsbereich

Reine Vertriebs-Organisationseinheiten sind die Folgenden (Pfad in der Transaktion *SPRO*: UNTERNEHMENSSTRUKTUR • DEFINITION • VERTRIEB):

- Die *Verkaufsorganisation* ist für den Vertrieb von Materialien und Dienstleistungen verantwortlich, handelt die Konditionen aus und haftet für die verkauften Produkte. Sie wird durch ein vierstelliges Kürzel gekennzeichnet (siehe Abbildung 9.3).

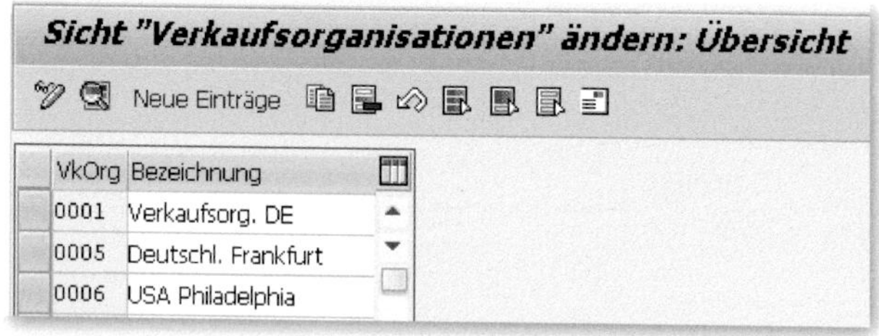
Sicht "Verkaufsorganisationen" ändern: Übersicht

Neue Einträge

VkOrg	Bezeichnung
0001	Verkaufsorg. DE
0005	Deutschl. Frankfurt
0006	USA Philadelphia

Abbildung 9.3: Definition von Verkaufsorganisationen im Customizing

- Ein *Vertriebsweg* entspricht einem Vertriebskanal bzw. einer Absatzschiene, z. B.: Online-Verkauf, Großhandel, Einzelhandel, Außendienstverkäufe, ... Unter einem Vertriebsweg werden diejenigen Vorgänge zusammengefasst, die über eine ähnliche Strategie an den Kunden vertrieben werden. Der Vertriebsweg wird in SAP durch ein zweistelliges Kürzel repräsentiert (siehe Abbildung 9.4).

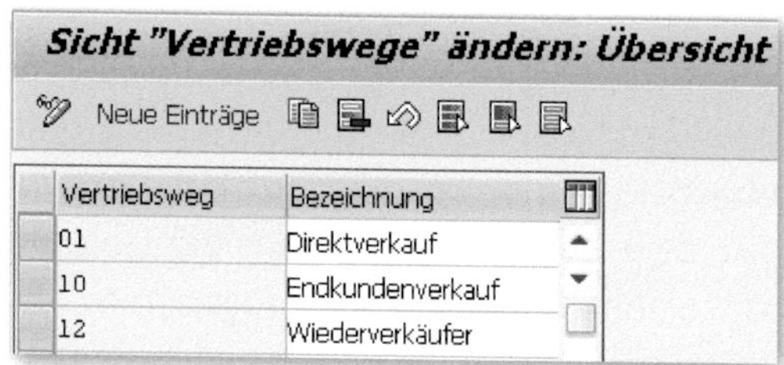
Sicht "Vertriebswege" ändern: Übersicht

Neue Einträge

Vertriebsweg	Bezeichnung
01	Direktverkauf
10	Endkundenverkauf
12	Wiederverkäufer

Abbildung 9.4: Definition von Vertriebswegen im Customizing

Die nächste Organisationseinheit findet nicht nur im Vertrieb, sondern auch in der Logistik Verwendung und wird im Customizing definiert unter UNTERNEHMENSSTRUKTUR • DEFINITION • LOGISTIK ALLGEMEIN:

- *Sparte*: Mit der Sparte kann man Produkte und Dienstleistungen gruppieren, die im Vertrieb ähnlich behandelt werden (z. B. Dienstleistungen vs. Materialien, Bücher vs. Zeitschriften, Fisch vs. Fleisch, ...). Für die Sparte werden in SAP ebenfalls zweistellige Kürzel verwendet (siehe Abbildung 9.5)

Abbildung 9.5: Definition von Sparten im Customizing

Von zentraler Bedeutung im Vertriebsprozess ist der *Vertriebsbereich*. Dieser stellt eine Kombination aus Verkaufsorganisation, Vertriebsweg und Sparte dar (vgl. Abschnitt 9.6).

Die Definition der Organisationseinheiten kann weitreichende Folgen haben

Bei der Abbildung eines Unternehmens im SAP-System ist weise Voraussicht gefragt. Richtet man nur wenige Organisationseinheiten ein, so hat dies teils Vorteile (z. B. können im System Berechtigungen einfacher eingerichtet werden, die Stammdaten müssen auf der Ebene nur weniger Organisationseinheiten gepflegt werden), teils aber auch Nachteile (z. B. ist eine differenzierte Auswertung und Ausprägung bezüglich der Preisfindung nicht möglich).

Achten Sie immer darauf, eine möglichst schlanke Unternehmensstruktur zu pflegen. Rein für Auswertungszwecke bieten die Stammdaten und Belege in der Regel genügend Felder. Hat man viele Vertriebswege und Sparten im Einsatz, kann man ggf. den Pflegeaufwand der Stammdaten durch die Definition gemeinsamer Vertriebswege bzw. Sparten im Customizing reduzieren. SAP stellt hierfür ein ausgeklügeltes Konzept zur Verfügung – der interessierte Leser kann die notwendigen Einstellungen im Customizing, Transaktion *SPRO* finden: Vertrieb • Stammdaten • Gemeinsame Vertriebswege definieren bzw. Vertrieb • Stammdaten • Gemeinsame Sparten definieren.

9.4 Verkaufsbüro und Verkäufergruppe

Die Verwendung der Organisationseinheiten *Verkaufsbüro* und *Verkäufergruppe* ist optional. Mit dem Verkaufsbüro kann die unternehmerische Struktur des Vertriebs innerhalb eines Unternehmens abgebildet werden (siehe Abbildung 9.6).

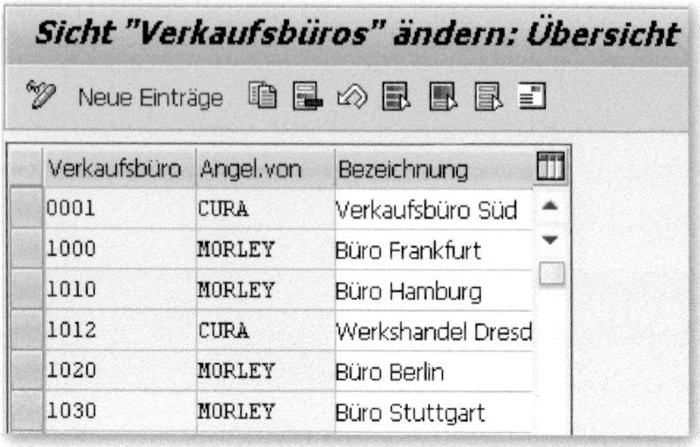

Sicht "Verkaufsbüros" ändern: Übersicht

Neue Einträge

Verkaufsbüro	Angel.von	Bezeichnung
0001	CURA	Verkaufsbüro Süd
1000	MORLEY	Büro Frankfurt
1010	MORLEY	Büro Hamburg
1012	CURA	Werkshandel Dresd
1020	MORLEY	Büro Berlin
1030	MORLEY	Büro Stuttgart

Abbildung 9.6: Definition von Verkaufsbüros

Die Verkäufergruppe dient zur weiteren Unterteilung in einzelne Personen bzw. Gruppen von Personen (siehe Abbildung 9.7).

Sicht "Verkäufergruppen" ändern: Übersicht

Neue Einträge

Verkäufergruppe	Bezeichnung
001	Verkäufergruppe 001
100	Gr. F1 Hr. Anton
101	Gr. F2 Hr. Mayer
103	Gr. F3 Hr. Ludwig
110	Gr. H1 Hr. Thomas

Abbildung 9.7: Definition von Verkäufergruppen

Die Organisationseinheiten Verkaufsbüro und Verkäufergruppe können z. B. für Auswertungen genutzt bzw. auf den Nachrichten (Auftragsbestätigung, Faktura, ...) gedruckt werden. In diesem Buch verwenden wir Verkaufsbüro und Verkäufergruppe nicht.

9.5 Werk, Lagerort und Versandstelle

Nun wollen wir eine Organisationseinheit näher betrachten, die in allen logistischen Bereichen (nicht nur im Vertrieb, sondern z. B. auch bei der Produktion oder beim Einkauf) des Systems genutzt werden kann: das *Werk*.

Das Werk ist ein Ort, an dem Materialbestände verwaltet und bewertet werden. Es kann in Realität z. B. eine Lagerhalle oder eine Produktionsstätte sein und ist aus Sicht des Vertriebs derjenige Ort, von dem aus die Materialien ausgeliefert bzw. Dienstleistungen erbracht werden. Ohne mindestens ein Werk kann man die Vertriebsfunktionalität in SAP nicht nutzen.

Ein Werk kann in mehrere *Lagerorte* untergliedert werden, um genauer zu definieren, wo die Ware liegt. Werke sowie Lagerorte werden in SAP durch vierstellige Kürzel abgebildet. Dabei ist das Werk innerhalb eines Mandanten eindeutig, wohingegen es einen Lagerort mit einem bestimmten Kürzel (z. B. Lagerort 0001) in mehreren Werken geben kann. Der Lagerort ist also erst in Kombination mit dem Werk eindeutig. Abbildung 9.8 zeigt die Definition von Werken im Customizing (Pfad Transaktion *SPRO*: UNTERNEHMENSSTRUKTUR • DEFINITION • LOGISTIK ALLGEMEIN • WERK DEFINIEREN, KOPIEREN, LÖSCHEN, PRÜFEN) und Abbildung 9.9 die Definition von Lagerorten (Pfad Transaktion *SPRO*: UNTERNEHMENSSTRUKTUR • DEFINITION • MATERIALWIRTSCHAFT • LAGERORT PFLEGEN). Hier sehen Sie, dass Lagerorte immer für ein bestimmtes Werk und nicht losgelöst davon definiert werden.

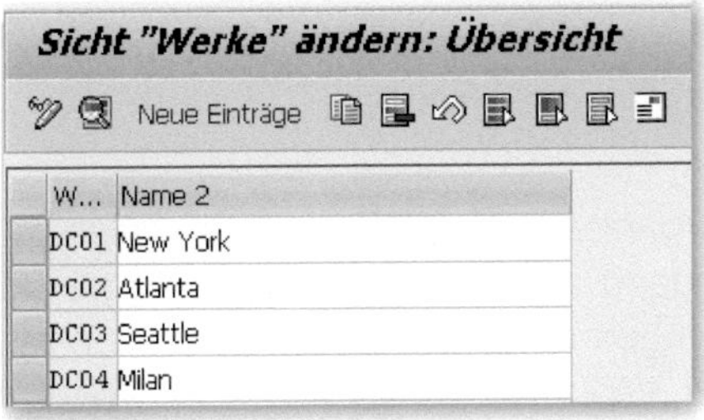

Sicht "Werke" ändern: Übersicht

Neue Einträge

W...	Name 2
DC01	New York
DC02	Atlanta
DC03	Seattle
DC04	Milan

Abbildung 9.8: Definition von Werken im Customizing

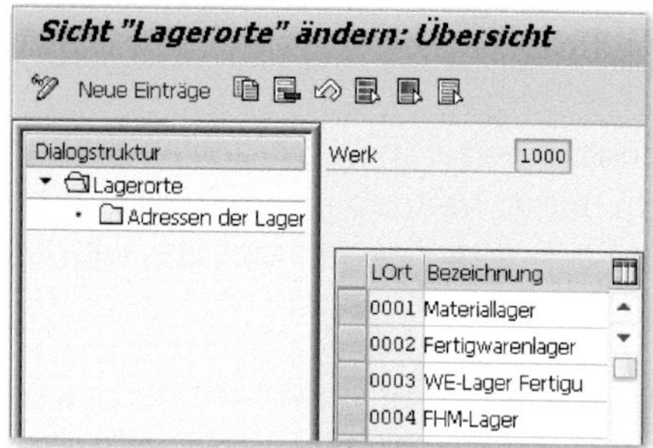

Abbildung 9.9: Definition von Lagerorten im Customizing

Eine weitere für den Vertrieb interessante Organisationseinheit ist die *Versandstelle*. Sie ist für die Versandaktivitäten verantwortlich – jede Auslieferung ist genau einer Versandstelle zugeordnet. In Realität kann es sich dabei z. B. um eine Poststelle, eine Ausgabestelle, eine Abteilung innerhalb des Unternehmens o. Ä. handeln. Die Versandstelle wird in der Transaktion *SPRO* unter dem Pfad UNTERNEHMENSSTRUKTUR • DEFINITION • LOGISTICS EXECUTION • VERSANDSTELLE DEFINIEREN, KOPIEREN, LÖSCHEN, PRÜFEN gepflegt (siehe Abbildung 9.10).

Sicht "Versandstellen" ändern: Übersicht

Neue Einträge

Versandstelle	Bezeichnung
0001	Versandstelle 0001
1000	Versandstelle 1000
1001	Versandstelle HH-Zentrallager
1100	Versandstelle Berlin
1200	Versandstelle Dresden

Abbildung 9.10: Definition von Versandstellen im Customizing

9.6 Zuordnung der Organisationseinheiten

Im SAP-System werden die Organisationseinheiten zwar losgelöst voneinander definiert, im Nachgang aber einander zugeordnet. In welche Bilanz fließen die Buchungen einer Verkaufsorganisation ein (welchem Buchungskreis ist die Verkaufsorganisation zugeordnet)? Aus welchen Werken darf welche Verkaufsorganisation die Produkte verkaufen? Antworten auf diese und ähnliche Fragestellungen werden über die Zuordnung der entsprechenden Organisationseinheiten im Customizing vordefiniert (Pfad in der Transaktion *SPRO*: UNTERNEHMENSSTRUKTUR • ZUORDNUNG). Hierbei gibt SAP einige Regeln vor:

- Eine Verkaufsorganisation muss eindeutig einem Buchungskreis, einem Buchungskreis können jedoch mehrere Verkaufsorganisationen zugeordnet werden.
- Verkaufsorganisationen können mehrere Vertriebswege und mehrere Sparten zugeordnet werden. Ein Vertriebsweg und eine Sparte können jeweils im Zusammenhang mit mehreren Verkaufsorganisationen verwendet werden.
- *Vertriebsbereich*: Der Vertriebsbereich ist in SAP eine Kombination aus Verkaufsorganisation, Vertriebsweg und Sparte. Die darin festgelegte Verbindung der drei Elemente untereinander bestimmt, über welchen Vertriebsweg eine Verkaufsorganisation Produkte einer bestimmten Sparte vertreiben darf. Um das Vertriebsmodul in SAP nutzen zu können, muss es mindestens einen definierten Vertriebsbereich im System geben (d. h. implizit auch, dass es mindestens eine Verkaufsorganisation, einen Vertriebsweg und eine Sparte geben muss). Alle Vertriebsbelege (Aufträge, Auslieferungen und Fakturen) sind genau einem Vertriebsbereich zugeordnet. Die gültigen Vertriebsbereiche werden im Customizing definiert (Pfad in der Transaktion *SPRO*: UNTERNEHMENSSTRUKTUR • ZUORDNUNG • VERTRIEB).
- Jedes Werk wird eindeutig einem Buchungskreis zugeordnet. In jedem Buchungskreis kann es aber mehrere Werke geben.
- Jedes Werk kann mehreren Kombinationen aus Verkaufsorganisation und Vertriebsweg (man spricht hier von einer *Vertriebslinie*) zugeordnet werden.
- Eine Versandstelle kann mehreren Werken und einem Werk können mehrere Versandstellen zugeordnet werden.

10 Stammdaten

Stammdaten sind die Grundlage für eine effiziente Erfassung von Belegen im SAP-System. Sie werden von verschiedenen Abteilungen vorab gepflegt und zur Verfügung gestellt, damit sie im »daily business« verwendet werden können. So werden z.B. Materialien und Kunden im System hinterlegt, um sie bei der Auftragserfassung eintragen zu können. In diesem Kapitel werden Sie verschiedene Arten von Stammdaten im Vertriebsumfeld kennenlernen.

Stammdaten bezeichnen Daten, die immer wieder bei der Erfassung von Belegen eingesetzt werden. Man versucht, in den Stammdaten möglichst viele Informationen zu hinterlegen, die beim Erfassen von Belegen automatisch vom System übernommen werden. Dadurch verringert sich der Erfassungsaufwand, und es kommt zu weniger Eingabefehlern. Weil SAP ein integriertes System ist, kann ein einziger Stammdatensatz in verschiedenen Prozessschritten verwendet und von verschiedenen Abteilungen gepflegt und benutzt werden. Bei komplexen Stammdaten, wie beispielsweise beim Materialstamm, gibt es für unterschiedliche Abteilungen bzw. Prozessschritte jeweils zugeteilte Sichten innerhalb des Materialstamms. Angenommen, man hätte kein integriertes System und z. B. die Buchhaltung würde ein anderes System nutzen als der Vertrieb, so müssten in beiden Systemen Materialien angelegt und die Daten synchronisiert werden. Daten, die aus den Stammdaten in Belege übernommen werden, sind dort in der Regel als Vorschlagswerte zu verstehen und können bei Bedarf manuell geändert werden. Dabei gelten diese Änderungen nur für den jeweiligen Beleg, und werden nicht automatisch in die Stammdaten übernommen. Auch umgekehrt gilt: Werden Stammdaten geändert, so werden diese Änderungen nicht (unbedingt) in alle bestehenden Belege im System übernommen. Eine Ausnahme hierzu bilden die Adressdaten. Werden sie im Kundenstamm geändert, so ist diese Änderung in allen Belegen sichtbar (es sei denn, die Adresse wurde ursprünglich im Beleg manuell angepasst).

10.1 Kundenstamm

In SAP werden diejenigen Kunden als Stammdaten gepflegt, an die im Rahmen des Vertriebsprozesses mit SAP SD verkauft werden soll.

10.1.1 Struktur des Kundenstamms

Je nachdem, welchen Fokus man hat, spricht man von »Kunden« (im Vertrieb) oder von »Debitoren« (in der Finanzbuchhaltung). Gemeint ist damit dasselbe. Der Kunden- bzw. Debitorenstamm ist in drei Datenbereiche gegliedert (siehe Abbildung 10.1):

- *Allgemeine Daten* (diese sind sowohl für die Buchhaltung als auch für den Vertrieb von Interesse, wie z. B. die Anschrift),
- *Buchungskreisdaten* (im SAP-Jargon wird auch häufig von der »Buchhaltungssicht« gesprochen), diese sind für die Buchhaltung wichtig (wie z. B. Daten zum Zahlungsverkehr),
- *Vertriebsbereichsdaten* (entsprechend »Vertriebssicht« genannt) – hier sind Daten hinterlegt, die für den Vertrieb bedeutend sind (z. B. Informationen zum ausliefernden Werk oder zur Versandbedingung).

In der Regel wird die Pflege des Kundenstamms auf die verantwortlichen Abteilungen aufgeteilt: Der Vertrieb pflegt die Vertriebsbereichsdaten, und die Finanzbuchhaltung pflegt die Buchungskreisdaten. Wer die Pflege der gleichermaßen für beide Abteilungen wichtigen *allgemeinen Daten* übernimmt, kann von Unternehmen zu Unternehmen unterschiedlich gehandhabt werden. Darüber hinaus ist eine zentrale Pflege aller Kundendaten in nur einer Abteilung denkbar.

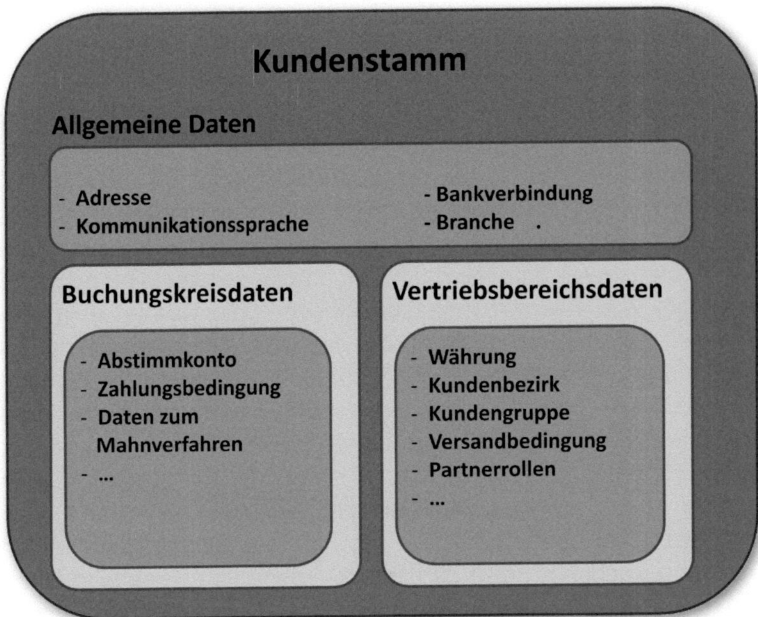

Abbildung 10.1: Struktur des Kundenstamms

SAP stellt für diese verschiedenen Zuständigkeiten unterschiedliche Transaktionen zur Verfügung – je nach gewähltem Szenario werden dann die Berechtigungen an die verantwortlichen Personen vergeben:

- *Zentrale Pflege* – **alle** Datenbereiche des Kundenstamms pflegen: *XD01* (Anlegen), *XD02* (Ändern), *XD03* (Anzeigen),
- *Kundenpflege Vertrieb* – allgemeine Daten und Vertriebsbereichsdaten pflegen: *VD01* (Anlegen), *VD02* (Ändern), *VD03* (Anzeigen),
- *Kundenpflege Finanzbuchhaltung* – allgemeine Daten und die Buchungskreisdaten pflegen: *FD01* (Anlegen), *FD02* (Ändern), *FD03* (Anzeigen).

Die relevanten Transaktionen sind jeweils im SAP-Menü der einzelnen Abteilungen hinterlegt.

In Abschnitt 3.1.1 haben wir bereits einen Kunden angelegt. Einzelne Aspekte der Kundenpflege wollen wir nun genauer betrachten. Die Vertriebsbereichsdaten sowie die Buchungskreisdaten im Kundenstamm sind jeweils an Organisationseinheiten gebunden, d. h., Buchungskreisdaten werden je Buchungskreis und Vertriebsbereichsdaten je Vertriebsbereich gepflegt. Die allgemeinen Daten sind dagegen unabhängig von einer Organisationseinheit – sie werden in jedem Fall nur einmal (zentral) gepflegt und sind mandantenweit gültig. Es ist also möglich, die Vertriebsbereichsdaten für mehrere Vertriebsbereiche zu pflegen und hier in einzelnen Feldern unterschiedliche Werte zu hinterlegen. Beispielsweise könnte für einen Kunden, wenn er über das Internet kauft (z. B. Vertriebsweg 30) eine andere Preisgruppe hinterlegt sein, als wenn er zum Werksverkauf kommt (z. B. Vertriebsweg 16). Genauso ist es möglich, die Buchungskreisdaten für mehrere Buchungskreise zu pflegen – siehe das Beispiel in Abbildung 10.2. Hierfür verwendet man jeweils nicht die Transaktion zum Ändern des Kunden (wie z. B. *XD02*), sondern die Transaktion zum Anlegen eines Kunden (z. B. *XD01*).

Kundenstamm erweitern mit »XD01«

Probieren Sie doch einmal, unseren Beispielkunden aus Abschnitt 3.1.1 für weitere Organisationseinheiten anzulegen. Wählen Sie hierbei beliebige verfügbare Organisationseinheiten – es geht darum, dass Sie üben, mit der Transaktion *XD01* umzugehen.

Abbildung 10.2: Beispiel eines komplexen Kundenstamms

Wenn zum Vertriebsbereich eines Auftrags für einen Kunden keine Vertriebsbereichsdaten angelegt sind, kann kein Auftrag erfasst werden. Fehlen die Buchungskreisdaten, so kann der Vertriebsprozess bis zur Erstellung der Faktura durchgeführt werden, allerdings wird kein Buchhaltungsbeleg erstellt. Spätestens dann braucht man die Buchungskreisdaten.

10.1.2 Das Konzept der Partnerrollen

Kundenbeziehungen können im Geschäftsleben vielfältig und komplex sein. So kann es vorkommen, dass eine Partei den Auftrag erteilt, eine weitere die Ware erhält und die Rechnung wiederum woanders hin versandt werden soll (z. B. an eine zentrale Rechnungsstelle). SAP wird der Vielfältigkeit der Geschäftspartner mit dem Konzept der *Partnerrollen* gerecht. Einem Kundenstamm werden mehrere Partnerrollen zugeordnet. Hier einige Beispiele für Partnerrollen:

- *Auftraggeber* (Von wem wird der Auftrag erteilt?)
- *Warenempfänger* (Wer erhält die Ware oder Dienstleistung?)
- *Rechnungsempfänger* (An wen soll die Rechnung geschickt werden?)
- *Regulierer* (Wer bezahlt die Rechnung?)

Dies sind die vier obligatorischen Standard-Partnerrollen im Kundenstamm – ohne diese kann keine Vertriebsabwicklung im SAP-System stattfinden. Zusätzlich kann es weitere optionale Partnerrollen geben:

- Kundenbetreuer im eigenen Unternehmen,
- Spediteure,
- Ansprechpartner beim Kunden.

Die Partnerrollen finden sich im Kundenstamm in den Vertriebsbereichsdaten, Reiter PARTNERROLLEN. Abbildung 10.3 zeigt den einfachsten Fall – es sind nur die vier obligatorischen Partnerrollen gepflegt, und jede der vier Rollen ist mit derselben Kundennummer belegt, was bedeutet, dass hier nur ein Kunde alle Funktionen erfüllt.

Debitor	K8585	Sonja Müller
Verkaufsorg.	1000	Deutschl. Frankfurt
Vertriebsweg	01	Direktverkauf
Sparte	00	Spartenübergreifend

Verkauf | Versand | Faktura | Partnerrollen

Partnerrollen

PR	Partnerrolle	Nummer	Name
AG	Auftraggeber	K8585	Sonja Müller
RE	Rechnungsempfänger	K8585	Sonja Müller
RG	Regulierer	K8585	Sonja Müller
WE	Warenempfänger	K8585	Sonja Müller

Abbildung 10.3: Partnerrollen im Kundenstamm

Der Auftraggeber ist immer der Kunde selbst, während es bei den anderen Rollen möglich ist, auch andere im System angelegte Kunden zuzuordnen. Gewisse Partnerrollen können durchaus auch mehrfach vorkommen – wie z. B. der Warenempfänger. Legt man einen Auftrag an und trägt hier die Kundennummer des Auftraggebers ein, so werden die im Kundenstamm gepflegten Daten in den Auftrag übernommen, so auch die dem Kunden zugeordneten Partnerrollen. Sind im Kundenstamm des Auftraggebers mehrere Möglichkeiten für eine Rolle hinterlegt (z. B. mehrere mögliche Warenempfänger), so muss man die gewünschte Rolle aus einer Liste auswählen (siehe Abbildung 10.4).

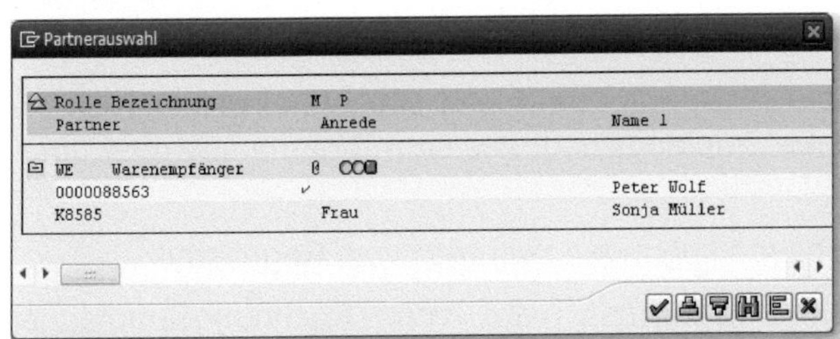

Abbildung 10.4: Wahl der Partnerrolle bei mehreren Möglichkeiten

In den Kopfdaten im Auftrag, Reiter PARTNER erkennen Sie, welche Partner in den Auftrag übernommen wurden (siehe Abbildung 10.5).

Partnerrollen

Erweitern Sie die Partnerrollen in Ihrem Kunden aus Abschnitt 3.1.1 um einige weitere. Legen Sie insbesondere mehrere Warenempfänger und anschließend einen neuen Auftrag für den Kunden an – werden Sie aufgefordert, einen Warenempfänger auszuwählen, und werden die neuen Partnerrollen in den Auftrag übernommen?

Verkauf | Versand | Faktura | Zahl.karten | Buchhaltung | Konditionen | Kontierung | Partner | Texte

Anzeigeumfang: PARALL Alle Partner

Partner	Name	Strasse	Postleit...	Ort	Partnerdefinition
K8585	Sonja Müller	Marienplatz 1	80331	München	
152699	Christine Meier	Marienplatz 1	80331	München	
38590	Rechnungsbearbeitung	Rindermarkt 16		München	
70234	Zentrale Buchhaltung		80339	München	
3031	Air Service	001, Lindbergh Avenue	85539	MIAMI	
108500	Ann Agent	Fifth Avenue	10110	New York	
88563	Peter Wolf	Marienplatz 5	80331	München	

Abbildung 10.5: Partnerrollen im Auftrag

Die Daten im Auftrag werden aus verschiedenen Rollen übernommen, z. B. …

- werden die Anlieferanschrift und Steuerinformationen (z. B. steuerliches Empfangsland) aus dem Warenempfänger übernommen,
- die Zahlungsbedingungen stammen vom Regulierer,
- die Rechnungsanschrift wird vom Rechnungsempfänger übernommen.

Welche Partnerrollen z. B. im Auftrag oder im Kundenstamm vorkommen dürfen, wird in einem sogenannten *Partnerschema* im Customizing definiert (Pfad in der Transaktion *SPRO*: VERTRIEB • GRUNDFUNKTIONEN • PARTNERFINDUNG • PARTNERFINDUNG EINSTELLEN).

Kunde ist nicht gleich Kunde

Die Ausführungen in diesem Kapitel dürften Folgendes verdeutlichen: Spricht man im SAP-Umfeld von einem »Kunden«, so kann dieser Begriff vielschichtige Bedeutungen haben. Um Missverständnisse im Arbeitsumfeld zu vermeiden, ist es hilfreich, hier die Fachbegriffe zu verwenden und sich möglichst konkret auszudrücken: Ist der Warenempfänger oder der Auftraggeber gemeint? Oder vielleicht doch der Regulierer oder der Rechnungsempfänger?

10.1.3 Kontengruppe

Beim Anlegen eines Kundenstamms in SAP muss man festlegen, welcher *Kontengruppe* der Kundenstamm zugeordnet wird. Diese ist das zentrale steuernde Element für den Kundenstamm. Die Kontengruppe wird im Customizing definiert (Pfad in der Transaktion *SPRO*: FINANZWESEN • DEBITOREN- UND KREDITORENBUCHHALTUNG • DEBITORENKONTEN • STAMMDATEN • ANLEGEN DER DEBITORENSTAMMDATEN VORBEREITEN • KONTENGRUPPE MIT BILDAUFBAU DEFINIEREN) und stellt eine grobe Kategorisierung von Kunden mit ähnlicher Ausprägung dar.

Beispiele für Kontengruppen

Im SAP-Standard gibt es beispielsweise eine Kontengruppe (*0002 Warenempfänger*), die zum Einsatz kommt, wenn ein Kunde ausschließlich als Warenempfänger (Lieferadresse) auftritt. In Kundenstämmen dieser Kontengruppe sind alle Felder, die mit der Fakturierung zu tun haben, ausgeblendet. Natürlich kann man solche Kunden dann nicht als Auftraggeber im Auftrag eingeben, sondern nur als Warenempfänger in anderen Kundenstämmen zuordnen bzw. im Auftrag manuell als Warenempfänger ergänzen. Ein weiteres Beispiel einer Kundenart, für die häufig eine eigene Kontengruppe eingesetzt wird, sind sogenannte *interne Kunden* – diese verwendet man, wenn Ware an firmeninterne Stellen oder Mitarbeiter des eigenen Unternehmens verkauft wird. Diese »Kunden« sind anders ausgesteuert als externe Kunden. Manchmal wird mittels der Kontengruppe auch zwischen inländischen und ausländischen Kunden unterschieden – die Unternehmensanforderungen können diesbezüglich sehr vielfältig sein.

Weniger ist oft mehr

Die Möglichkeit, in SAP zahlreiche verschiedene Kontengruppen zu definieren und zu verwenden, soll nicht den Eindruck erwecken, dass dies zwingend erforderlich ist. Bloß weil SAP die Kontengruppe *Warenempfänger* zur Verfügung stellt, heißt dies nicht, dass jeder Warenempfänger im System dieser Kontengruppe zugeordnet sein **muss**. Bei einer einfachen Kundenstruktur ist es genauso möglich, »nur« die Kontengruppe *Auftraggeber* zu verwenden – weil jeder Auftraggeber auch die Rolle des Warenempfängers einnehmen kann.

Hier ein paar Beispiele dafür, was sich in der Kontengruppe einstellen lässt:

- *Feldsteuerung*: Für jede Kontengruppe kann im Customizing je Feld definiert werden, ob es ein- oder ausgeblendet wird und ob es ein Pflichtfeld ist oder nicht.
- *Nummernkreise*: der Kontengruppe wird ein externer oder ein interner Nummernkreis zugeordnet (für mehr Informationen zu Nummernkreisen siehe Abschnitt 4.1). Bei entsprechenden Einstellungen kann der Anwender sofort anhand der Kundennummer erkennen, dass es sich beispielsweise um einen reinen Warenempfänger handelt – etwa, wenn alle Kundennummern von Auftraggebern mit »4« beginnen und alle Warenempfänger mit »5«.
- *Partnerrollen*: Für jede Kontengruppe lässt sich im Customizing definieren, welche betriebswirtschaftlichen Funktionen Kunden dieser Kontengruppe einnehmen können. Beispielsweise darf ein Kunde der Kontengruppe *0002 Warenempfänger* nicht die Rollen »Auftraggeber« und »Regulierer« übernehmen. Zusätzlich zur Tatsache, welche Rollen **eingenommen** werden dürfen, kann man je Kontengruppe definieren, welche Rollen in einem Kundenstamm überhaupt **vorkommen** dürfen (die Rollen können dann entweder vom Auftraggeber selbst oder auch von anderen Kunden eingenommen werden. Die Definition der möglichen vorkommenden Rollen erfolgt über die Zuordnung eines Partnerschemas zur Kontengruppe im Customizing (vgl. Abschnitt 10.1.2).
- *CPD-Kunden*: Es gibt in SAP die Möglichkeit, Kunden als sogenannten CPD-Kunden anzulegen (*Conto-pro-Diverse*). Die Kundenpflege stellt generell einen erheblichen Aufwand dar. Bei Einmalvorgängen scheint die Anlage eines eigenen neuen Kundenstamms nicht lohnend zu sein. Ohne Kundennummer ist aber das Anlegen eines Auftrags in SAP nicht möglich. Für solche Fälle kann man eine Art »Sammelkunden« verwenden. In jeder Kontengruppe lässt sich ein Häkchen im Customizing setzen, ob es sich bei Kunden dieser Kontengruppe um CPD-Kunden handelt oder nicht. Adressdaten sind im CPD-Kundenstamm in der Regel keine Pflichtfelder. Legt man einen Auftrag für einen CPD-Kunden an, so

erscheint zuallererst ein Pop-up, in das die Adresse für diesen einen Vorgang eingegeben werden muss.

Abbildung 10.6 fasst die Funktionalität der Kontengruppe zusammen.

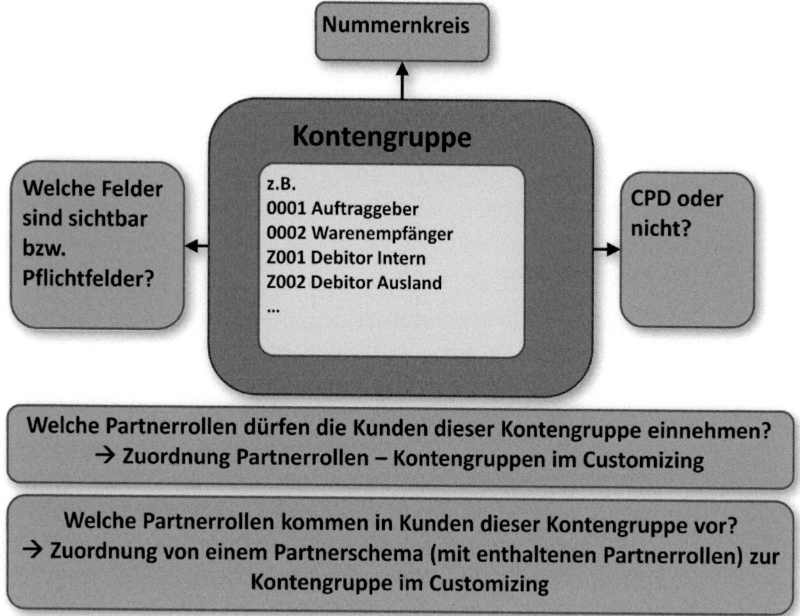

Abbildung 10.6: Funktionalität der Kontengruppe

10.1.4 Pflege des Kundenstamms

Die verschiedenen abteilungsspezifischen Transaktionen zur Pflege des Kundenstamms wurden bereits in Abschnitt 10.1.1 vorgestellt. Wir benutzen in diesem Kapitel die Transaktionen zur zentralen Kundenstammpflege: *XD01* (Debitor anlegen), *XD02* (Debitor ändern) und *XD03* (Debitor anzeigen) (SAP-Menü jeweils: LOGISTIK • VERTRIEB • STAMMDATEN • GESCHÄFTSPARTNER • KUNDE). Innerhalb der Anzeige- und Änderungstransaktion können Sie jeweils direkt ins Ändern bzw. Anzeigen durch Klick auf den Button in der Anwendungsfunktionsleiste wechseln.

Im Einstiegsbild zur Anlage eines neuen Kundenstamms müssen Sie sich für eine Kontengruppe (vgl. Abschnitt 10.1.3) entscheiden und, sofern Sie die Vertriebsbereichsdaten pflegen möchten, einen Vertriebsbereich (Kombination aus Verkaufsorganisation, Vertriebsweg und Sparte) angeben. Wenn Sie auch die Buchungskreisdaten pflegen möchten, ist ein Buchungskreis anzugeben (siehe Abbildung 10.7). Eine Kundennummer im Feld DEBITOR ist nur dann Pflicht, wenn die Kontengruppe eine externe Nummernvergabe verlangt (für Details hierzu siehe Abschnitt 4.1). Das Feld DEBITOR steht nicht etwa für den Namen des Kunden, sondern in den Transaktionen zum Kundenstamm immer für die Kundennummer.

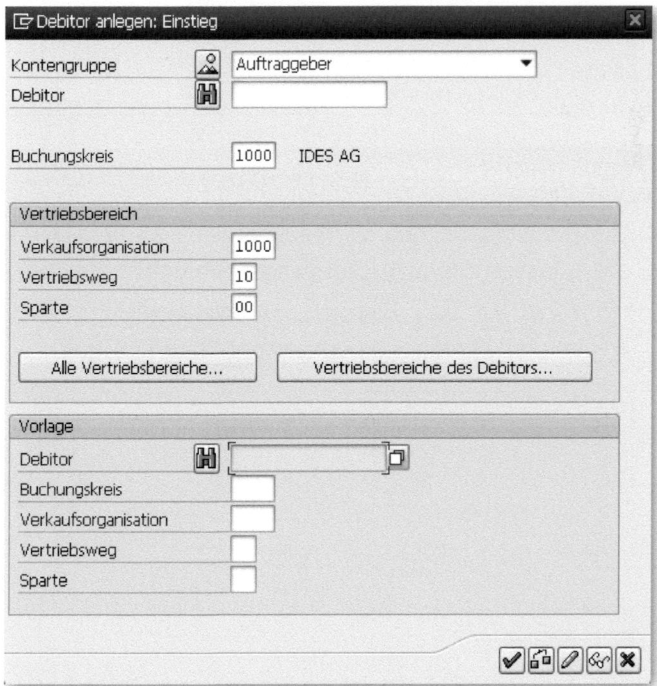

Abbildung 10.7: Einstieg Transaktion XD01

Je nach Transaktion unterschiedliche Felder verfügbar

Je nachdem, welche Transaktion Sie zur Kundenstammbearbeitung verwenden, sind im Einstieg unterschiedliche Felder verfügbar: In der Transaktion *XD01* können Sie z. B. den Buchungskreis und den Vertriebsbereich angeben, weil man mit dieser Transaktion die Daten beider pflegen kann. In der Transaktion *FD01* wird dagegen nur der Buchungskreis abgefragt, weil man hier nur die Buchungskreisdaten pflegen kann. In der Transaktion *VD01* können Sie wiederum nur den Vertriebsbereich und nicht den Buchungskreis angeben, weil man hier nur die Vertriebsbereichsdaten pflegen kann.

Eingabe des Vertriebsbereichs

Um die Eingabe des Vertriebsbereichs zu vereinfachen, lassen Sie sich alle gültigen Vertriebsbereiche mit Klick auf den Button [Alle Vertriebsbereiche...] anzeigen und wählen Sie bequem per Mausklick aus.

Anlage mit Vorlage spart Zeit

Um die Einstellungen und Feldwerte von einem existierenden Kunden in den neu anzulegenden Kunden zu kopieren, nutzen Sie die Funktionalität »Anlegen mit Vorlage«. Hierzu geben Sie im Einstiegsbild der Transaktion zur Kundenanlage (vgl. Abbildung 10.7) im unteren Bereich bei VORLAGE die Kundennummer im Feld DEBITOR ein, von der Sie kopieren möchten. Falls Sie Vertriebsbereichsdaten kopieren wollen, geben Sie an, für welchen Vertriebsbereich der Vorlagedebitor angelegt ist, bzw. bei Buchungskreisdaten entsprechend den Buchungskreis. Anschließend fahren Sie wie gewohnt fort – die meisten Felder sind dann schon vorausgefüllt. Da es unwahrscheinlich ist, dass zwei Kunden dieselbe Anschrift und Bankverbindung haben, werden diese Daten nicht übernommen.

Innerhalb des Kundenstamms werden zunächst die ALLGEMEINEN DATEN angezeigt – siehe Abbildung 10.8. Man kann in der Anwendungsfunktionsleiste mittels der Buttons Allgemeine Daten, Buchungskreisdaten und Vertriebsbereichsdaten zu den anderen Datenbereichen wechseln.

Datenbereiche im Kundenstamm

Navigieren Sie zur Übung durch unseren Beispielkunden aus Abschnitt 3.1.1. Wechseln Sie zwischen den Allgemeinen Daten, den Buchungskreisdaten und den Vertriebsbereichsdaten.

Debitor ändern: Allgemeine Daten

Anderer Debitor Buchungskreisdaten Vertriebsbereichsdaten Zusatzdaten Leergut Zusat

Debitor 89547 Sonja Müller München

Adresse | Steuerungsdaten | Zahlungsverkehr | Marketing | Abladestellen | Exportdaten

Vorschau Internat. Versionen

Name

Anrede	
Name	Sonja Müller

Suchbegriffe

Suchbegriff 1/2	SONJA MÜLLER

Straßenadresse

Straße/Hausnummer	Marienplatz 1
Postleitzahl/Ort	80331 München
Land	DE Deutschland Region
Zeitzone	CET
Transportzone	0000000001 Gebiet Nord

Postfachadresse

Postfach	
Postleitzahl	

Kommunikation

Sprache	Deutsch
Telefon	Nebenstelle
Fax	Nebenstelle
E-Mail	
Standardkomm.art	
Datenleitung	
Telebox	

Weitere Kommunikation...

Abbildung 10.8: Allgemeine Daten im Kundenstamm

Man beachte, dass hier nur Buttons der Datenbereiche sichtbar sind, in die man tatsächlich wechseln kann. Wenn ein Button ausgeblendet ist, kann es hierfür verschiedene Gründe geben:

- Man befindet sich bereits in den jeweiligen Daten.
- Man hat beim Einstieg in den Kundenstamm für diese Daten notwendige Informationen nicht eingegeben (beispielsweise werden die Buchungskreisdaten nicht angeboten, wenn man vergessen hat, im Einstiegsbildschirm anzugeben, für welchen Buchungskreis man die Daten sehen möchte).
- Man befindet sich in der falschen Transaktion (z. B. wird der Button Buchungskreisdaten nicht angeboten, wenn man die Transaktion *VD03* verwendet, weil hier nur die Vertriebsbereichsdaten bearbeitet werden können).

Alternativ zu den Buttons können Sie auch über das Menü SPRINGEN navigieren.

Der Kundenstamm in SAP verfügt über Hunderte von Feldern. Im Folgenden soll die Bedeutung ausgewählter Felder erklärt werden.

Allgemeine Daten

Reiter ADRESSE (vgl. Abbildung 10.8):

- Die Daten zur Anschrift sind selbsterklärend.
- TRANSPORTZONE: Diese wird für die automatische Routenermittlung im Auftrag verwendet (vgl. Abschnitt 4.4.2).
- SPRACHE: Sind Formulare (Auftragsbestätigungen, Rechnungen) im SAP-System in mehreren Sprachen hinterlegt, so steuert die hier angegebene Sprache, in welcher die Formulare übermittelt werden.

Vertriebsbereichsdaten

Reiter VERKAUF (siehe Abbildung 10.9):

- VERKAUFSBÜRO UND VERKÄUFERGRUPPE: Organisatorische Zuordnung des Kunden (für Details hierzu vgl. Abschnitt 9.4).
- KUNDENGRUPPE: Gruppierung des Kunden. Die Nutzung des Feldes kann je Unternehmen unterschiedlich sein – häufig beeinflusst das Feld die Preisfindung, genau wie die Felder PREISGRUPPE und PREISLISTE weiter unten.

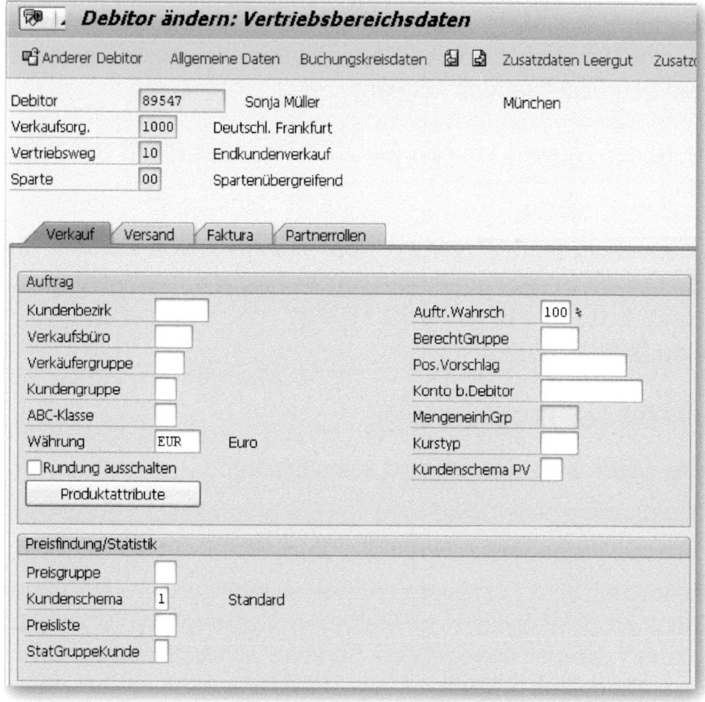

Abbildung 10.9: Vertriebsbereichsdaten, Reiter VERKAUF

Reiter VERSAND (siehe Abbildung 10.10):

- VERSANDBEDINGUNG: Die Versandbedingung wird für die Ermittlung der Versandstelle im Auftrag benötigt (vgl. Abschnitt 4.4.2)
- AUSLIEFERUNGSWERK: Das Werk auf Positionsebene im Auftrag kann unter gewissen Voraussetzungen aus dem Kundenstamm ermittelt werden (für die genaue Logik zur Werksermittlung im Auftrag vgl. Abschnitt 4.4.2).
- AUFTRAGSZUSAMMENFÜHRUNG: Das Häkchen besagt, dass bei diesem Kunden mehrere Aufträge in einer Lieferung zusammengefasst werden dürfen.
- KOMPLETTLIEFERUNG VORGESCHRIEBEN: Ist hier das Häkchen gesetzt, sind keine Teillieferungen erlaubt.

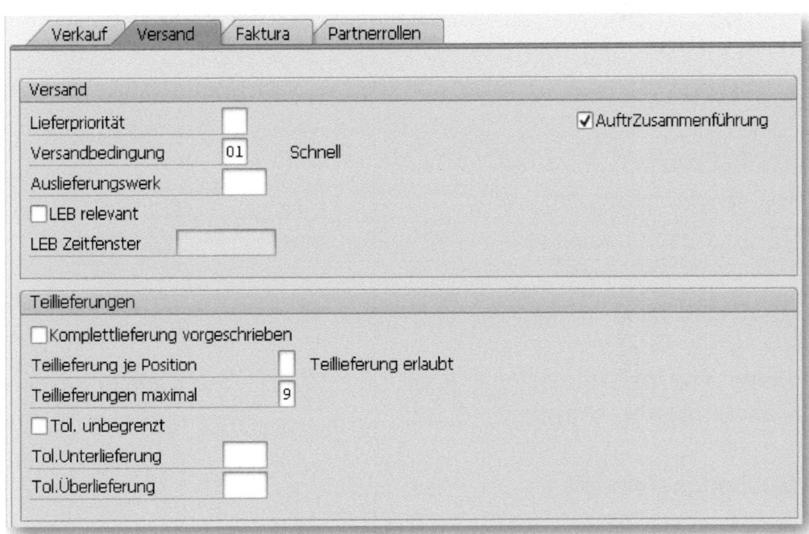

Abbildung 10.10: Vertriebsbereichsdaten, Reiter VERSAND

Reiter FAKTURA (siehe Abbildung 10.11):

- INCOTERMS und ZAHLUNGSBEDINGUNG: Diese Felder werden in die Kopfdaten des Auftrags, Reiter FAKTURA übernommen und sind im Auftrag häufig Pflichtfelder (zur Bedeutung der Felder vgl. Abschnitt 4.3).
- STEUERKLASSIFIKATION: Dieses Feld gibt an, ob der Kunde steuerpflichtig ist oder nicht. Der Wert wird in den Auftrag übernommen und beeinflusst die Preisfindung für die Steuer.

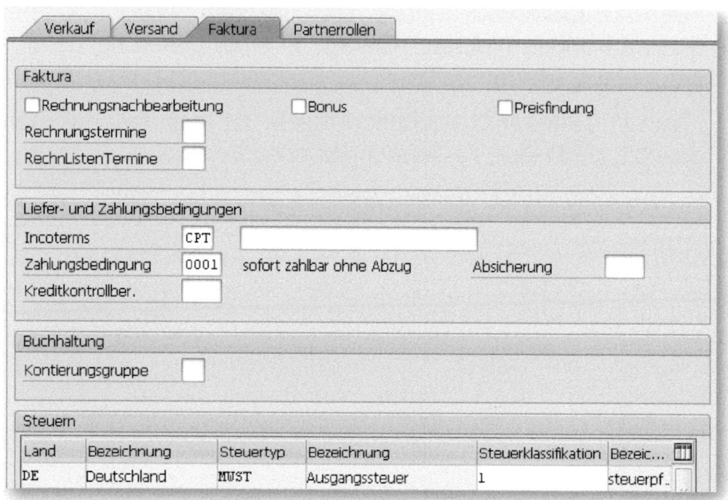

Abbildung 10.11: Vertriebsbereichsdaten, Reiter FAKTURA

Reiter PARTNERROLLEN (vgl. Abbildung 10.3) – Für Details zu den Partnerrollen vgl. Abschnitt 10.1.2.

Buchungskreisdaten

Reiter KONTOFÜHRUNG (siehe Abbildung 10.12):

- ABSTIMMKONTO: Buchungen werden in der Finanzbuchhaltung im Hauptbuch auf Hauptbuchkonten und parallel dazu im Nebenbuch auf Nebenbuchkonten dokumentiert. In letzterem erhält der Kunde eine Kontonummer, die seiner Kundennummer entspricht. Im Hauptbuch werden die Vorgänge mehrerer Kunden auf einem Abstimmkonto zusammengefasst – in unserem Beispiel das Konto *140000* (»Debitoren-Forderungen Inland«).

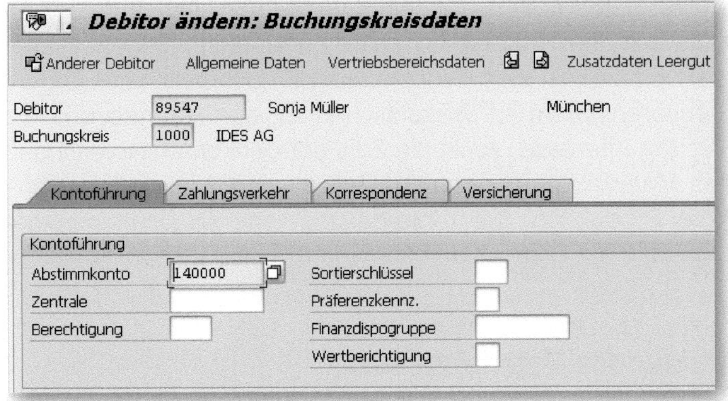

Abbildung 10.12: Buchungskreisdaten, Reiter KONTOFÜHRUNG

Wo hat sich die Kontengruppe versteckt?

Wenn Sie von einem bestehenden Kundenstamm wissen wollen, welcher Kontengruppe er zugeordnet ist, so ist diese Information im Kundenstamm etwas versteckt: Navigieren Sie über das Menü ZUSÄTZE • VERWALTUNGSDATEN.

Sicher im Kundenstamm unterwegs

Schauen Sie sich unseren Kunden aus Abschnitt 3.1.1 mit der Transaktion **XD03** genauer an, damit Sie mit der Struktur des Kundenstamms vertraut werden. Prüfen Sie, welche Werte die oben beschriebenen Felder in Ihrem Kundenstamm haben. Welche Kontengruppe ist Ihrem Kunden zugeordnet?

10.2 Materialstamm

In SAP kann alles, was verkauft, produziert, gelagert bzw. eingekauft wird, als sogenanntes *Material* angelegt werden. In diesem Abschnitt wollen wir uns mit dem Materialstamm im Detail beschäftigen. Dieser übertrifft die Komplexität des Kundenstamms nochmals um Längen. War der Debitorenstamm im Wesentlichen für den Vertrieb und die Buchhaltung von Interesse, so ist die Zahl der denkbaren Abteilungen im Falle des Materialstamms ungleich höher – mit Materialien arbeiten auch die Produktion, die Lagerhaltung, das Qualitätsmanagement, der Einkauf, die Disposition etc.

10.2.1 Struktur des Materialstamms

Der Materialstamm ist in zahlreiche verschiedene Sichten unterteilt. Ähnlich den Allgemeinen Daten im Kundenstamm, gibt es im Materialstamm *Grunddaten* (wie beispielsweise die Bezeichnung des Materials und die Basismengeneinheit), die mandantenweit für das Material gelten und nicht bestimmten Organisationseinheiten zugeordnet sind. Im Gegensatz dazu sind alle anderen Sichten von Organisationseinheiten abhängig (siehe Abbildung 10.13).

Die Sichten können bei Bedarf innerhalb eines Materialstamms jeweils für mehrere Organisationseinheiten angelegt und gepflegt werden. Beispielsweise könnte beim Internetverkauf aus einem anderen Werk ausgeliefert werden als beim Direktverkauf – das Feld AUSLIEFERUNGSWERK wird u. a. abhängig vom Vertriebsweg in der Vertriebssicht gepflegt. Abbildung 10.14 zeigt ein Beispiel – hier sind verschiedene Sichten gepflegt – manche davon für mehrere Organisationseinheiten.

Abbildung 10.13: Aufteilung des Materialstamms in Sichten

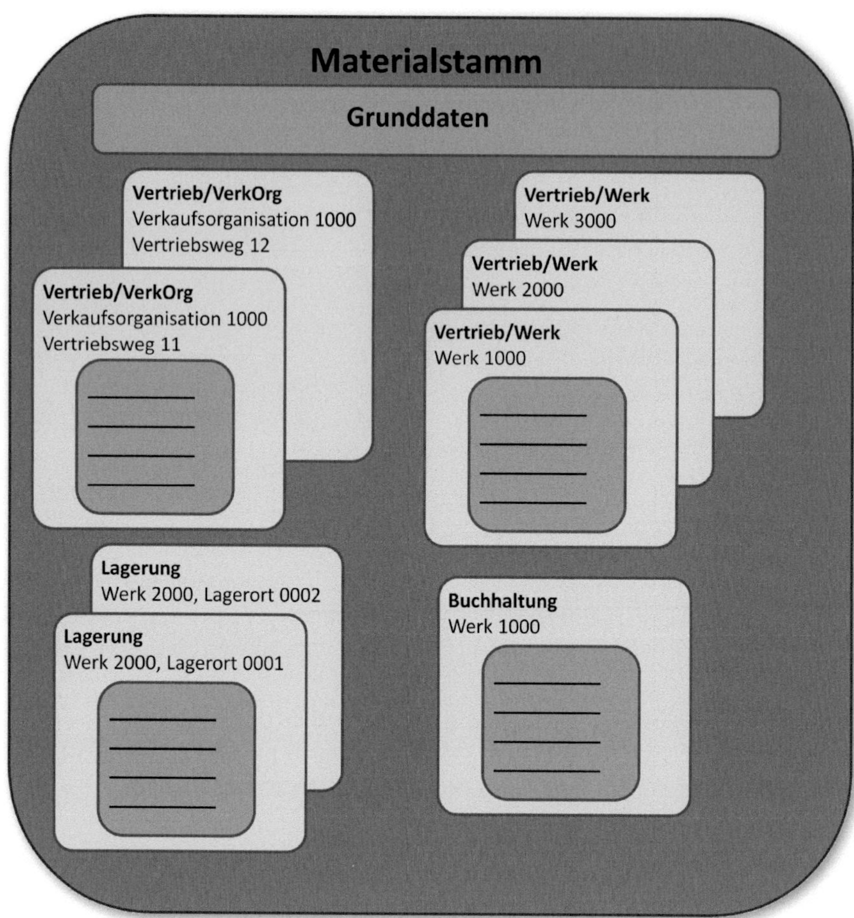

Abbildung 10.14: Beispiel Sichtenpflege je Organisationseinheit

10.2.2 Materialart

So wie beim Kundenstamm die Kontengruppe das steuernde Element ist, übernimmt beim Materialstamm die *Materialart* diese Funktion. Auch sie wird im Customizing gepflegt (Pfad in der Transaktion *SPRO*: LOGISTIK ALLGEMEIN • PRODUCT LIFECYCLE MANAGEMENT (PLM) • MATERIALSTAMM • GRUNDEINSTELLUNGEN • MATERIALARTEN • EIGEN-

SCHAFTEN DER MATERIALARTEN FESTLEGEN). Über die Materialart werden Materialien mit denselben Grundeigenschaften kategorisiert. Beispiele für Materialarten, die im SAP-Standard zur Verfügung stehen, sind: Rohstoffe (ROH), Fertigerzeugnisse (FERT), Handelsware (HAWA), Werbemittel (WERB), Dienstleistungen (DIEN) etc. Die Materialart eines Materials bestimmen Sie beim Anlegen.

Die Materialart beeinflusst u. a. die:

- *Feldsteuerung*: Für jede Materialart kann im Customizing je Feld definiert werden, ob es ein- oder ausgeblendet wird und ob es ein Pflichtfeld ist. Zusammen mit den Einstellungen zur *Branche*, die ebenfalls beim Einstieg spezifiziert wird, ergibt sich das endgültige Bild, welches sich dem Anwender präsentiert.
- *Sichten*: Je Materialart kann man festlegen, welche Sichten im Materialstamm enthalten sein sollen.
- *Nummernkreise*: Je Materialart ist zu bestimmen, ob die Materialnummer extern oder intern vergeben wird und in welchem Nummernkreis sich die Nummern befinden (für mehr Informationen zu Nummernkreisen siehe Abschnitt 4.1).
- *Beschaffungsart*: Je Materialart wird fixiert, ob das Material bei externen Lieferanten bestellt werden muss (*Fremdbeschaffung*), im Unternehmen produziert wird (*Eigenfertigung*), oder ob beides möglich ist.
- *Bestandsführung/Mengen- und Wertfortschreibung*: Für jede Materialart kann abhängig vom Werk festgelegt werden, ob eine mengenmäßige Bestandsführung erwünscht ist (*Lagermaterial*). Außerdem kann man entscheiden, ob Wertveränderungen des Bestandes auf den Bestandskonten der Finanzbuchhaltung fortgeschrieben werden.

Abbildung 10.15 fasst die Funktionalität der Materialart zusammen.

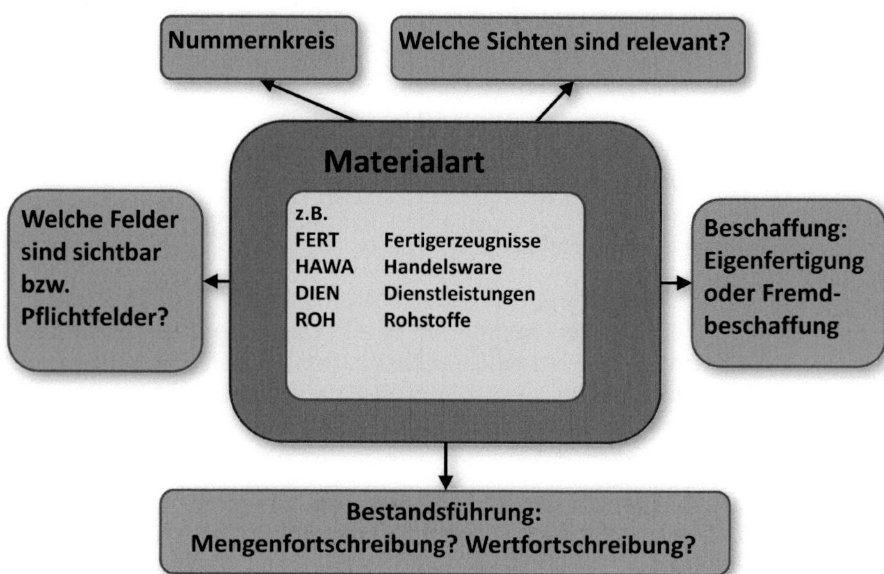

Abbildung 10.15: Was steuert die Materialart?

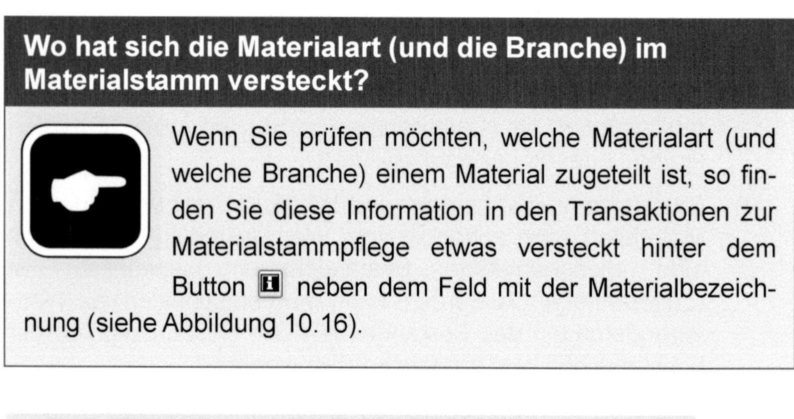

Wo hat sich die Materialart (und die Branche) im Materialstamm versteckt?

Wenn Sie prüfen möchten, welche Materialart (und welche Branche) einem Material zugeteilt ist, so finden Sie diese Information in den Transaktionen zur Materialstammpflege etwas versteckt hinter dem Button neben dem Feld mit der Materialbezeichnung (siehe Abbildung 10.16).

Material 39330 C Espresso Tutorial SAP FI/CO

Abbildung 10.16: Button zur Ermittlung der Materialart

10.2.3 Pflege des Materialstamms

Die Transaktionen zur Pflege des Materialstamms sind *MM01* (Material anlegen), *MM02* (Material ändern) und *MM03* (Material anzeigen) (SAP-Menü: LOGISTIK • VERTRIEB • STAMMDATEN • PRODUKTE • MATERIAL • SONSTIGES MATERIAL).

Neue Sichten hinzufügen mit Transaktion »MM01«

Will man ein bereits existierendes Material um neue Sichten erweitern (z. B. die Buchhaltungssicht nicht nur für Werk 1000, sondern auch für Werk 2000 pflegen), so würde man intuitiv vielleicht denken, dass man dabei das bestehende Material **ändert** und hierfür die Transaktion *MM02* (Material ändern) wählen. Da man aber aus Systemsicht nicht das bestehende Material ändert, sondern eine neue Sicht anlegt, ist die richtige Transaktion hierfür die *MM01* (Material **anlegen**).

Material erweitern

Versuchen Sie, das Material aus Abschnitt 3.1.2 für andere Organisationseinheiten zu erweitern. Gehen Sie dabei analog zum Anlegen eines neuen Materials vor.

Ein Material haben wir bereits in Abschnitt 3.1.2 angelegt. Nun wollen wir uns Details zur Materialstammpflege anschauen. Beim Einstieg in die Transaktion *MM01* müssen Sie folgende Informationen eingeben (siehe Abbildung 10.17):

- bei externer Nummernvergabe eine freie Materialnummer des erlaubten Nummernkreises (für Details zu Nummernkreisen siehe Abschnitt 4.1),

- eine *Branche* – damit ordnet man das Material einem Industriezweig zu (z. B. Handel),
- eine *Materialart* (vgl. Abschnitt 10.2.2).

Abbildung 10.17: Transaktion MM01 – Einstieg

Anschließend geht ein Fenster auf, in dem Sie alle Sichten auswählen, die Sie anlegen bzw. bearbeiten möchten (siehe Abbildung 10.18).

Um einen sinnvollen Verkaufsprozess abbilden zu können, wählen wir folgende Sichten:

- GRUNDDATEN 1,
- VERTRIEB: VERKAUFSORGDATEN 1,
- VERTRIEB: VERKAUFSORGDATEN 2,
- VERTRIEB: ALLG./WERKSDATEN,
- ALLG. WERKSDATEN / LAGERUNG 1,
- BUCHHALTUNG 1 (Achtung: nicht im Screenshot sichtbar, bitte nach unten scrollen).

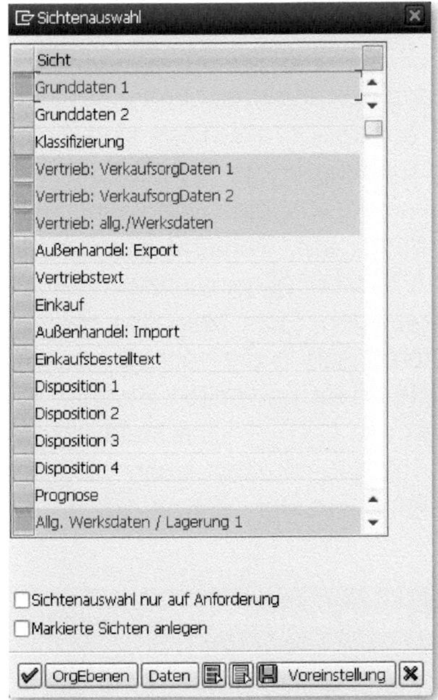

Abbildung 10.18: Transaktion MM01 – Sichtenauswahl

In Abschnitt 10.2.1 haben wir gelernt, dass im Materialstamm jede Sicht an einer Organisationseinheit »hängt«. Es geht nun ein Fenster auf, in dem Sie alle ORGANISATIONSEBENEN spezifizieren können, die für Ihre zuvor ausgewählten Sichten relevant sind (siehe Abbildung 10.19). Hatten Sie beispielsweise nur die Buchhaltungssicht ausgewählt, wird hier nur nach einem Werk verlangt.

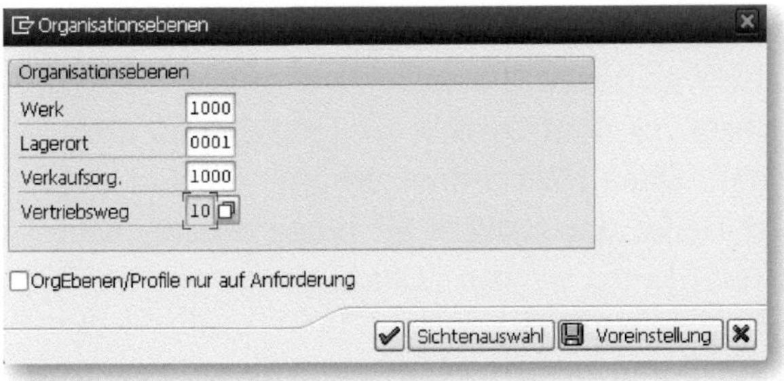

Abbildung 10.19: Eingabe der Organisationseinheiten Transaktion MM01

Nun können wir mit der Dateneingabe beginnen. Die Sichten sind auf Reitern dargestellt (siehe Abbildung 10.21). Das System springt in die erste ausgewählte Sicht, und man kann dort Informationen eintragen. Es werden alle verfügbaren Sichten angezeigt, allerdings sind diejenigen vorausgewählt, die man beim Einstieg in die Transaktion (vgl. Abbildung 10.18) selektiert hatte. Diese vorausgewählten Reiter weisen das Symbol für »selektierte Sicht« auf, während eine bereits »bearbeitete Sicht« im Reiter mit dem Symbol gekennzeichnet ist. Nach beendeter Bearbeitung der jeweiligen Sicht bzw. des Reiters kann man mit der Taste Enter automatisch in die nächste vorausgewählte Sicht springen. Hat man alle zuvor gewählten Sichten abgearbeitet, so erscheint nach Drücken von Enter eine Meldung, ob das Material gesichert werden soll. Es ist natürlich auch möglich, zwischendurch das Material durch Klick auf den Button zu sichern.

Wann werden Sichten beim Sichern angelegt?

Klickt man vor der vollständigen Bearbeitung aller ausgewählter Sichern auf den Button zum Sichern, ist etwas Vorsicht geboten: Wenn eine vorausgewählte Sicht noch nicht angeklickt und bearbeitet wurde und in dieser Sicht Pflichtfelder noch nicht gefüllt sind, weist Sie das System darauf hin und verpflichtet Sie, die jeweilige Sicht noch zu bearbeiten und die Felder zu füllen. Sind aber auf der Sicht keine Pflichtfelder, so kann es passieren, dass das System die Sicht beim Sichern nicht anlegt. Dies ist abhängig davon, ob Sie im Bild der Sichtenauswahl (vgl. Abbildung 10.18) folgendes Häkchen gesetzt hatten: ☑ Markierte Sichten anlegen . Wenn ja, werden auch Reiter mit dem Symbol (»selektierte Sicht«) automatisch gesichert. Ohne Häkchen werden nur Sichten angelegt, bei denen der Reiter das Symbol (»bearbeitete Sicht«) aufweist. Die anderen Sichten werden nicht angelegt, und im Folgeprozess treten unerwartete Fehler auf.

Vorauswahl der Sichten und Organisationseinheiten nicht verpflichtend

Die Wahl der Sichten und die Eingabe der Organisationseinheiten muss nicht zwangsläufig beim Einstieg in die Transaktion geschehen. Sie erleichtert zwar die anschließende Bearbeitung, man hat aber dennoch die Möglichkeit, auch nicht vorausgewählte Sichten (Reiter) anzuklicken und zu pflegen. Seien Sie hierbei allerdings vorsichtig: Wenn Sie eine Sicht anklicken, **müssen** Sie alle Pflichtfelder darin ausfüllen, und die Sicht wird beim Sichern angelegt. Haben Sie die Sicht aus Versehen angeklickt, so gibt es nur die Möglichkeiten, diese entweder irgendwie zu füllen oder die Materialstammpflege komplett abzubrechen und neu zu beginnen.

Auch wenn man die relevanten Organisationseinheiten nicht angegeben hatte, können die zugehörigen Sichten mit Einschränkungen bearbeitet werden – hier gibt es meist allgemeine Felder, die nicht explizit von der Organisationseinheit abhängig sind. Wünschen Sie eine vollständige Anzeige aller Felder der Sicht, so können Sie nach Klick auf den Button OrgEbenen in der Anwendungsfunktionsleiste die Organisationseinheiten auch nachträglich ergänzen.

Abbildung 10.20 fasst den komplexen Ablauf der Transaktionen zur Materialstammpflege nochmals zusammen.

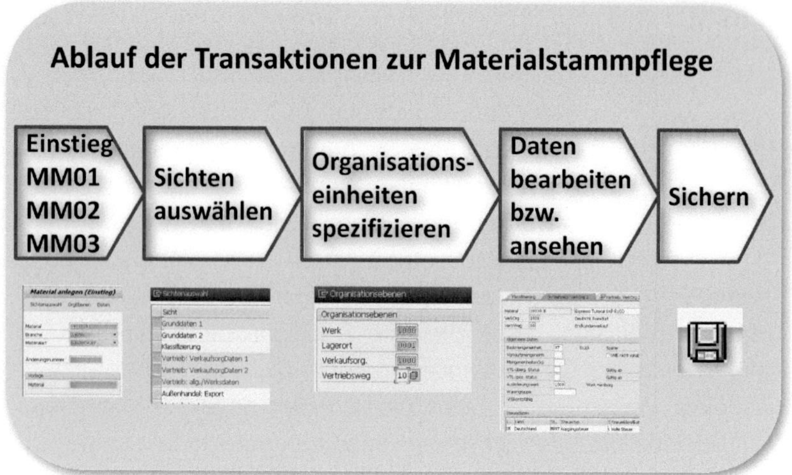

Abbildung 10.20: Ablauf der Transaktionen zur Materialpflege

Die Transaktionen *MM02* und *MM03* funktionieren analog wie das Anlegen, allerdings sind in der Transaktion *MM03* bei der Sichtenauswahl nur die angelegten Sichten verfügbar.

10.2.4 Die Bedeutung einzelner Felder

Nun möchte ich einige wichtige Felder des Materialstamms und deren Bedeutung erklären.

Reiter GRUNDDATEN 1

- MATERIALKURZTEXT: Im Feld neben der Materialnummer (siehe Abbildung 10.21) geben Sie eine kurze Beschreibung des Materials ein.
- BASISMENGENEINHEIT: In dieser Mengeneinheit werden die Bestände des Materials geführt (z. B. *ST* für Stück).

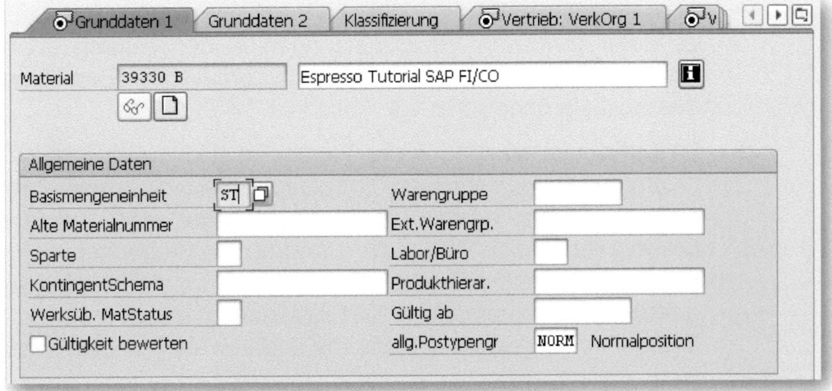

Abbildung 10.21: Materialstamm, Sicht GRUNDDATEN *1*

Reiter VERTRIEB: VERKORG 1

Hier (siehe Abbildung 10.22) sehen Sie im oberen Bereich die Verkaufsorganisation, für die wir uns diese Sicht gerade anschauen, sowie den Vertriebsweg.

- VERKAUFSMENGENEINHEIT: Beim Anlegen eines Auftrags wird die Basismengeneinheit automatisch aus dem Materialstamm in den Auftrag als Mengeneinheit übernommen, es sei denn, man spezifiziert hier eine andere Mengeneinheit speziell für den Verkauf.

Umrechnung von Mengeneinheiten

Das System kann Mengeneinheiten bei Bedarf automatisch umrechnen, wenn man unter den *Zusatzdaten* im Reiter MENGENEINHEITEN Regeln für die Umrechnung hinterlegt (zu diesen gelangt man über Klick auf den Button ➔Zusatzdaten in der Anwendungsfunktionsleiste). Die Zusatzdaten beinhalten zusätzlich zu den Grunddaten mandantenweit gültige Informationen zum Material.

- AUSLIEFERUNGSWERK: Ist hier ein Werk vorgegeben, so kann es unter gewissen Voraussetzungen in den Auftrag übernommen werden. Für die Regel zur automatischen Ermittlung des Auslieferungswerks vgl. Abschnitt 4.4.2.
- STEUERKLASSIFIKATION: In der Tabelle im Bildbereich STEUERDATEN muss man im Feld STEUERKLASSIFIKATION eine Zahl eintragen. Meist werden hier *1* (volle Steuer) oder *0* (keine Steuer) verwendet. Dieser Wert wird für die Steuerfindung im Rahmen der automatischen Preisfindung im Auftrag aufgegriffen. Es kann sein, dass die Preisfindung in dem jeweiligen System so eingestellt ist, dass mit anderen Werten gearbeitet wird.

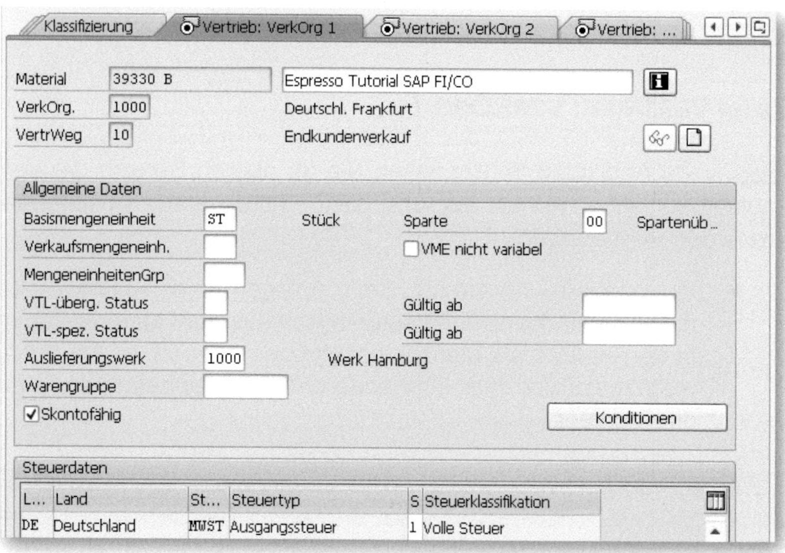

Abbildung 10.22: Materialstamm, Sicht VERTRIEB: VERKORG1

Dieselben Felder in mehreren Sichten

Dem aufmerksamen Anwender ist vielleicht aufgefallen, dass es in der Sicht VERTRIEB: VERKORG1 das Feld BASISMENGENEINHEIT gibt. Dieses Feld gab es doch schon in den Grunddaten! Es handelt sich um ein und dasselbe Feld – es wird hier ein zweites Mal angezeigt, weil es für den Vertrieb von Bedeutung ist. Ändert man es hier, ist es auch in den Grunddaten geändert. Viele Felder können auf mehreren Sichten bearbeitet werden.

Reiter VERTRIEB: VERKORG 2

- POSITIONSTYPENGRUPPE und ALLGEMEINE POSITIONSTYPENGRUPPE: Die Positionstypengruppe wird für die automatische Ermittlung des Positionstyps im Auftrag benötigt (vgl. Kapitel 4.4.1). Normalerweise ist hier der Eintrag im Feld POSITIONSTYPENGRUPPE maßgebend (siehe Abbildung 10.23). Das Feld für die ALLGEMEINE POSITIONSTYPENGRUPPE ist für »normale« SD-Vorgänge nicht relevant und wird nicht abhängig von Verkaufsorganisation und Vertriebsweg gepflegt. Das Feld kommt nicht nur hier, sondern auch in den GRUNDDATEN vor. Die ALLGEMEINE POSITIONSTYPENGRUPPE wird für Vorgänge verwendet, wo Verkaufsorganisation und Vertriebsweg nicht notwendig sind (z. B. bei einer *Anlieferung*). Die beiden Felder können im Customizing in der Materialart als Vorschlagswert hinterlegt werden und müssen daher häufig nicht manuell im Materialstamm gepflegt werden.
- PREISMATERIAL: Hat man viele Materialien mit demselben Preis, kann man den Aufwand beim Pflegen der Konditionssätze für die Preisfindung minimieren. Man pflegt die Konditionssätze nur für ein Referenzmaterial und trägt die Materialnummer dieses Materials in allen gleich zu behandelnden Materialien im Materialstamm im Feld PREISMATERIAL ein. Dann wird im Auftrag der Preis für das Referenzmaterial gefunden (siehe auch Abschnitt 4.4.2).

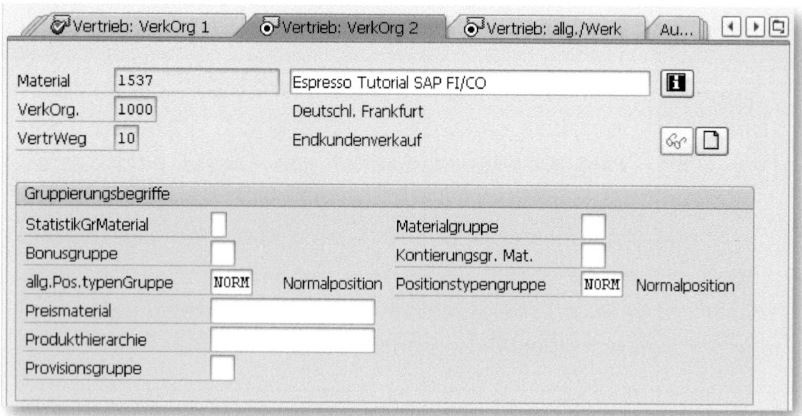

Abbildung 10.23: Materialstamm, Sicht VERTRIEB: VERKORG2

Reiter VERTRIEB: ALLG./WERK

- VERFÜGBARKEISTPRÜFUNG: In diesem Feld geben Sie an, ob und welche Art von Verfügbarkeitsprüfung für das Material in dem ausgewählten Werk durchgeführt werden soll (siehe Abbildung 10.24).
- TRANSPORTGRUPPE: Mit der *Transportgruppe* kann man Materialien gruppieren, welche dieselben Anforderungen bezüglich des Transports haben (z. B. *0004* Bahn, *0007* Kühlgüter). Die Transportgruppe wird für die automatische Routenermittlung benötigt (vgl. Abschnitt 4.4.2).
- LADEGRUPPE: Mit der Ladegruppe lassen sich Materialien gruppieren, die übereinstimmende Anforderungen bezüglich des Verladens haben (z. B. *0001* Kran, *0002* Gabelstapler, *0003* manuell). Die Ladegruppe wird für die automatische Ermittlung der Versandstelle im Auftrag benötigt (vgl. Abschnitt 4.4.2).

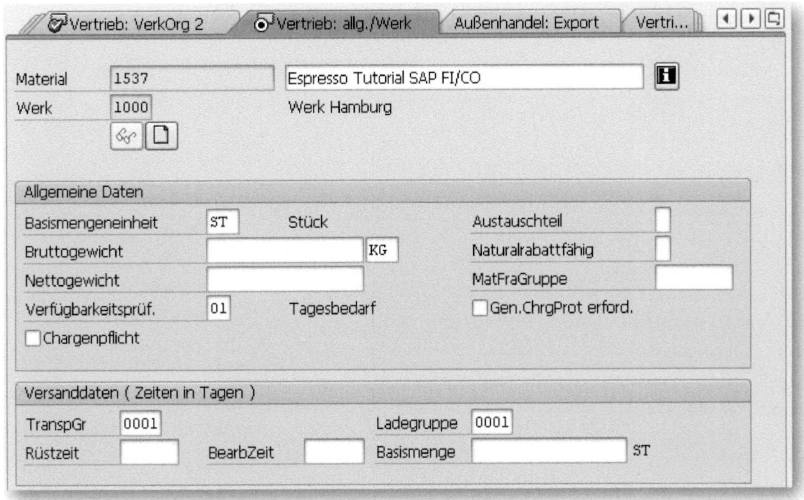

Abbildung 10.24: Materialstamm, Sicht VERTRIEB: ALLG./WERK

Reiter WERKSDATEN/LAGERUNG1

In dieser Sicht (siehe Abbildung 10.25) muss je nach Unternehmensanforderungen häufig kein Feld explizit gepflegt werden. Jedoch braucht man die Sicht im Materialstamm spätestens dann, wenn man den Bestand aufstocken bzw. die Ware im Lagerort kommissionieren möchte. Man kann im Customizing abhängig von Werk und Bewegungsart einstellen, dass die Sicht automatisch vom System bei der ersten Warenbewegung angelegt wird. Daher muss man sich häufig nicht zwingend um das Anlegen dieser Sicht kümmern.

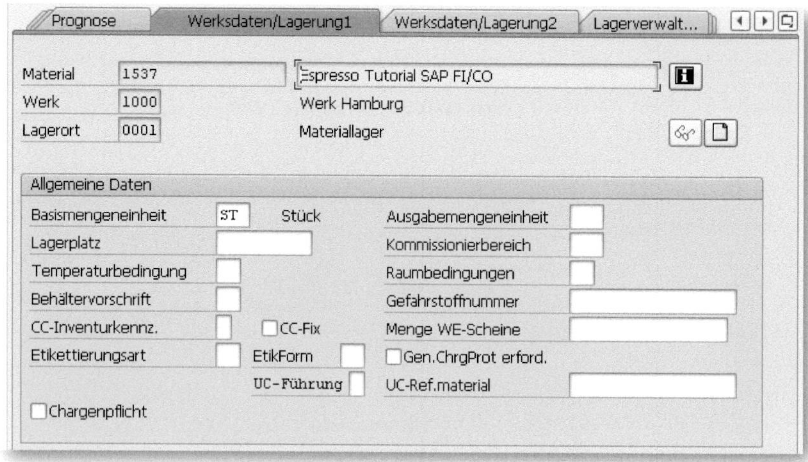

Abbildung 10.25: Materialstamm, Sicht WERKSDATEN/LAGERUNG1

Reiter BUCHHALTUNG 1

Diese Sicht (siehe Abbildung 10.26) wird üblicherweise nicht von der Vertriebsabteilung eines Unternehmens gepflegt. Sie wird jedoch zum Buchen des Warenausgangs benötigt, daher wird sie hier trotzdem beschrieben.

- BEWERTUNGSKLASSE: Die *Bewertungsklasse* wird für die automatische Ermittlung der Sachkonten im Buchhaltungsbeleg bei bewertungsrelevanten Vorgängen (z. B. Warenausgang) benötigt. Welcher Wert hier der richtige ist, ist von System zu System verschieden.
- PREISSTEUERUNG: Die Bestände im Lager werden nicht nur mengen-, sondern auch wertmäßig auf Bestandskonten der Finanzbuchhaltung erfasst. Die Bestände werden in SAP nach zwei unterschiedlichen betriebswirtschaftlichen Verfahren bewertet: entweder nach dem Verfahren des *Standardpreises* (*S*) oder nach dem Verfahren des *Gleitenden Durchschnittspreises* (*V*). Beim Standardpreis gibt man einen festen Wert an, mit dem die Bewertung der Bestände berechnet wird (Menge im Lager * Standardpreis). Beim Gleitenden Durchschnittspreis wird bei jedem Zugang im Lager ein neuer

Durchschnittswert (z. B. dient hier der Einkaufspreis des Zugangs als Basis für die Neuberechnung) ermittelt. Anhand dieses Werts wird der Gesamtwert des Bestands neu kalkuliert. Eine ausführliche Erklärung der beiden Verfahren würde den Rahmen dieses Buches sprengen. Nur so viel dazu: Wählt man *S*, so muss man beim Anlegen des Materials einen Wert im Feld STANDARDPREIS eintragen. Wählt man *V*, so kann man im Feld GLEITENDER PREIS einen Wert eintragen – dieser wird jedoch bei jedem Zugang im Lager neu kalkuliert.

Qualitätsmanagement | Buchhaltung 1 | Buchhaltung 2 | Kalkulation 1 | Kal...

Material 1537 Espresso Tutorial SAP FI/CO
Werk 1000 Werk Hamburg

Allgemeine Daten

Basismengeneinheit	ST	Stück	Bewertungstyp	
Währung	EUR		Lfd. Periode	03 2019
Sparte			Preisermittlung	ML aktiv

Aktuelle Bewertung

Bewertungsklasse	3100		
BKl.Kundenauftragsb.		BKl. Projektbestand	
Preissteuerung	S	Preiseinheit	1
Gleitender Preis		Standardpreis	2,00
Gesamtbestand	0	Gesamtwert	0,00

Abbildung 10.26: Materialstamm, Sicht BUCHHALTUNG 1

Durch den Materialstamm navigieren

Navigieren Sie zur Übung durch Ihr Material aus Abschnitt 3.1.2, und suchen Sie die oben beschriebenen Felder in den einzelnen Sichten. Welche Werte haben die Felder in Ihrem Material?

10.2.5 Hilfen bei der Materialstammpflege

Wir haben im vorherigen Kapitel gesehen, dass die Materialpflege komplex und aufwendig ist. In diesem Abschnitt sollen zumindest ein paar kleine Hilfen angeboten werden.

Voreinstellungen speichern und Eingabefenster überspringen

Man kann den Ablauf der Transaktionen zur Materialpflege vereinfachen, indem man in den Fenstern zur Sichtenauswahl bzw. bei der Angabe von Organisationseinheiten Voreinstellungen speichert.

Benutzt man immer weitgehend dieselben Sichten, kann man die Auswahl als Voreinstellung durch Klick auf den Button Voreinstellung bei der Sichtenauswahl (vgl. Abbildung 10.18) speichern. Jedes Mal, wenn Sie eine der Transaktionen zur Materialbearbeitung aufrufen, werden diese Sichten automatisch ausgewählt und farbig hinterlegt. Ist hier eine Voreinstellung gesichert, so haben Sie durch Setzen des Häkchens ☑ Sichtenauswahl nur auf Anforderung zusätzlich die Möglichkeit, dass das Fenster für die Sichtenauswahl in Zukunft nicht mehr angezeigt wird. Wollen Sie es wider Erwarten doch angezeigt bekommen, so können Sie beim Einstieg in die Transaktion *MM01* auf den Button Sichtenauswahl klicken (vgl. Abbildung 10.17) und, sofern dauerhaft gewünscht, das Häkchen wieder entfernen.

Auch bei der Spezifikation der Organisationseinheiten (vgl. Abbildung 10.19) hat man bei stetig gleichbleibenden Werten die Möglichkeit, den Einstieg in die Transaktion zur Materialpflege zu vereinfachen. Man kann durch Klick auf den Button Voreinstellung die eingegebenen Werte speichern. Bei gespeicherten Voreinstellungen lässt sich das Erscheinen des Fensters zur Eingabe der Organisationseinheiten durch Setzen des Häkchens ☑ OrgEbenen/Profile nur auf Anforderung (vgl. Abbildung 10.19) deaktivieren. Auch können Sie bei Bedarf beim Einstieg in die Transaktion zur Materialpflege das Fenster dennoch manuell aufrufen – in diesem Fall durch Klick auf den Button OrgEbenen (vgl. Abbildung 10.17).

Anlegen mit Vorlage

Will man ein Material anlegen, das einem bereits im System existierenden Material weitgehend ähnelt, so kann man das Material kopieren. Dies geht mit der Funktion ANLEGEN MIT VORLAGE. Beim Einstieg zum Anlegen eines Materials bzw. einer neuen Sicht geben Sie hierfür im Bereich VORLAGE die Materialnummer des zu kopierenden Materials ein (siehe Abbildung 10.27).

Abbildung 10.27: Einstieg MM01 – Anlegen mit Vorlage

Anschließend wählen Sie im Fenster zur Sichtenauswahl die zur Anlage gewünschten Sichten aus (vgl. Abbildung 10.18). Beim Anlegen mit Vorlage sieht das anschließend erscheinende Fenster zur Eingabe der Organisationseinheiten etwas anders als gewohnt aus (siehe Abbildung 10.28): Links kann man wie bisher diejenigen Organisationseinheiten eingeben, für die man die Sichten anlegen möchte. Im rechten Bereich ist anzugeben, von welcher Organisationseinheit des Vorlagematerials man kopieren möchte. Dabei müssen die Werte links und rechts nicht übereinstimmen.

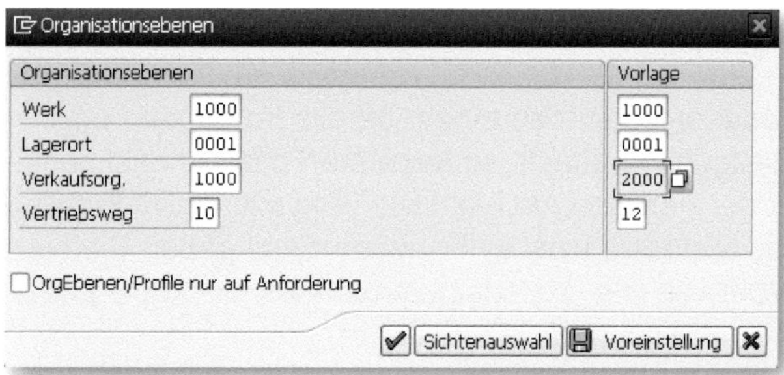

Abbildung 10.28: Eingabe der Organisationseinheiten bei der Anlage mit Vorlage

Vorlage-Organisationseinheiten werden gern vergessen

Achtung: die Eingabe der Organisationseinheiten im rechten Bereich VORLAGE ist bei der Anlage von Materialien mit Vorlage nicht verpflichtend und wird gern vergessen. Wenn Sie hier keine Werte eingeben, werden alle Felder, die abhängig von Organisationseinheiten gepflegt werden, nicht aus dem Vorlagematerial kopiert.

Neues Material ergänzen

Legen Sie ein neues Material mit Ihrem Material aus Abschnitt 3.1.2 als Vorlage an. Das könnten z. B. weitere Bücher aus der Reihe der Espresso Tutorials sein, wie: »Schnelleinstieg ins SAP Finanzwesen (FI)« oder »Schnelleinstieg in die SAP Ergebnisrechnung (CO-PA)«. Ändern Sie in den neu angelegten Materialstämmen lediglich die Beschreibung des Titels – alle anderen Felder können Sie einfach übernehmen.

10.3 Kunden-Material-Infosatz

Es kann sein, dass es zu gewissen Materialien je Kunde abweichende Informationen gibt. Beispielsweise könnte die Artikelnummer, die der Kunde für das jeweilige Material verwendet, abweichen. Außerdem könnte die Materialbezeichnung beim Kunden anders lauten. Denkbar sind auch abweichende Versanddaten wie beispielsweise der Vorschlag des ausliefernden Werks im Auftrag. Für derlei Anforderungen bietet SAP eine weitere Art von Stammdaten: den *Kunden-Material-Infosatz*. Hier kann man **kundenspezifische** Informationen zu Materialien hinterlegen. Wenn zu einer Kombination aus Kunde und Material ein Kunden-Material-Infosatz existiert, so werden die Vorschlagswerte beim Anlegen von Belegen vorrangig aus dieser Quelle gespeist und nicht aus dem Kunden- bzw. Materialstamm. Einen Kunden-Material-Infosatz legen Sie mit der Transaktion *VD51* an. Mit der Transaktion *VD52* können Sie ihn ändern und mit *VD53* anzeigen. Im SAP-Menü finden sich die Transaktionen unter LOGISTIK • VERTRIEB • STAMMDATEN • ABSPRACHEN • KUNDEN-MATERIAL-INFO. Im Einstiegsbild müssen Sie den Kunden angeben sowie eine Kombination aus Verkaufsorganisation und Vertriebsweg, für die der Kunden-Material-Infosatz gelten soll (siehe Abbildung 10.29).

Kunden-Material-Info anlegen

Kunde	K8585	Sonja Müller
Verkaufsorganisation	1000	Deutschl. Frankfurt
Vertriebsweg	01	Direktverkauf

Abbildung 10.29: Einstieg Transaktion VD51

Im nächsten Bild können Sie für eines oder mehrere Materialien Daten pflegen. Hier findet sich auch schon das Feld für die häufigste Verwendung von Kunden-Material-Infosätzen: es kann die kundenspezifische Artikelnummer gepflegt werden (siehe Abbildung 10.30).

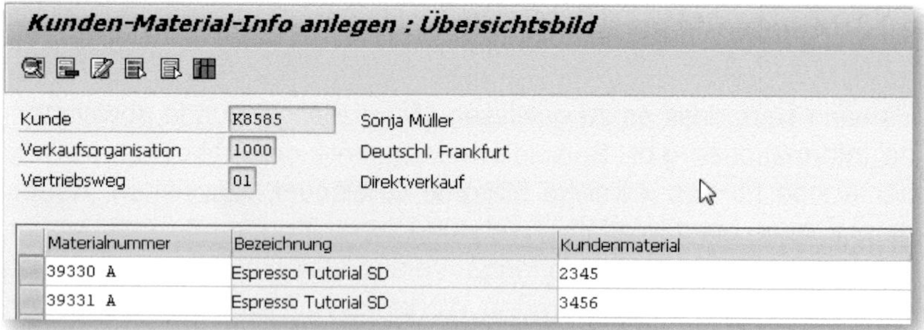

Abbildung 10.30: Kundenspezifische Artikelnummer im Kunden-Material-Infosatz

Markiert man eine Zeile (farbig hinterlegt) und klickt auf den Button , kann man weitere Daten pflegen, beispielsweise ein Auslieferungswerk.

Ist ein Kundenmaterial im Kunden-Material-Infosatz gepflegt, so können die Kunden mit ihrer eigenen Artikelnummer bestellen. Geben Sie in der Spalte KUNDENMATERIALNUMMER bei der Auftragserfassung die kundenspezifische Nummer ein: Das System ergänzt die SAP-interne Materialnummer automatisch in der Spalte MATERIAL (siehe Abbildung 10.31).

Alle Positionen

Pos	Material	Auftragsmenge	ME	Bezeichnung	E	Kundenmaterialnummer	Ptyp
10	39330 A	2	ST	Espresso Tutorial SD	☑	2345	TAN
		2			☐	3456	
					☐		

Abbildung 10.31: Eingabe Kundenmaterialnummer im Auftrag

Kunden-Material-Infosatz

Legen Sie für die Kombination von unserem Kunden aus Abschnitt 3.1.1 und unserem Material aus Abschnitt 3.1.2 einen Kunden-Material-Infosatz an.

Geben Sie hier einen beliebigen Wert als Kundenmaterial ein. Sichern Sie den Kunden-Material-Infosatz und legen Sie erneut einen Auftrag an. Können Sie die Kundenmaterialnummer als Erfassungshilfe nutzen und wird die SAP-Materialnummer automatisch ergänzt?

10.4 Das Konzept der gemeinsamen Stammdaten

Die Stammdatenpflege ist ein sehr aufwendiges Aufgabengebiet in der täglichen Arbeit mit SAP. Die Qualität der Stammdaten bildet die Basis für einen reibungslosen Ablauf der Prozesse. Wenn es irgendwo hakt, sind häufig nicht Systemfehler die Ursache, sondern eine unvollständige oder fehlerhafte Pflege der Stammdaten. Wir haben gesehen, dass die Stammdaten in Abhängigkeit von den Organisationseinheiten gepflegt werden – beispielsweise beruhen die Vertriebsbereichsdaten im Kundenstamm auf dem Vertriebsbereich (Verkaufsorganisation/Vertriebsweg/Sparte) und die Vertriebsdaten im Materialstamm auf der Verkaufsorganisation und dem Vertriebsweg. Außerdem werden viele Konditionssätze für die Preisfindung je Verkaufsorganisation, Vertriebsweg und/oder Sparte separat angelegt.

Hat man sich bei der Definition der Organisationsstruktur entschieden, mit sehr vielen verschiedenen Verkaufsorganisationen/Vertriebswegen/Sparten zu arbeiten, so müssen die Stammdaten für jede einzelne Einheit gepflegt werden. Legt man beispielsweise einen Auftrag für einen bestimmten Vertriebsbereich an, so muss der eingetragene Kunde für diese Organisationseinheiten angelegt worden sein. Dies sollten Sie bei der Definition der Organisationsstruktur unbedingt im Hinterkopf haben und im Vorfeld eine möglichst schlanke Struktur definieren.

Manchmal ist dies aber nicht möglich, da die Unternehmensbedingungen nach einer komplexen Organisationsstruktur verlangen. Wenn die Stammdaten für die Organisationseinheiten unterschiedlich ausgeprägt sein müssen (beispielsweise weil der Preis für ein Material je Vertriebsweg unterschiedlich ist), kommt man um eine aufwendigere Stammdatenpflege sowieso nicht herum.

War die Anlage vieler Organisationseinheiten zwar notwendig (z. B. weil Berechtigungen für die Anlage von Aufträgen je Verkaufsorganisation eingeschränkt werden müssen), die Stammdaten sind aber für all diese Organisationseinheiten identisch ausgeprägt, so lässt sich im Bereich der Stammdatenpflege ein unnötiger Pflegeaufwand vermeiden. Da dies in der Praxis speziell für den Vertriebsweg und die Sparte häufig vorkommt, stellt die SAP für die wichtigsten (und am aufwendigsten zu pflegenden) Stammdaten das *Konzept der gemeinsamen Stammdaten* zur Verfügung. Damit können Sie einstellen, dass Stammdaten für bestimmte Organisationseinheiten in identischer Ausprägung automatisch auch für andere mit verwendet werden können.

Schauen wir uns das am besten an einem Beispiel im Customizing an (siehe Abbildung 10.32, Pfad in der Transaktion SPRO: VERTRIEB • STAMMDATEN • GEMEINSAME VERTRIEBSWEGE DEFINIEREN).

Sicht "Org.-Einheit: VtWeg je VerkOrg - Stammdaten zuordnen" ändern:

VkOrg	VWeg	Bezeichnung	Vweg Kond	Bezeichnung	Vweg Ku/Ma	Bezeichnung
0001	01	Direktverkauf	01	Direktverkauf	01	Direktverkauf
0001	C1	CP-Food	01	Direktverkauf	01	Direktverkauf
0005	01	Direktverkauf	01	Direktverkauf	01	Direktverkauf

Abbildung 10.32: Gemeinsame Vertriebswege

Hier ist in der zweiten Zeile eingestellt, dass für die Kombination von Verkaufsorganisation **0001** und Vertriebsweg **C1** die für den Vertriebsweg **01** angelegten Stammdaten ebenfalls verwendet werden können. Dies kann man separat für Konditionen (Spalte VWEG KOND) sowie Kunden und Materialien (Spalte VWEG KU/MA) angeben. In den anderen beiden Zeilen sind keine abweichenden Vertriebswege angegeben – hier müssen eigene Stammdaten gepflegt werden.

Auch für Sparten existiert ein ähnliches Konzept (siehe Abbildung 10.33, Pfad in der Transaktion **SPRO**: VERTRIEB • STAMMDATEN • GEMEINSAME SPARTEN DEFINIEREN). Dieses steht allerdings nur für Preiskonditionen sowie Kunden und nicht für Materialien zur Verfügung.

Sicht "Org.-Einheit: Sparten je VkOrg - Stammdaten zuordnen" ändern: Ü

VkOrg	SP	Bezeichnung	Spa Ko	Bezeichnung	Spa Ku	Bezeichnung
0005	01	Pumpen	00	Spartenübergreifend	00	Spartenübergreifen
0005	02	Motorräder	00	Spartenübergreifend	00	Spartenübergreifen
0005	04	Beleuchtung	00	Spartenübergreifend	00	Spartenübergreifen

Abbildung 10.33: Gemeinsame Sparten

10.5 Materialfindung

SAP stellt mit der *Materialfindung* eine Funktionalität zur Verfügung, mit welcher die im Auftrag eingegebene Materialnummer automatisch durch eine andere ersetzt wird. Dies kann aus verschiedenen Gründen wünschenswert sein, wie beispielsweise in folgenden Situationen:

- Es gibt gerade eine Sonderaktion, z. B. dass ein Material als Geschenk verpackt versendet wird. Das Material hat verpackt eine andere Materialnummer. Für die Zeit der Aktion soll die ursprüngliche Materialnummer automatisch durch die Aktions-Materialnummer ersetzt werden.
- Die Artikel werden nicht mit der SAP-Materialnummer, sondern mit der EAN (European Article Number) eingegeben. Die EAN soll dann automatisch durch die SAP-Materialnummer ersetzt werden.
- Die manuelle Erfassung von Aufträgen soll bei überschaubarem Produktsortiment maximal beschleunigt werden. Es werden nur Kurznummern eingetippt, die anschließend durch die langen Materialnummern automatisch zu ersetzen sind.

Die Transaktionen zur Materialfindung sind im SAP-Menü unter VERTRIEB • STAMMDATEN • PRODUKTE • MATERIALFINDUNG hinterlegt. Die Regeln dafür, welche Eingabe durch welche Materialnummer ersetzt werden soll, werden als Stammdaten im System hinterlegt. Einen neuen Stammsatz für die Materialfindung legen Sie mit der Transaktion **VB11** an. Im Einstiegsbild müssen Sie zunächst eine Findungsart eingeben (vgl. Abbildung 10.34). Idealerweise wird hier im jeweiligen System schon etwas vorgegeben, wie in unserem Fall **A001** (»Eingegebenes Material«).

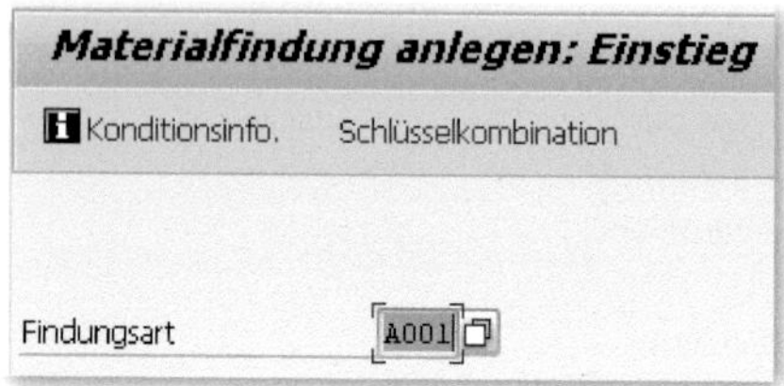

Abbildung 10.34: Materialfindung anlegen – Einstieg Transaktion VB11

Im nächsten Bild können Sie einen Gültigkeitszeitraum und die Materialfindung definieren (siehe Abbildung 10.35).

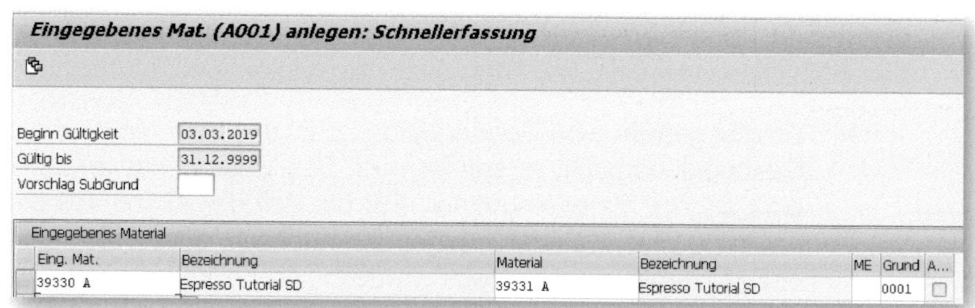

Abbildung 10.35: Materialfindung pflegen

In unserem Beispiel soll das Material **39330 A** durch das Material **39331 A** ersetzt werden, weil es sich um eine Werbeaktion handelt (Substitutionsgrund **0001**).

Beliebige Nummer als Eingabehilfe

Es ist an dieser Stelle nicht zwingend notwendig, dass für das eingegebene Material bereits ein Materialstamm existiert. Es kann sich beispielsweise auch um rein fiktive Nummern handeln, welche als Eingabehilfe verwendet werden. Im Auftrag wird dann, sobald man das Material **39330 A** eingibt und `Enter` drückt, diese Materialnummer automatisch ersetzt.

Das System arbeitet nun automatisch mit der neuen Materialnummer weiter (Verfügbarkeitsprüfung, Preisfindung, ...). Die ursprünglich eingegebene Materialnummer und den Substitutionsgrund finden Sie in den Positionsdaten, Reiter VERKAUF A (siehe Abbildung 10.36).

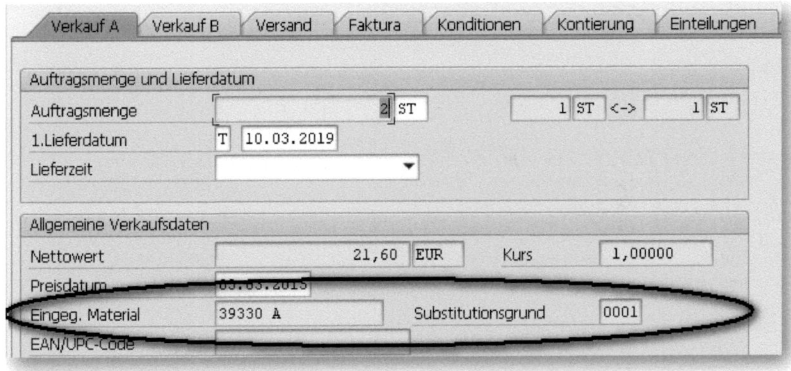

Abbildung 10.36: Eingegebenes Material und Substitutionsgrund im Auftrag

Ein Sonderfall der Materialfindung ist die sogenannte *Produktselektion*. Hierbei lässt sich eine Liste möglicher Produkte angeben, von denen eines die eingetragene Materialnummer ersetzen kann. Gibt man in der Materialfindung den Substitutionsgrund **0005** an (manuelle Produktselektion), so wird das eingegebene Material nicht automatisch ersetzt, sondern der Anwender erhält ein Auswahlfenster und kann das Substitutionsmaterial eigenständig auswählen. Um mehrere Substitutionsmaterialien in der Materialfindung zu hinterlegen, geben Sie in der Transaktion **VB11** zunächst die erste Alternative wie gewohnt ein (vgl. Abbildung 10.35, allerdings mit Substitutionsgrund **0005**). Anschließend ergänzen Sie über das Menü SPRINGEN • ALTERNATIVE MATERIALIEN weitere Alternativen (siehe Abbildung 10.37).

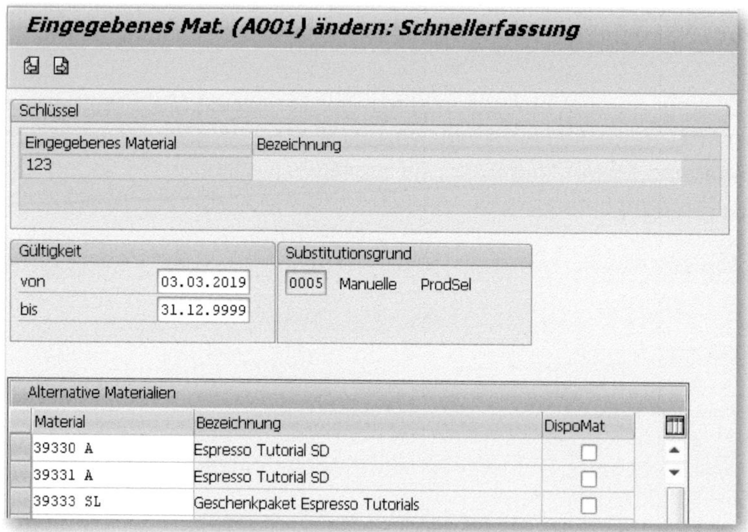

Abbildung 10.37: Eingabe von Alternativen

In der Auftragserfassung erscheint daraufhin ein Pop-up zur Auswahl des richtigen Materials (Zeile markieren und mit Häkchen ☑ bestätigen). Als Hilfe für den Anwender werden hier Informationen zur Verfügbarkeit des Materials angezeigt (siehe Abbildung 10.38).

Zusätzlich zur **manuellen** Produktselektion (Substitutionsgrund 0005) gibt es auch die **automatische** Produktselektion (Substitutionsgründe 0004 und 0006). In diesem Fall wird kein Pop-up angeboten, sondern das Material vom System automatisch aufgrund der aktuellen Verfügbarkeitssituation substituiert. Auch hierfür ist eine Liste von Alternativmaterialien im Stammsatz der Materialfindung vorgesehen (siehe Abbildung 10.37). Dabei spielt die Reihenfolge der Alternativmaterialien eine wichtige Rolle: Das System versucht zunächst, die gewünschte Menge mit dem ersten Alternativmaterial in der Liste der möglichen Materialien zu bedienen. Ist davon nicht genügend verfügbar, geht es die Liste weiter durch, bis die gewünschte Menge erreicht ist.

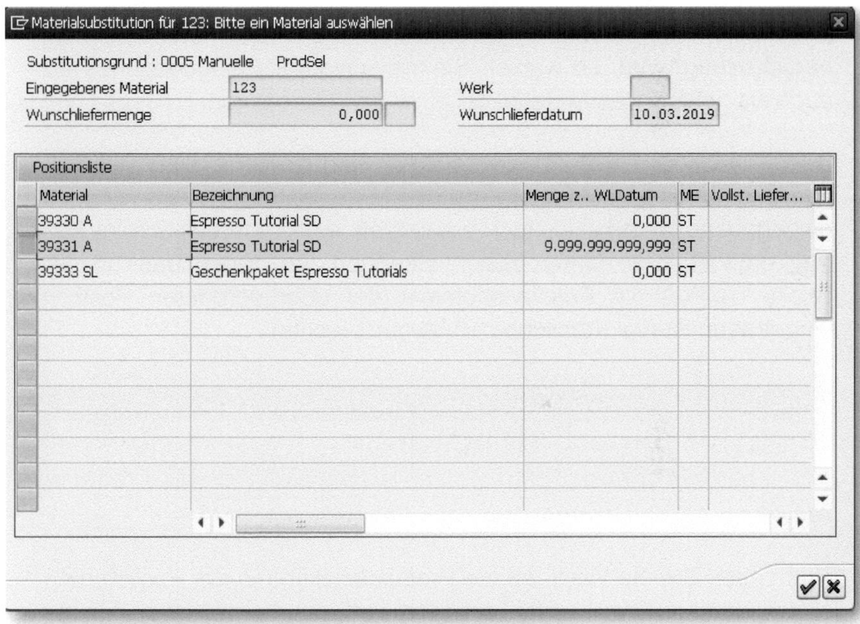

Abbildung 10.38: Pop-up zur Produktselektion

Automatische Produktselektion nur mit »echten« Materialnummern

Bei der automatischen Produktselektion (Substitutionsgründe 0004 und 0006) muss man im Unterschied zur einfachen Materialfindung für die zu ersetzende Materialnummer ein Material eingeben, für das ein Materialstamm existiert – hier funktioniert ein fiktiver Code als Eingabehilfe nicht.

Möchten Sie, dass bei der automatischen Selektion die eingegebene Materialnummer zusätzlich zu anderen Materialien als Vorschlag berücksichtigt wird, so wählen Sie sie sowohl als eingegebenes als auch als gefundenes Material bei einer der Alternativen.

Bei der automatischen Produktselektion wird die gefundene Materialnummer (im Gegensatz zur einfachen Materialfindung – hier wird die eingegebene Nummer einfach ersetzt) als eine Unterposition im Auftrag ergänzt. Eine Unterposition erkennen Sie daran, dass in der Spalte ÜB.POS die Positionsnummer der übergeordneten Position eingetragen ist (vgl. Abbildung 10.39 ganz rechts).

Alle Positionen

Pos	Material	Auftragsmenge	ME	Bezeichnung	E	Kundenmaterialnummer	Ptyp	GG...	Üb.Pos	L
20	39331 A	1	ST	Espresso Tutorial SD	☐	3456	TAX			T
21	39331 A	1	ST	Espresso Tutorial SD	☐	3456	TAPS		20	T

Abbildung 10.39: Unterposition nach Produktselektion

Nun haben Sie die Wahl, ob die Produktselektion in der Auslieferung erneut durchgeführt werden soll. Die Verfügbarkeitssituation könnte sich geändert haben, und je nach Geschäftsvorfall kann es erwünscht sein, dass dies in der Auslieferung nochmals überprüft wird (Substitutionsgrund 0004) oder aber nicht (Substitutionsgrund 0006).

Es kann vorkommen, dass bei der Produktselektion im Auftrag die gewünschte Liefermenge nicht bestätigt werden kann, obwohl die gesamte Liste der Alternativmaterialien durchgegangen wurde. Für solche Fälle haben Sie die Möglichkeit, in der Liste der Alternativmaterialien eines der Materialien als »für die Disposition relevant« zu kennzeichnen (Häkchen bei DISPOMAT, vgl. Abbildung 10.37). Hat man das Häkchen gesetzt, weiß das System, welche der Alternativen im Falle einer Unterdeckung an die Disposition weitergegeben werden soll – für dieses Material wird im Auftrag eine weitere Unterposition mit der offenen Menge angelegt. Diese Position wird dann an die Disposition weitergegeben, damit die fehlende Menge beschafft bzw. produziert werden kann.

Es gibt noch eine weitere Finesse im Bereich der automatischen Produktselektion, die ich hier für fortgeschrittene Anwender vorstellen möchte. Man hat kundenspezifisch die Möglichkeit, einzelne Materialien von der Produktselektion auszuklammern. Diese werden bei der Ermittlung der Alternativen übergangen. Und das geht so:

Der Materialstamm bietet sogenannte *Produktattribute* (Sicht VERTRIEB: VERKORG 2). Diese können angehakt werden, um sie als für ein Material gegeben zu kennzeichnen. Im Kundenstamm des Warenempfängers lassen sich die Produktattribute ausschließen (Button Produktattribute in den Vertriebsbereichsdaten, Reiter VERKAUF). In Aufträgen mit diesem Warenempfänger werden dann ausgeschlossene Materialien bei der automatischen Produktselektion nicht berücksichtigt. Wichtig: Die Prüfung der Produktattribute geschieht im Auftrag über den **Warenempfänger**. Zudem ist zu beachten, dass in der verwendeten Verkaufsbelegart eingestellt ist, dass das System die Produktattribute prüfen soll. Durch den Ausschluss von Produktattributen wird bei »normaler« manueller Eingabe des Materials eine Meldung ausgegeben: ⚠ Warenempfänger lehnt Produktattribut 1 für 39331 A ab . Ist das Material bei der automatischen Produktselektion als Alternative eingegeben, so wird es im Auftrag bei der Produktselektion ohne Meldung einfach übergangen. Abbildung 10.40 zeigt die Zusammenhänge.

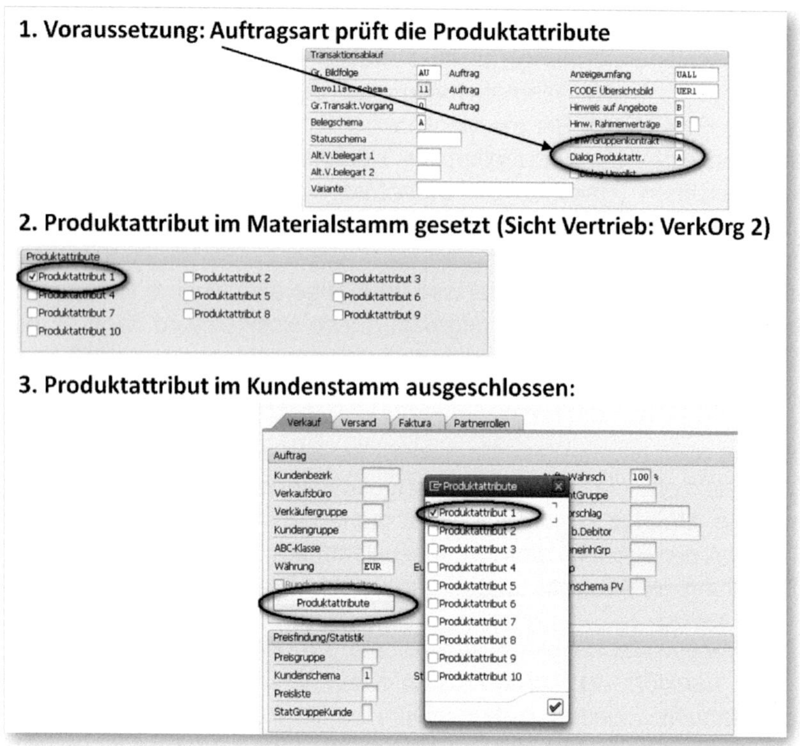

Abbildung 10.40: Ausschluss von Produktattributen

10.6 Materiallistung und -ausschluss

Es gibt immer mal Gründe dafür, dass gewisse Kunden nicht auf die gesamte Produktpalette Zugriff haben sollen. Für die Umsetzung dieser Anforderung stellt SAP zwei Werkzeuge zur Verfügung:

- Wollen Sie eingrenzen, welche Materialien ein bestimmter Kunde bestellen **darf**, so verwenden Sie die Funktionalität der *Materiallistung*.

- Wollen Sie für einen bestimmten Kunden den Bezug gewisser Materialien **verbieten**, so verwenden Sie die Funktionalität *Materialausschluss*.

Die Pflege der Stammdaten zu Materiallistung und -ausschluss finden Sie im SAP-Menü unter VERTRIEB • STAMMDATEN • PRODUKTE • LISTUNG/AUSSCHLUSS.

Einen neuen Stammsatz legen Sie mit der Transaktion **VB01** an. Im Einstiegsbild geben Sie die Ausschluss- bzw. Listungsart (LIST-/AUSART) an. Im Standard sind **A001** für die Listung und **B001** für den Ausschluss verfügbar (siehe Abbildung 10.41). Je nach Systemeinstellungen kann es hier weitere unternehmensspezifische Varianten geben.

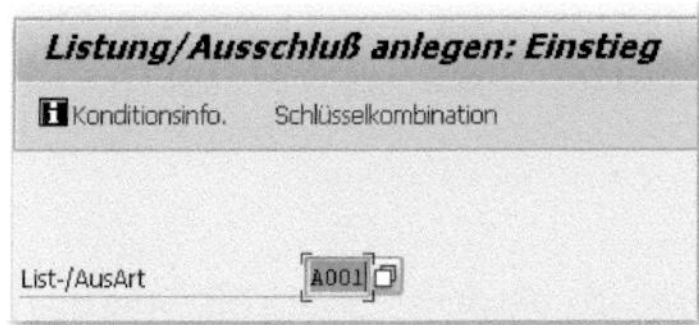

Abbildung 10.41: Einstieg Materiallistung anlegen

Gegebenenfalls (je nach Systemeinstellung im Customizing) ist eine SCHLÜSSELKOMBINATION auszuwählen, für die Sie die Listung bzw. den Ausschluss anlegen möchten (siehe Abbildung 10.42).

Abbildung 10.42: Schlüsselkombination für Materiallistung

Im nächsten Bild geben Sie die Kundennummer ein und legen den Gültigkeitszeitraum fest. Unter KUNDE/MATERIAL können Sie die gewünschten Materialnummern auflisten (siehe Abbildung 10.43).

Abbildung 10.43: Pflege der Materiallistung

Sollten Sie im Auftrag zuvor als ungültig definierte Materialnummern eingegeben haben, erhalten Sie im Auftrag für den Kunden folgende Meldungen:

- Materiallistung: Das Material 39333 SL ist wegen fehlender Listung nicht zulässig
- Materialausschluss: Das Material 39331 A ist wegen Ausschluß nicht zulässig

Ob die Listung und/oder der Ausschluss im Auftrag geprüft werden soll(en), können Sie im Customizing durch die jeweilige Zuordnung eines Schemas zur Verkaufsbelegart vornehmen.

10.7 Naturalrabatt

Im Geschäftsleben ist es üblich, Rabatte ab und an in Form von kostenloser Ware zu gewähren. Hierbei sind zwei Fälle zu unterscheiden:

- Ein Teil der bestellten Ware muss nicht bezahlt werden (*Dreingabe*).
- Zur bestellten Ware gibt es noch ein Extra dazu. Hierbei muss es sich nicht zwangsläufig um das bestellte Material handeln (*Draufgabe*).

Im Auftrag in SAP SD wird der Naturalrabatt (sofern die notwendigen Stammdaten gepflegt sind) automatisch als kostenlose Unterposition

(Positionstyp TANN) ergänzt. Bei der Dreingabe wird dabei die Menge der Hauptposition automatisch um die Rabattmenge reduziert.

Die Transaktionen zur Pflege der Naturalrabatt-Stammsätze sind im SAP-Menü unter LOGISTIK • VERTRIEB • STAMMDATEN • KONDITIONEN • NATURALRABATT zu finden.

Sie legen einen Stammsatz für einen Naturalrabatt mit der Transaktion **VBN1** an. Im Einstiegsbild geben Sie die Rabattart ein – im Standard **NA00** (siehe Abbildung 10.44).

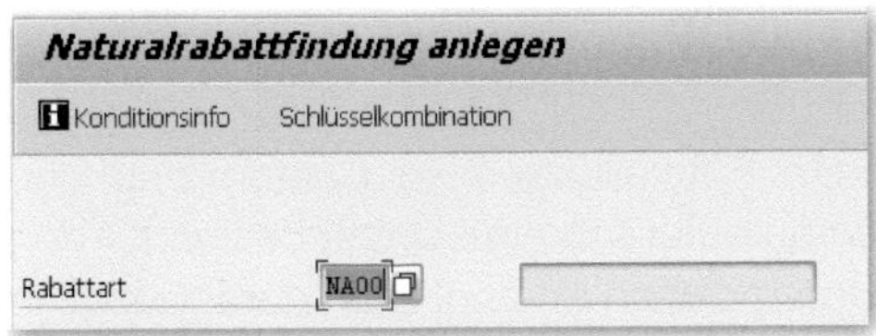

Abbildung 10.44: Einstieg Pflege Naturalrabatt

Ggf. muss man – je nach Systemeinstellungen – zunächst aus verschiedenen Schlüsselkombinationen auswählen, oder man gelangt direkt ins Bild zur Pflege des Naturalrabatts (siehe Abbildung 10.45).

Abbildung 10.45: Pflege Naturalrabatt

Hier können Sie per Buttonklick zwischen der Pflege von Dreingabe oder Draufgabe wechseln. Via Klick auf den Button lassen sich Staffeln pflegen – hierzu ein Beispiel in Abbildung 10.46.

Staffeln

St...	Mindestmenge	NatRabMenge	Ein...	ZugabeMge	Zu...	in %	Re...	N..	Naturalrab...
ab	10	10	ST	1	ST	10,00	2	1	Dreingabe
ab	100	100	ST	20	ST	20,00	2	1	Dreingabe

Abbildung 10.46: Pflege von Staffeln

Die Stammsätze zum Naturalrabatt haben einen Gültigkeitszeitraum. Um zu ermitteln, ob es einen passenden Naturalrabatt-Stammsatz gibt, verwendet das System das *Preisdatum* aus dem Auftrag (vgl. Abschnitt 4.3). In der Pflege der Stammdaten zum Naturalrabatt können Sie durch Klick auf den Button den Gültigkeitszeitraum ändern.

Im Auftrag wird bei passenden Einstellungen im Customizing und richtig gepflegten Stammdaten automatisch eine Unterposition für den Naturalrabatt ergänzt. Eine Unterposition erkennt man daran, dass in der Spalte ÜB.POS die Positionsnummer der übergeordneten Position eingetragen ist (siehe Abbildung 10.47 ganz rechts).

Alle Positionen

Pos	Material	Auftragsmenge	ME	Bezeichnung	E	Kundenmaterialnummer	Ptyp	GG...	Üb.Pos
10	39330 A	9	ST	Espresso Tutorial SD	☑	2345	TAN		
11	39330 A	1	ST	Espresso Tutorial SD	☑	2345	TANN		10

Abbildung 10.47: Unterposition im Auftrag für den Naturalrabatt

Manueller Naturalrabatt

Sie haben als Anwender auch die Möglichkeit, den Naturalrabatt im Auftrag manuell einzugeben, indem Sie eine Unterposition vom Positionstyp TANN ergänzen.

Hinter den Einstellungen für den Naturalrabatt steckt die *Konditionstechnik,* welche maximale Flexibilität bei der Pflege von Naturalrabatten zulässt. So können Naturalrabatte auf verschiedenen Ebenen (Schlüsselkombinationen) gepflegt werden.

Zudem können diverse weitere Verfeinerungen der Naturalrabattfindung genutzt werden, wie z. B.

1. Mindestmenge,
2. Staffeln,
3. Rechenregel: Wie wird die Menge des Naturalrabatts ermittelt? Hierzu stellt der Standard drei Optionen zur Verfügung (Es können bei Bedarf weitere eigene Regeln programmiert werden.):
   - anteilig,
   - Einheitsbezug,
   - ganze Einheiten.

Beispiel für Rechenregeln beim Naturalrabatt

Nehmen wir an, es wird für 100 Stück ein Naturalrabatt von 10 Stück gewährt. Bei einer Bestellmenge von 120 ist die Endmenge je nach Regel unterschiedlich:

- anteilig: 12 Stück Rabatt,
- Einheitsbezug: 10 Stück Rabatt (für Zwischenmengen wird kein Rabatt gewährt, bei 250 Stück wären es z. B. 20 Stück Rabatt),
- ganze Einheiten: kein Rabatt (wird in unserem Beispiel mit 100 Stück als Basis für die Berechnung nur bei Abnahme von 100, 200, 300, ... Stück gewährt).

Tipps für fortgeschrittene Anwender

Nachfolgend möchte ich den in SAP SD schon etwas geübteren Anwendern noch ein paar technische Details zum Naturalrabatt geben:

1. Die Einstellungen zum Naturalrabatt werden im Customizing in einem *Naturalrabattschema* zusammengefasst (Pfad in der Transaktion **SPRO**: VERTRIEB • GRUNDFUNKTIONEN • NATURALRABATT • KONDITIONSTECHNIK FÜR NATURALRABATT).
2. Die Findung des richtigen Naturalrabattschemas wird im Auftrag folgendermaßen gesteuert: Für jede gewünschte Kombination aus
   - Vertriebsbereich (Verkaufsorganisation, Vertriebsweg, Sparte),
   - Belegschema (Feld in der Verkaufsbelegart) und
   - Kundenschema (Feld im Kundenstamm)

   wird im Customizing ein Naturalrabattschema hinterlegt.
3. Der Positionstyp der Unterposition wird im Customizing mittels der Verwendung FREE gefunden (für Details hierzu siehe Abschnitt 4.4.1).
4. Die Preisfindung der Haupt- und der Unterposition (kostenlos) wird durch den Positionstyp ausgesteuert.

Da dieses Thema recht komplex ist, lässt sich im Auftrag eine Analyse der Naturalrabattfindung aktivieren (Menü UMFELD • ANALYSE • NATURALRABATT • EIN). Nach Eingabe der Position erscheint ein Fenster mit den Informationen zur Findung (siehe Abbildung 10.48).

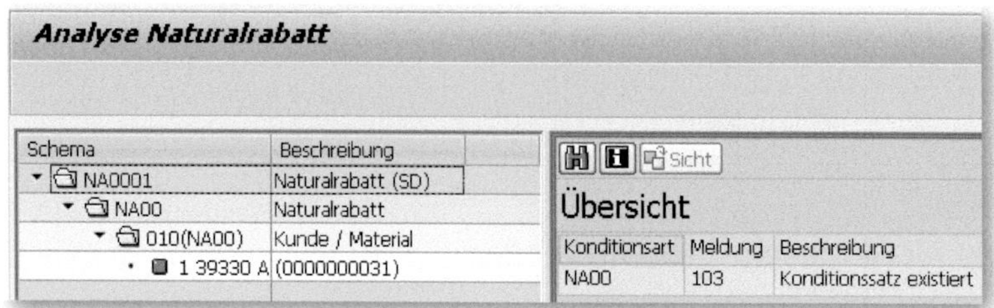

Abbildung 10.48: Analyse Naturalrabattfindung

10.8 Stücklisten

Ein weiteres Beispiel für die Verwendung von Unterpositionen ist die Auflösung von Stücklisten. Eine *Stückliste* ist die Aufführung von Bestandteilen bzw. Bauteilen, aus denen sich ein Material zusammensetzt. In SAP SD gibt es an verschiedenen Stellen Stücklisten, wie z. B. *Fertigungsstücklisten,* in denen angegeben wird, aus welchen Baugruppen ein Material gefertigt wird. Für uns von Interesse sind die *Vertriebsstücklisten*, über die man definieren kann, aus welchen Bestandteilen sich komplexe zu verkaufende Produkte zusammensetzen.

Anlass für eine Vertriebsstückliste

Sie wollen in einer Weihnachtsaktion drei Bücher in einem Geschenkkarton verpacken. Darin soll als zusätzliches Präsent auch ein Lesezeichen enthalten sein.

Zum Anlegen einer Stückliste verwenden Sie in SAP die Transaktion *CS01* (SAP-Menü: LOGISTIK • VERTRIEB • STAMMDATEN • PRODUKTE • STÜCKLISTEN • STÜCKLISTE • MATERIALSTÜCKLISTE). Im Einstiegsbild der Transaktion geben Sie die Materialnummer an, zu der eine Stückliste angelegt werden soll (hierbei muss es sich um ein bereits gepflegtes Material mit Materialstamm in SAP handeln, und für dieses muss eine geeignete Positionstypengruppe im Materialstamm eingetragen sein – siehe weiter unten). Wir wollen eine Vertriebsstückliste anlegen, und wählen daher unter VERWENDUNG **5 – Vertrieb** (siehe Abbildung 10.49).

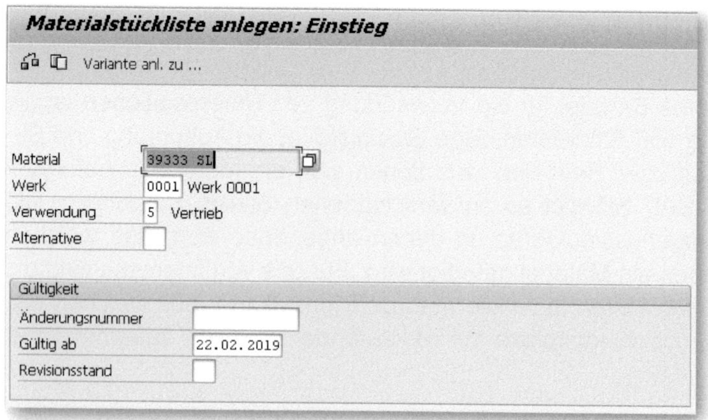

Abbildung 10.49: Anlegen der Stückliste in Transaktion CS01 – Einstieg

Abbildung 10.50 zeigt, wie die Komponenten der Stückliste angelegt werden.

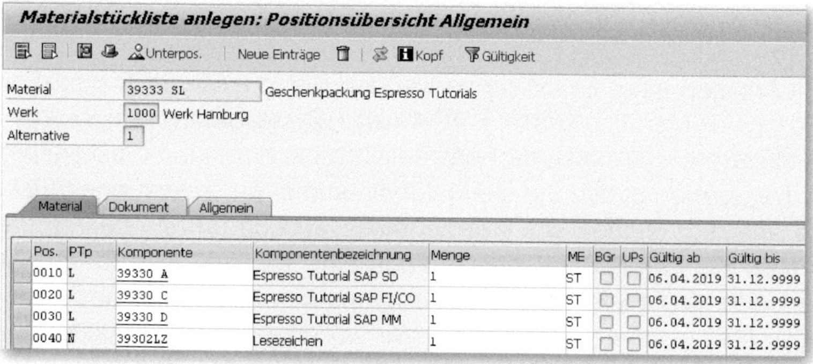

Abbildung 10.50: Vertriebsstückliste in SAP

Auch bei den Komponenten muss es sich um existierende Materialien in SAP handeln. In der zweiten Spalte (POSITIONSTYP) kann man wählen, ob es sich um eine *Lagerposition* (**L**) oder eine *Nichtlagerposition* (**N**) handelt. Bei einer Lagerposition werden im Gegensatz zur Nichtlagerposition Bestände in SAP geführt. In unserem Beispiel ist das Lesezeichen nicht bestandsgeführt.

Positionstyp ist nicht gleich Positionstyp

Beachten Sie bitte, dass es innerhalb der Stückliste selbst auch sogenannte »Positionstypen« gibt, diese haben aber nichts mit den Positionstypen im Auftrag zu tun. Der Positionstyp in der Stückliste zeigt z. B. an, ob es sich um ein Lager- oder um ein Nichtlagermaterial handelt.

Unser Ziel ist es nun, dass im Auftrag bei Eingabe der Materialnummer zur Stückliste das System automatisch die Komponenten ergänzt. Als Bedingung hierfür gilt, dass im Auftrag für die Hauptposition ein Positionstyp gefunden wird, der für die Auflösung von Stücklisten eingestellt ist (im Standard sind das z. B. die Positionstypen TAP oder TAQ). Im Positionstyp gibt man im Customizing an, ob Stücklisten aufgelöst werden und welche Tiefe die Auflösung hat (es gibt auch mehrstufige Stücklisten). Damit die Positionstypen TAP oder TAQ gefunden werden, stellt der Standard bereits passende Positionstypengruppen für das Hauptmaterial der Stückliste zur Verfügung (ERLA für die Findung des Positionstyps TAQ bzw. LUMF für TAP). Eine dieser beiden Positionstypengruppen muss im Materialstamm der Hauptposition (in unserem Beispiel das Material **39333 SL**), Sicht VERTRIEB: VERKORG 2, eingetragen sein. Aus der Kombination von Positionstyp der übergeordneten Position und Positionstypengruppe der untergeordneten Materialien wird dann jeweils ein passender Positionstyp für die Unterposition gefunden.

Verwendet man im Standard, wie in unserem Fall, den Positionstyp TAP für die Hauptposition, so findet die Preisfindung auf der Ebene der Unterpositionen statt. Dieser Positionstyp ist nicht preisfindungsrelevant. Umgekehrt hätten Sie aber auch die Möglichkeit, für die Hauptposition einen Gesamtpreis zu pflegen und auf den Unterpositionen keinen Preis berechnen zu lassen. Hierzu müssten Sie im Materialstamm der Hauptposition die Positionstypengruppe ERLA verwenden. Dann würde das System für die Hauptposition den Positionstyp TAQ und für die Unterpositionen den Positionstyp TAE finden.

Im Folgenden wollen wir das Ganze für unsere Stückliste aus Abbildung 10.50 nachvollziehen. Abbildung 10.51 zeigt, wie im Idealfall die aufgelöste Stückliste im Auftrag aussieht: Sobald Sie die Materialnummer des »Hauptmaterials« eingeben und `Return` drücken, werden die Unterpositionen automatisch ergänzt.

Alle Positionen

Pos	Material	Auftragsmenge	ME	Bezeichnung	E	Kunden...	Ptyp
10	39333 SL	1	ST	Geschenkpackung Esp...	☑		TAP
11	39330 A	1	ST	Espresso Tutorial SAP ...	☑		TAN
12	39330 C	1	ST	Espresso Tutorial SAP ...	☑		TAN
13	39330 D	1	ST	Espresso Tutorial SAP ...	☑		TAN
14	39302LZ	1	ST	Lesezeichen	☑		TAN

Abbildung 10.51: Aufgelöste Stückliste im Auftrag

In der Positionsübersicht im Auftrag können Sie zu den Unterpositionen die Nummer der übergeordneten Position ablesen (im Bild nicht mehr zu sehen, da weiter rechts in der Spalte ÜB.POS). Für die Hauptposition wurde der Positionstyp **TAP** gefunden und für die Unterpositionen der Positionstyp **TAN**. Hier waren also im Materialstamm der Hauptposition die Positionstypengruppe LUMF und im Materialstamm der Unterpositionen NORM eingetragen. Die Materialien der Unterpositionen werden genauso für den »normalen« Verkauf verwendet – es wurde für die Bestandteile der Geschenkpackung hier kein eigener Materialstamm erzeugt. Hinter diesem Ergebnis steckt die im Customizing festgelegte Positionstypenfindung (siehe auch Abschnitt 4.4.1). Abbildung 10.52 zeigt die Zuordnung für die Hauptposition, während sie in Abbildung 10.53 für die Unterpositionen zu sehen ist (Pfad in der Transaktion SPRO: VERTRIEB • VERKAUF • VERKAUFSBELEGE • VERKAUFSBELEGPOSITION • POSITIONSTYPEN ZUORDNEN).

Sicht "Positionstypenzuordnung" ändern: Übersicht

Neue Einträge

VArt	MTPOS	Verw	PsTyÜPos	PsTyD	PsTyM	PsTyM	PsTyM
TA	LUMF			TAP			

Abbildung 10.52: Positionstypenfindung für die Hauptposition

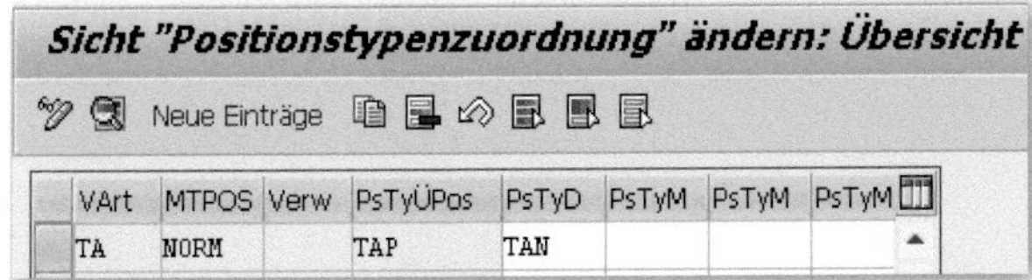

Abbildung 10.53: Positionstypenfindung für die Unterpositionen

Damit sind wir nun für einen Schnelleinstieg wirklich an die Grenze der Komplexität gelangt! Im nächsten Kapitel wollen wir uns mit dem einfacheren Thema der verfügbaren Auswertungen im SD-Umfeld beschäftigen.

11 Auswertungen

SAP stellt im Standard zahlreiche Transaktionen zur Verfügung, mit deren Hilfe man die im System vorhandenen Daten auswerten kann. Mit ihnen lassen sich Informationen zu Belegen, Stammdaten, Beständen etc. ermitteln, zusammenfassen und aufbereiten. In diesem Kapitel werde ich nicht nur einige davon vorstellen, sondern auch auf wichtige Grundfunktionen eingehen, die sich in Auswertungstransaktionen häufig wiederholen.

Wie findet man in SAP geeignete Auswertungstransaktionen (oft auch »Reports« genannt)? Im SAP-Menü kann man gut danach stöbern. Die Auswertungen sind häufig in einem Unterordner mit der Bezeichnung INFOSYSTEM (siehe Abbildung 11.1) oder auch unter LISTEN UND PROTOKOLLE (für Auslieferungen siehe Abbildung 11.2) eingeordnet.

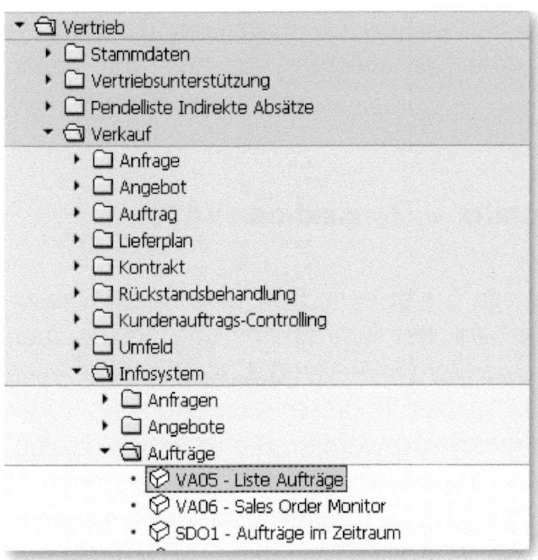

Abbildung 11.1: Im SAP-Menü hinterlegte Auswertungstransaktionen zu Aufträgen

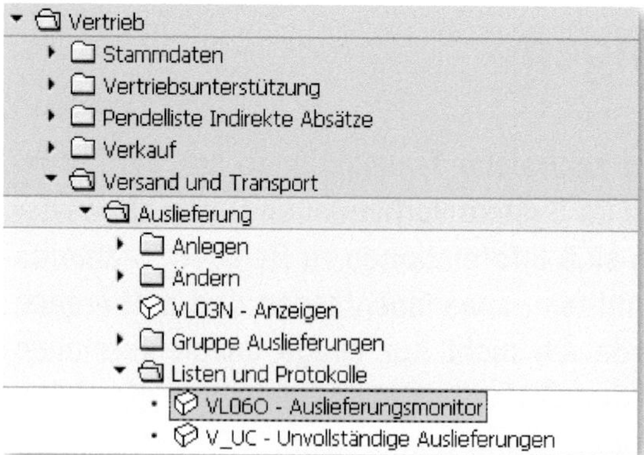

Abbildung 11.2: Auswertungen zu Auslieferungen im SAP-Menü

Findet man keine passende Auswertungstransaktion, so gibt es die Möglichkeit, kundenspezifische Auswertungen in unterschiedlichsten Ausprägungen programmieren zu lassen. Für die gängigsten Kundenanforderungen stellt SAP aber meist geeignete Reports zur Verfügung. Es sollte immer zuerst versucht werden, sich mit diesen bestehenden Auswertungen zu arrangieren. Die Erstellung und Wartung eigener Reports bedeutet einen erheblichen Aufwand, der häufig vermieden werden kann.

11.1 Kundenauftragsmonitor – Transaktion »VA06«

Ab dem Enhancement Package 5 gibt es in SAP eine neue Auswertung, mit der sich Probleme bzgl. der Auftragserfüllung untersuchen lassen: den *Kundenauftragsmonitor* (SAP-Menü: LOGISTIK • VERTRIEB • VERKAUF • INFOSYSTEM • AUFTRÄGE). In dieser Auswertung kann der Status der Auftragserfüllung analysiert werden. Sie ist sehr vielseitig, und an ihr lassen sich viele Grundfunktionen von Auswertungen in SAP gut erklären. Daher nutze ich die Transaktion *VA06*, um Schritt für Schritt zu erklären, wie man mit Auswertungen in SAP umgeht.

11.1.1 Selektionsbildschirm

Im Einstiegsbild sehen Sie den *Selektionsbildschirm* (siehe Abbildung 11.3). Typischerweise bietet das erste Bild einer Auswertungstransaktion die Möglichkeit, den Umfang an Informationen, der später in einer Liste angezeigt werden soll, einzugrenzen. In der Transaktion *VA06* schränkt man ein, welche Aufträge ausgewertet werden sollen. Würde das System immer alle Aufträge anzeigen, wäre die Auswertung sehr langsam und die Menge der Daten unüberschaubar. Es werden für die Auswertung nur diejenigen Daten selektiert, die zu **allen** im Selektionsbildschirm eingegebenen Eingrenzungen passen.

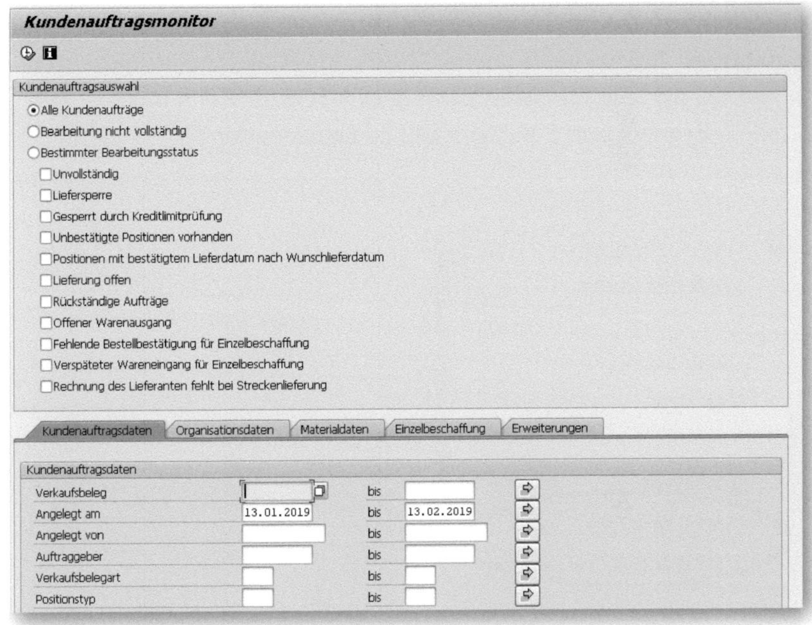

Abbildung 11.3: Selektionsbildschirm Kundenauftragsmonitor

Eine gute Eingrenzung verringert die Laufzeit. Was tun, wenn man nicht genügend eingegrenzt hat?

Eine sinnvolle Eingrenzung der zu ermittelnden Daten kann die Laufzeit von Auswertungen enorm verringern. Bei der Auswertung sehr großer Datenmengen muss man mitunter minutenlang warten, bis das Ergebnis angezeigt wird. Falls man nur einen einzigen Modus geöffnet hatte, kann man zunächst nicht weiterarbeiten. Durch Klick auf die Schaltfläche ☞ ganz oben links in der Menüleiste gibt es die Option, einen neuen MODUS ZU ERZEUGEN, während eine Auswertung oder eine andere langwierige Aktion im aktuellen Modus läuft (siehe Abbildung 11.4). Zudem lässt sich hier die aktuelle TRANSAKTION ABBRECHEN, z. B. wenn man vergessen hat, genügend Selektionskriterien einzugeben.

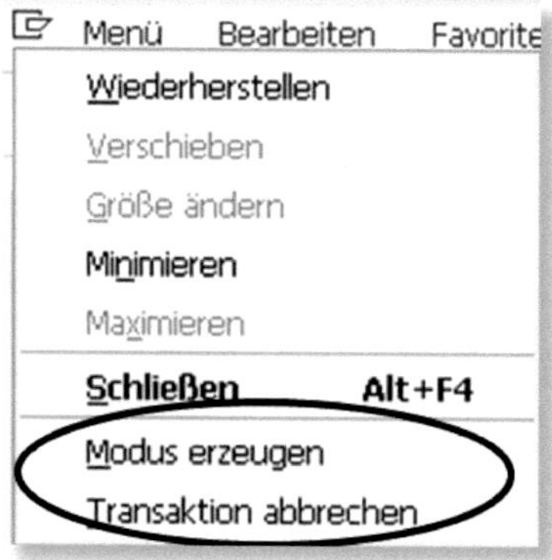

Abbildung 11.4: Optionen zum Erzeugen eines neuen Modus bzw. zum Abbrechen

In unserem Beispiel gibt es verschiedene Möglichkeiten, die Auswahl einzugrenzen. Im oberen Bereich von Abbildung 11.3 kann man über *Radiobuttons* (deutsch: Auswahlknöpfe) wie etwa ALLE KUNDENAUFTRÄGE eine grobe Vorselektion vornehmen. Bei Radiobuttons ist immer nur eine der Wahlmöglichkeiten markierbar. Wählt man die letzte Kategorie BESTIMMTER BEARBEITUNGSSTATUS, so kann man darunter mittels Anhaken von *Checkboxen* (deutsch: Ankreuzfelder) die Selektion verfeinern. Hier können auch mehrere Felder angehakt werden, z. B. LIEFERSPERRE und UNBESTÄTIGTE POSITIONEN VORHANDEN.

Radiobuttons und Checkboxen gibt es nicht unbedingt auf jedem Selektionsbildschirm. Selektionsfelder wie im unteren Bildbereich sind allerdings sehr typisch und eigentlich auf jedem Selektionsbildschirm zu finden. Hier lassen sich die Werte für einzelne Felder eingrenzen. Man hat in den Selektionsfeldern verschiedene Eingabemöglichkeiten. Man gibt

- eine Spanne »von – bis« ein = alle passenden Werte in dieser Spanne werden selektiert,
- nur einen »Von-Wert« ein = exakt nur dieser Wert wird ausgewählt,
- nur einen »Bis-Wert« ein = alle Werte von 0 bis zu diesem Wert werden ausgewählt.

Mit einem Häkchen gekennzeichnete Felder (☑) sind Pflichtfelder, **müssen** also mit einem Wert gefüllt werden. Beispielsweise ist in dem Kundenauftragsmonitor die Eingrenzung des Belegdatums Pflicht. Damit soll verhindert werden, dass die Auswertung zu viele nicht relevante Belege selektiert und damit sehr langsam wird.

Findet sich hinter den beiden Feldern zur Selektion der Button ⇨, so ist eine sogenannte *Mehrfachselektion* möglich. Klickt man auf den Button, geht ein Fenster auf (siehe Abbildung 11.5).

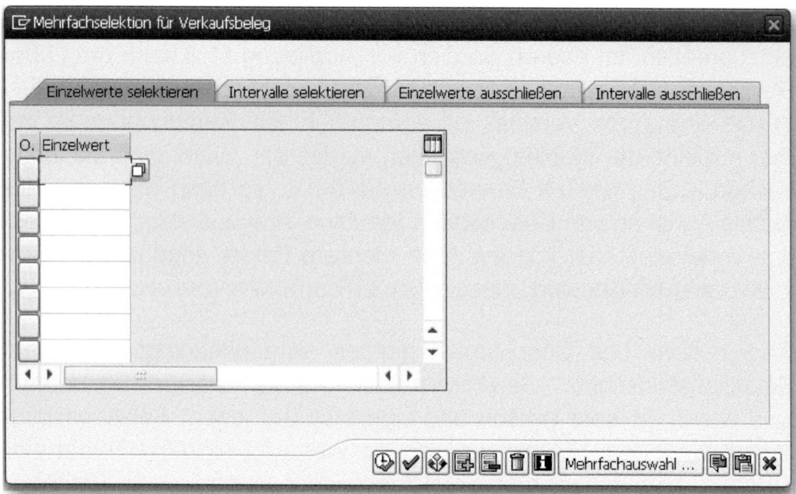

Abbildung 11.5: Mehrfachselektion

Hier bieten vier beliebig kombinierbare Reiter folgende Selektionsmöglichkeiten:

- EINZELWERTE SELEKTIEREN (man kann eine Liste von Einzelwerten eingeben, welche selektiert werden sollen),
- INTERVALLE SELEKTIEREN (man kann mehrere zu selektierende Intervalle mit Unter- und Obergrenze angeben),
- analog dazu kann man in den beiden darauffolgenden Reitern Einzelwerte und Intervalle AUSSCHLIEßEN.

Um eine Mehrfachselektion insgesamt zurückzusetzen und ggf. neu einzugeben, löscht man alle darin eingetragenen Werte auf einmal durch einen Klick auf den Button 🗑. Einzelne Zeilen werden (nachdem der Cursor in der entsprechenden Zeile positioniert wurde) über den Button ▤ gelöscht.

Eine weitere mächtige Funktion zum Eingrenzen von Werten auf einem Selektionsbildschirm sind die sogenannten *Selektionsoptionen*. Diese rufen Sie durch Doppelklick auf ein Selektionsfeld (z. B. VERKAUFSBELEG) auf (siehe Abbildung 11.6).

Achtung beim Einfügen in die Mehrfachselektion

Bei der Mehrfachselektion wird immer nur eine begrenzte Anzahl von Einträgen angezeigt, weil das Fenster nicht beliebig groß ist. Fügen Sie Werte mittels [Strg] + [V] ein, werden nur so viele Werte eingefügt, wie sichtbar sind. Möchten Sie eine große Anzahl von Einträgen in der Mehrfachselektion eingeben (z. B. per Copy & Paste aus einer Excel-Liste), so können Sie mittels des Buttons eine Liste von Werten aus der Zwischenablage einfügen. Diese kann länger als die Zahl der sichtbaren Felder sein. Ob Sie alle Werte »erwischt« haben, können Sie sehen, indem Sie die Gesamtzahl der Einträge oben am Reiter überprüfen: Einzelwerte selektieren (15). Darüber hinaus kann über den Button eine Liste von Werten aus einer Textdatei hochgeladen werden.

Abbildung 11.6: Selektionsoptionen

Hier können Sie zwischen verschiedenen Vergleichsoperatoren wählen. Häufig benutze ich an dieser Stelle den Operator »=« und lasse das Feld leer (dann bekommt man alle Belege, in denen das entsprechende Feld nicht gefüllt ist). Oft möchte man andersherum auswerten, in welchen Belegen bestimmte Felder nicht leer sind. In diesem Fall benutzt man das Ungleichheitszeichen: ≠ .

Falls Sie eine Selektionsoption nicht mehr als Eingrenzung verwenden wollen, gehen Sie mit Doppelklick auf das entsprechende Feld und klicken auf den Button Zeile löschen.

11.1.2 Selektionsvariante sichern

Sie sehen schon, dass das Ausfüllen eines Selektionsbildschirms einen gewissen Aufwand verursachen kann und man viele Möglichkeiten hat, die Selektion einzugrenzen. Möchte man wiederholt dieselbe oder ähnliche Auswertungen durchführen, so wünscht man sich, diesen Aufwand nicht jedes Mal betreiben zu müssen. SAP stellt hierfür die Möglichkeit zur Verfügung, die Selektionskriterien abzuspeichern, und zwar in Form einer sogenannten *Selektionsvariante*. Dafür füllen Sie zuerst die Selektionsmaske aus. Anschließend klicken Sie im Selektionsbild auf den Button . Es erscheint das kryptisch anmutende Bild aus Abbildung 11.7. Nicht erschrecken – in der Regel genügt es, hier im Feld VARIANTENNAME ein Kürzel einzugeben und eine kurze Beschreibung im Feld BEDEUTUNG. Als Namenskonvention hat sich eingebürgert, dass von Anwendern angelegte Varianten mit »Z« beginnen.

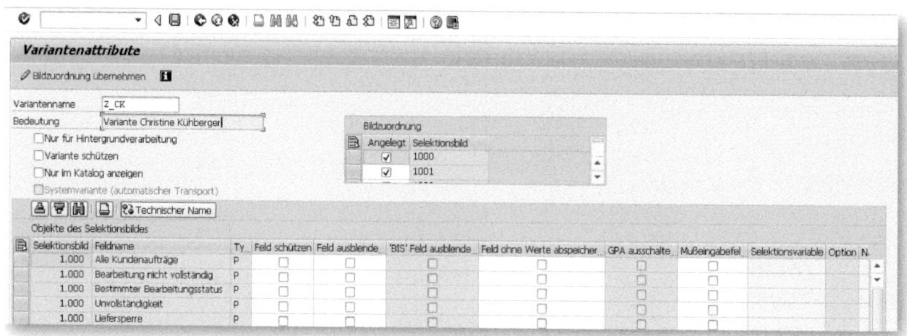

Abbildung 11.7: Variante sichern

Anschließend können Sie die Variante über Klick auf den Button sichern. Sobald es mindestens eine gesicherte Variante gibt, erscheint bei jedem Aufruf der Auswertungstransaktion in der Anwendungsfunktionsleiste des Selektionsbildes ein neuer Button: .

Nach Klick auf diesen Button öffnet sich ein Fenster, in dem man die gewünschte Variante auswählen kann (siehe Abbildung 11.8). Einfach einmal in die entsprechende Zeile klicken und mit dem Button bestätigen – et voilà: Die gewünschten gespeicherten Werte erscheinen in den Selektionsfeldern.

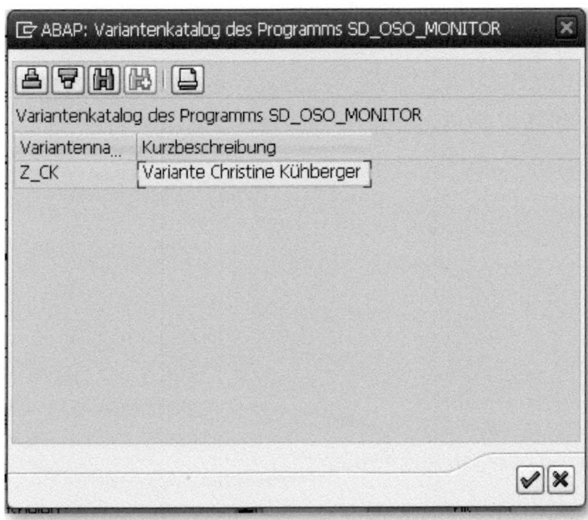

Abbildung 11.8: Auswahl der Variante

Für fortgeschrittene User möchte ich noch weiterführende Möglichkeiten aufzeigen. Beim Sichern der Variante (vgl. Abbildung 11.7) finden Sie in den Zeilen der Tabelle die Felder des Selektionsbildschirms wieder. Sie können hier durch Setzen von Häkchen die Eigenschaften der Felder verändern. So können Sie diese

- zu Pflichtfeldern machen,
- ausblenden oder auch
- »schützen« (können dann nicht mehr editiert werden).

Zudem lässt sich bei Datums-Feldern eine sogenannte *dynamische Datumsberechnung* durchführen. Sie ermöglicht, das Datum auf verschiedene Weise im Selektionsbildschirm vorzubelegen, wie z. B. immer:

- das aktuelle Tagesdatum,
- der erste Tag des aktuellen Monats,
- der letzte Tag des Vormonats,
- x Tage in die Zukunft oder Vergangenheit,
- ...

Um diese Funktionalität nutzen zu können, müssen Sie in der Spalte SELEKTIONSVARIABLE den Wert *D* auswählen (siehe Abbildung 11.9).

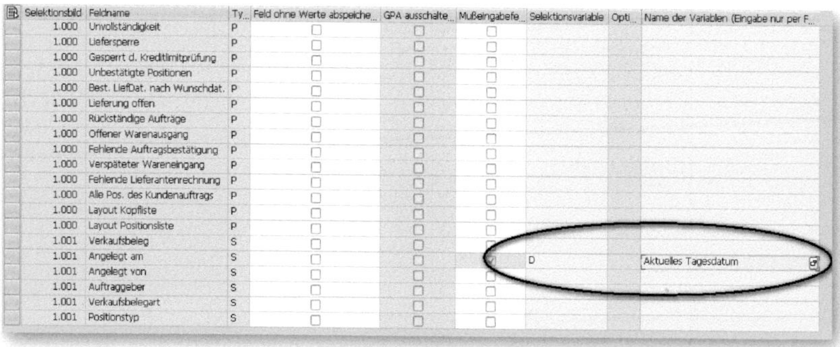

Selektionsbild	Feldname	Ty...	Feld ohne Werte abspeiche...	GPA ausschalte...	Mußeingabefe...	Selektionsvariable	Opti...	Name der Variablen (Eingabe nur per F...
1.000	Unvollständigkeit	P	☐	☐	☐			
1.000	Liefersperre	P	☐	☐	☐			
1.000	Gesperrt d. Kreditlimitprüfung	P	☐	☐	☐			
1.000	Unbestätigte Positionen	P	☐	☐	☐			
1.000	Best. LiefDat. nach Wunschdat.	P	☐	☐	☐			
1.000	Lieferung offen	P	☐	☐	☐			
1.000	Rückständige Aufträge	P	☐	☐	☐			
1.000	Offener Warenausgang	P	☐	☐	☐			
1.000	Fehlende Auftragsbestätigung	P	☐	☐	☐			
1.000	Verspäteter Wareneingang	P	☐	☐	☐			
1.000	Fehlende Lieferantenrechnung	P	☐	☐	☐			
1.000	Alle Pos. des Kundenauftrags	P	☐	☐	☐			
1.000	Layout Kopfliste	P	☐	☐	☐			
1.000	Layout Positionsliste	P	☐	☐	☐			
1.001	Verkaufsbeleg	S	☐	☐	☐			
1.001	Angelegt am	S	☐	☐	☑	D		Aktuelles Tagesdatum
1.001	Angelegt von	S	☐	☐	☐			
1.001	Auftraggeber	S	☐	☐	☐			
1.001	Verkaufsbelegart	S	☐	☐	☐			
1.001	Positionstyp	S	☐	☐	☐			

Abbildung 11.9: Dynamische Datumsberechnung in der Variante

Anschließend wählen Sie in der Spalte NAME DER VARIABLEN die gewünschte Option aus (siehe Abbildung 11.10).

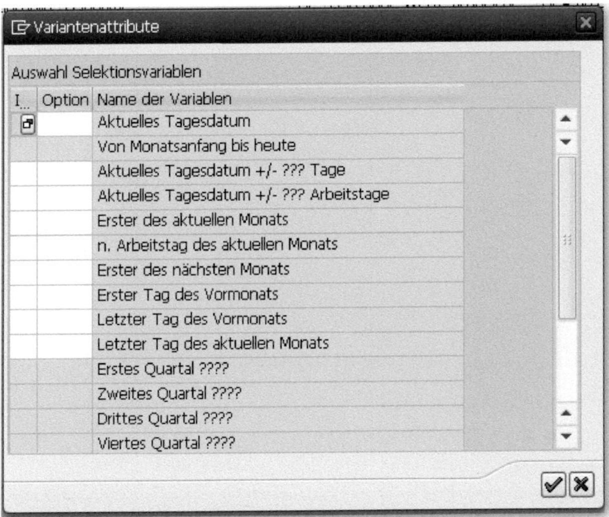

Abbildung 11.10: Variantenattribute zur Datumsberechnung

11.1.3 Grid Control

Nun wollen wir uns, nachdem wir uns ausführlich mit der Eingrenzung der Daten beschäftigt haben, endlich deren Auswertung ansehen! Wir klicken dazu auf den Button . Es erscheint im nächsten Bild eine Liste der ausgewählten Daten. In der Transaktion *VA06* werden sogar zwei Listen angezeigt (siehe Abbildung 11.11): im oberen Bereich die Liste der ausgewählten Aufträge und im unteren eine Liste der Positionen **eines** Auftrags (welcher, kann man durch Klick auf den Button links in der entsprechenden Zeile auswählen).

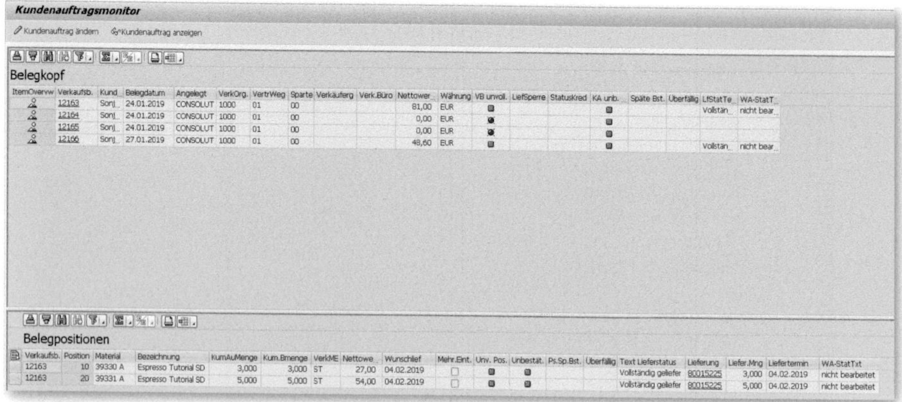

Abbildung 11.11: Liste Aufträge im Kundenauftragsmonitor

Auswerten mit »VA06«

Versuchen Sie, durch Eingabe geeigneter Selektionskriterien im Einstiegsbild Ihren Auftrag aus Abschnitt 3.2 zu finden, und erkunden Sie damit die Funktionalität der Auswertung *VA06*.

Für viele im SAP-System angezeigte Datentabellen kann man die Breite und Reihenfolge der Spalten als User selbst bestimmen. In zahlreichen neueren Tabellen wird hierfür die Technologie des *Grid-Controls* (auch *ALV-Grid* genannt) verwendet. Sie können bei Grid-Control-Tabellen beispielsweise Spalten ausblenden oder Summen und Zwischensummen bilden. Diese Einstellungen können Sie abspeichern, sodass sie beim Aufrufen derselben Tabelle automatisch wieder zum Tragen kommen. Die Breite der Spalten und deren Reihenfolge sind – ähnlich wie in Excel – mithilfe der Maus veränderbar (per Drag & Drop). Sie erkennen eine Tabelle mit Grid-Control-Funktionalität an einer besonderen Buttonleiste oberhalb der Tabelle (siehe Abbildung 11.12).

Abbildung 11.12: Buttons beim Grid Control

Die Zusammensetzung der Leiste kann variieren, je nachdem, welche Buttons der Programmierer der Transaktion aktiviert hat. Die am häufigsten genutzten Funktionen möchte ich im Folgenden herausgreifen:

- SORTIEREN: Markieren Sie die gewünschte Spalte durch Klick auf die Spaltenüberschrift (gesamte Spalte farbig hinterlegt) und klicken Sie auf den entsprechenden Button (aufsteigend bzw. absteigend sortieren).
- FILTERN: Hier filtern Sie, wenn Sie die angezeigten Daten einschränken möchten (und dies nicht bereits im Selektionsbildschirm geschehen ist). Zunächst markieren Sie die zu filternde(n) Spalte(n) durch Klick auf die Spaltenüberschrift und betätigen anschließend den Filterbutton. Sie können mehrere Spalten markieren, indem Sie die Taste `Strg` gedrückt halten und dann auf die Spaltenüberschriften gehen. Es erscheint ein Fenster, in dem Sie die Daten eingrenzen können (siehe Abbildung 11.13).

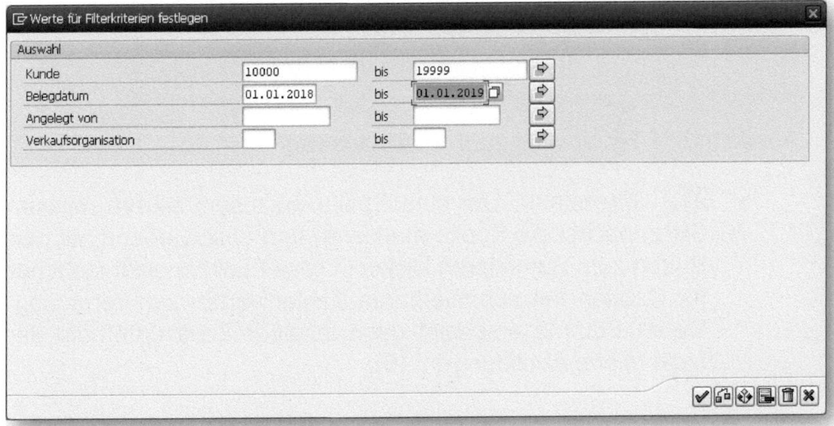

Abbildung 11.13: Eingabe von Filterkriterien

Mit dem Button ✔ bestätigen Sie Ihre Auswahl. Klickt man, ohne vorher Spalten zu markieren, auf den Button, erscheint ein Fenster, in dem man die Spalten auswählen kann. Wie in Abbildung 11.14 gezeigt, kann man hier im rechten Bildbereich die Spaltenüberschriften per Mausklick auswählen und anschließend durch Klick auf den Button ◀ den Filterkriterien im linken Bildbereich hinzufügen. Anschließend klickt man auf den Button, um die Filterkriterien festzulegen (wie in Abbildung 11.13).

Abbildung 11.14: Spalten zum Filtern auswählen

- SUMMIEREN: Um eine Spalte aufzusummieren, müssen Sie zunächst die Spalte markieren und anschließend auf den Button zum Summieren klicken. Diese Funktionalität steht nur für Spalten mit summierbaren Zahlenwerten zur Verfügung. Deren Summe erscheint dann in einer Zeile unterhalb der Liste (siehe Abbildung 11.15).

ItemOvervw	Verkaufsb.	Kund...	Belegdatum	Angelegt	VerkOrg.	VertrWeg	Sparte	Verkäuferg	Verk.Büro	Σ Nettow...	Währung
	12163	Sonj...	24.01.2019	CONSOLUT	1000	01	00			81,00	EUR
	12164	Sonj...	24.01.2019	CONSOLUT	1000	01	00			0,00	EUR
	12165	Sonj...	24.01.2019	CONSOLUT	1000	01	00			0,00	EUR
	12166	Sonj...	27.01.2019	CONSOLUT	1000	01	00			48,60	EUR
										▪ **129,60**	

Abbildung 11.15: Summe im ALV Grid

Die Summe kann man wieder entfernen, indem man erneut die Spalte markiert und auf den Button klickt.

ZWISCHENSUMME: Hat man eine Spalte mittels der vorherigen Funktion aufsummiert, kann man nach bestimmten Kriterien Zwischensummen bilden. Hierfür markieren Sie die Spalte, nach der die Zwischensummen gebildet werden sollen (z. B. für den Auftragswert je Kunde die Spalte mit der Kundennummer) und klicken anschließend auf den Button. Ohne zuvor aufsummierte Spalte steht diese Funktionalität nicht zur Verfügung (der Button ist ausgegraut).

LAYOUT BEARBEITEN: Das Layout der Liste kann verändert werden, indem Sie auf diesen Button klicken – es erscheinen die Optionen AUSWÄHLEN, ÄNDERN, SICHERN und VERWALTEN.

- LAYOUT ÄNDERN: Hier können Sie u. a. Spalten ein- und ausblenden (siehe Abbildung 11.16). Im linken Bildbereich sind die angezeigten und im rechten die ausgeblendeten Spalten. Häufig gibt es noch viele versteckte Informationen, die sich einblenden lassen – es lohnt sich, hier zu stöbern. Zum Einblenden einer Spalte markieren Sie sie im rechten Bereich und fügen sie über Klick auf den Button den angezeigten Spalten hinzu. Analog funktioniert das Ausblenden von Spalten – Spalte im linken Bildbereich markieren und dann auf den anderen Button klicken – die Spalte wandert in den rechten Bildbereich.

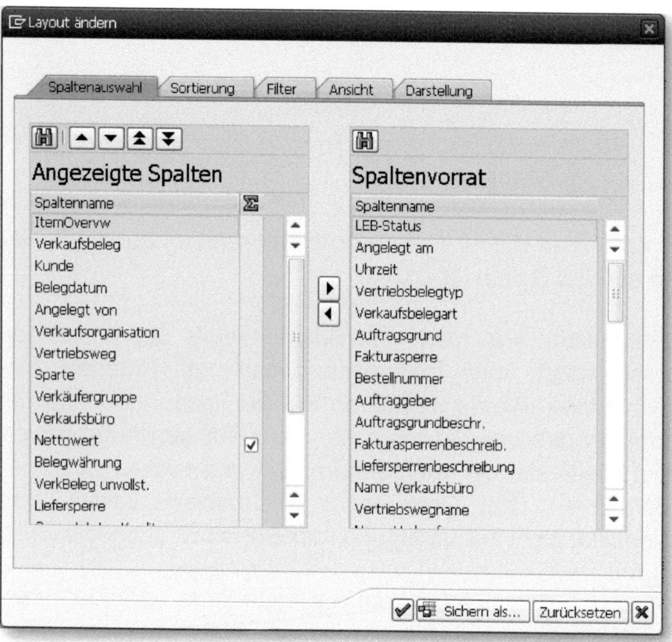

Abbildung 11.16: Spalten ein- und ausblenden

- LAYOUT SICHERN: Nachdem das Layout wie gewünscht angepasst ist (Spaltenbreiten, Reihenfolge der Spalten, Spalten ein- und ausblenden, Summen, Sortieren, Filtern etc.), sollte man es sichern, damit es bei jeder Ausführung der Auswertung wieder verwendet werden kann. Hierzu geben Sie dem LAYOUT einen Namen (ein Kürzel) und eine BEZEICHNUNG. Mit dem Häkchen ☑Benutzerspezifisch können Sie dieses Layout nur für sich selbst sichtbar und benutzbar machen (siehe Abbildung 11.17). Die Namenskonvention hierzu besagt: Bei benutzerspezifischen Layouts muss das Kürzel mit einem Buchstaben, bei nicht benutzerspezifischen (Standard-Layouts) mit »/« beginnen. Zusätzlich gibt es in anderen Auswertungen (bei *VA06* leider nicht) die Möglichkeit, das Layout als Voreinstellung auszuwählen (☑Voreinstellung). In diesem Fall wird das Layout für den jeweiligen Benutzer beim Ausführen der Auswertung automatisch angewandt.

Abbildung 11.17: Sichern des Layouts

- LAYOUT AUSWÄHLEN: Hier können Sie bei erneuter Ausführung der Auswertung die vorher gesicherten Layouts einsehen und das gewünschte auswählen.

DATEN EXPORTIEREN: Diese Funktion ist zwar in der Auswertungstransaktion *VA06* nicht verfügbar, kommt aber häufig bei ALV-Grids vor und ist sehr nützlich. Durch Klick auf diesen Button kann man die Daten als Datei abspeichern und dann dort weiterverarbeiten.

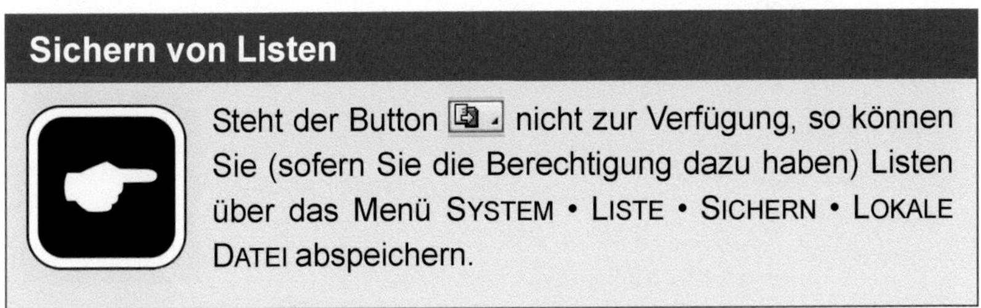

Sichern von Listen

Steht der Button nicht zur Verfügung, so können Sie (sofern Sie die Berechtigung dazu haben) Listen über das Menü SYSTEM • LISTE • SICHERN • LOKALE DATEI abspeichern.

11.1.4 Funktionalität der Transaktion »VA06«

Nun haben wir das nötigste Handwerkszeug, um mit Auswertungen in SAP vernünftig umgehen zu können. Ganz kurz möchte ich noch auf zwei Besonderheiten der Transaktion *VA06* eingehen.

1. Man kann mit dieser Transaktion insbesondere den Status (z. B. Unvollständigkeit, Lieferstatus, Warenausgangs-Status) der Aufträge überprüfen (siehe Abbildung 11.18) und auf Missstände schnell reagieren.

VerkBeleg unvollst.	Text Lieferstatus	Warenausgangsstatus
	Vollständig geliefer	nicht bearbeitet
	Vollständig geliefer	nicht bearbeitet

Abbildung 11.18: Anzeige Status der Aufträge

2. In dieser Transaktion sind Kopf- und Positionsdaten übersichtlich in nur einem Bild dargestellt.

11.2 Liste Aufträge – Transaktion »VA05«

Mit der Transaktion *VA05* (SAP-Menü: LOGISTIK • VERTRIEB • VERKAUF • INFOSYSTEM • AUFTRÄGE) kann man sich eine Liste von Aufträgen anzeigen lassen. Im Selektionsbildschirm hat man im Vergleich zur Transaktion *VA06* nur wenige Möglichkeiten zur Einschränkung der Daten (siehe Abbildung 11.19).

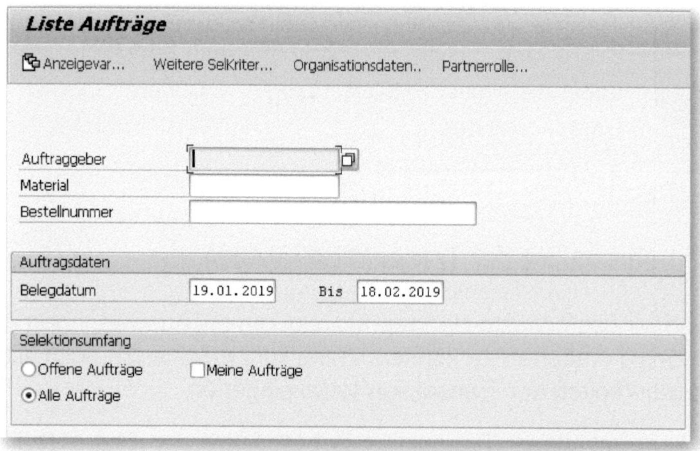

Abbildung 11.19: Transaktion VA05 – Selektionsbildschirm

Besonders zu erwähnen sei hier der Button Anzeigevar...: Hinter ihm verbergen sich im Standard bereits vordefinierte Layouts (siehe Abbildung 11.20) für die anschließend angezeigte Datenliste (siehe Abbildung 11.21):

- *0SAP*: Anzeige Kopfdaten
- *1SAP*: Anzeige Positionsdaten
- *3SAP*: Anzeige Einteilungen

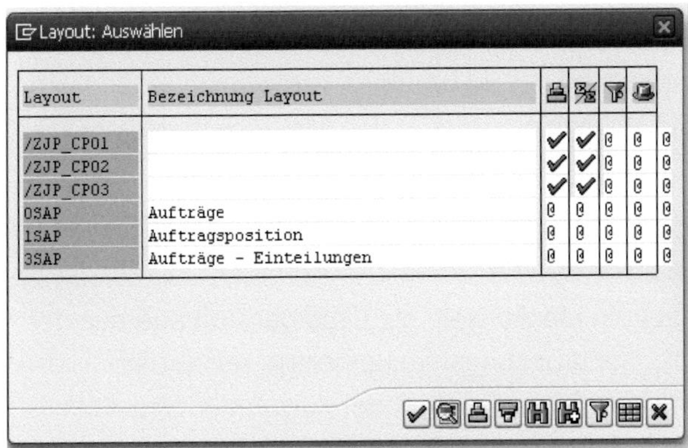

Layout: Auswählen

Layout	Bezeichnung Layout
/ZJP_CP01	
/ZJP_CP02	
/ZJP_CP03	
0SAP	Aufträge
1SAP	Auftragsposition
3SAP	Aufträge - Einteilungen

Abbildung 11.20: Transaktion VA05 – Layouts

Die Daten werden wieder als ALV-Grid dargestellt (siehe Abbildung 11.21).

Liste Aufträge

Liste Aufträge

Belegdatum 19.01.2019 bis 18.02.2019

Bestellung	Belegdatum	VArt	Vertr.Bel.	Pos	Auftr.geb.	Material	KumAuMenge	ME	Netto	Währg
	13.02.2019	RE	60000086	10	K8585	39330 A	3	ST	27,00	EUR
	13.02.2019	RE	60000086	20	K8585	39331 A	5	ST	54,00	EUR
	27.01.2019	TA	12166	10	K8585	39331 A	2	ST	21,60	EUR
	27.01.2019	TA	12166	20	K8585	39330 A	3	ST	27,00	EUR
	24.01.2019	TA	12165		K8585				0,00	EUR
	24.01.2019	TA	12164		K8585				0,00	EUR
	24.01.2019	TA	12163	10	K8585	39330 A	3	ST	27,00	EUR
	24.01.2019	TA	12163	20	K8585	39331 A	5	ST	54,00	EUR

Abbildung 11.21: Transaktion VA05 – Anzeige LISTE AUFTRÄGE

Hier haben Sie die Möglichkeit, Ihr eigenes Layout zu gestalten und zu sichern.

Doppelklick auf Werte in den Spalten

Beim ALV-Grid lohnt es sich, einmal auszuprobieren, ob man durch Doppelklick auf die Werte in den Spalten weiternavigieren kann. Beispielsweise kann man in der Transaktion *VA05* durch Doppelklick auf die Belegnummer in den Auftrag verzweigen oder durch Doppelklick auf die Materialnummer in den Materialstamm.

Aufruf aus dem Auftrag

Es gibt die Möglichkeit, die Liste der Aufträge aus der Auftragsbearbeitungsmaske heraus aufzurufen. Hierzu klicken Sie auf den in der Anwendungsfunktionsleiste in Abbildung 11.22 markierten Button.

Abbildung 11.22: Aufruf der Transaktion VA05 aus dem Auftrag heraus

Eine weitere Funktionalität, welche die Transaktion *VA05* bietet, ist die Änderung mehrerer Belege über BEARBEITEN • MASSENÄNDERUNG. Hier können Sie beispielsweise in den selektierten Belegen ein neues Werk eintragen lassen oder eine neue Preisfindung durchführen.

VA05N

Alternativ zur Transaktion *VA05* »Liste Aufträge« gibt es eine weitere Version dieser Liste mit dem Kürzel *VA05N*. Hier ist der Selektionsbildschirm etwas anders gestaltet und stellt mehr Eingrenzungsmöglichkeiten zur Verfügung.

VA05 vs. VA06

Führen Sie die Transaktionen *VA05* und *VA06* aus und vergleichen Sie die Ergebnisse beider. Finden Sie die von Ihnen bis dato angelegten Aufträge wieder?

11.3 Auslieferungsmonitor – Transaktion »VL06O«

Eine mächtige Auswertung zu Auslieferungen in SAP ist der *Auslieferungsmonitor* mit der Transaktion *VL06O* (SAP-Menü: LOGISTIK • VERTRIEB • VERSAND UND TRANSPORT • AUSLIEFERUNG • LISTEN UND PROTOKOLLE). Hier wählen Sie zunächst den gewünschten Status der zu selektierenden Lieferungen aus – z. B. alle Auslieferungen, für die die Buchung des Warenausgangs ansteht (siehe Abbildung 11.23). In der anschließend angezeigten Liste können Sie die jeweiligen Folgefunktionen (z. B. die Buchung des Warenausgangs) anstoßen.

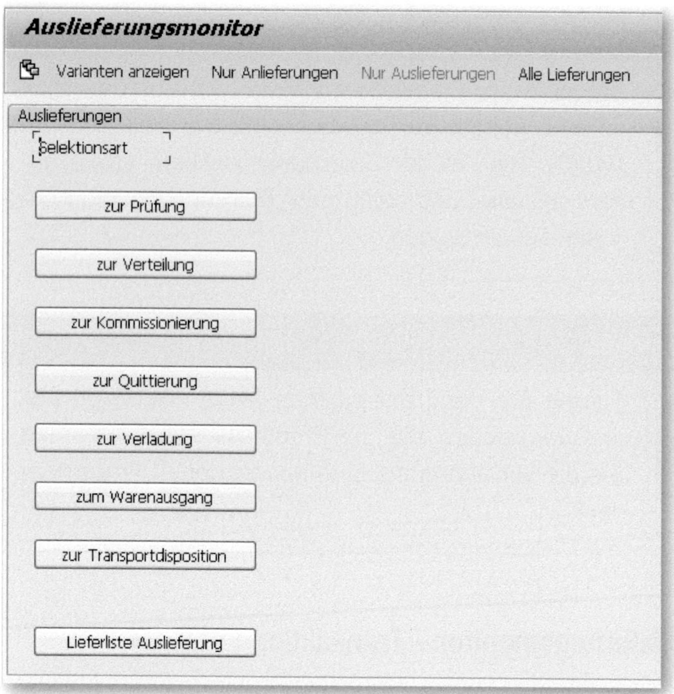

Abbildung 11.23: Transaktion VL06O – Vorabauswahl

Nach Klick auf einen der Buttons erscheint jeweils zunächst ein umfangreicher Selektionsbildschirm.

Wenn nur eine allgemeine Auswertung gewünscht ist und keine Folgefunktionen durchgeführt werden sollen, klickt man auf den Button [Lieferliste Auslieferung].

Daten für Auslieferung prüfen

Prüfen Sie, welche Daten für Ihre Auslieferung aus Abschnitt 3.3.1 hier angezeigt werden.

11.4 Liste Fakturen – Transaktion »VF05N«

Zur Auswertung von Fakturen bietet sich die Transaktion *VF05N* an (diese war zum Zeitpunkt des Verfassens dieses Buches noch nicht im SAP-Menü enthalten, sondern nur deren Vorgänger *VF05* unter LOGISTIK • VERTRIEB • FAKTURIERUNG • INFOSYSTEM • FAKTUREN). Gibt man den Transaktionscode VF05N direkt ein, so kann man im Selektionsbildschirm auf vielfältige Weise eingrenzen (siehe Abbildung 11.24). In der etwas älteren Transaktion *VF05* **muss** man an dieser Stelle einen Regulierer oder ein Material eingeben, d. h., dass man hier keine allgemeine Auswertung über mehrere Regulierer bzw. Materialien durchführen kann.

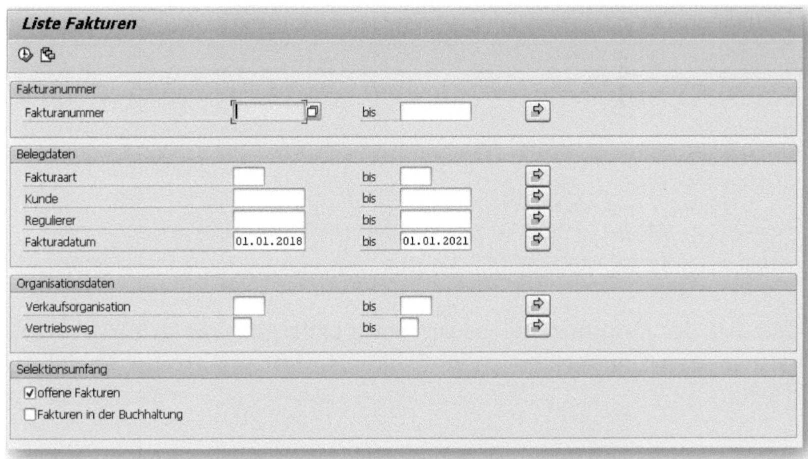

Abbildung 11.24: Transaktion VF05N – Selektionsbildschirm

11.5 Bestandsübersicht – Transaktion »MMBE«

Um sich die aktuelle Bestandssituation zu **einem** Material anzeigen zu lassen, nutzen Sie die Transaktion *MMBE* (Bestandsübersicht, SAP-Menü: LOGISTIK • MATERIALWIRTSCHAFT • BESTANDSFÜHRUNG • UMFELD • BESTAND). Ein entscheidender Nachteil dieser Transaktion ist die Tatsache, dass man bei der Eingrenzung der Daten im Selektionsbildschirm (siehe Abbildung 11.25) ein Material eingeben **muss** und dass die Transaktion nicht für mehrere Materialien auf einmal anwendbar ist. Will man den Bestand **mehrerer** Materialien auswerten, so verwendet man die in Abschnitt 11.6 vorgestellte Transaktion *MB52*.

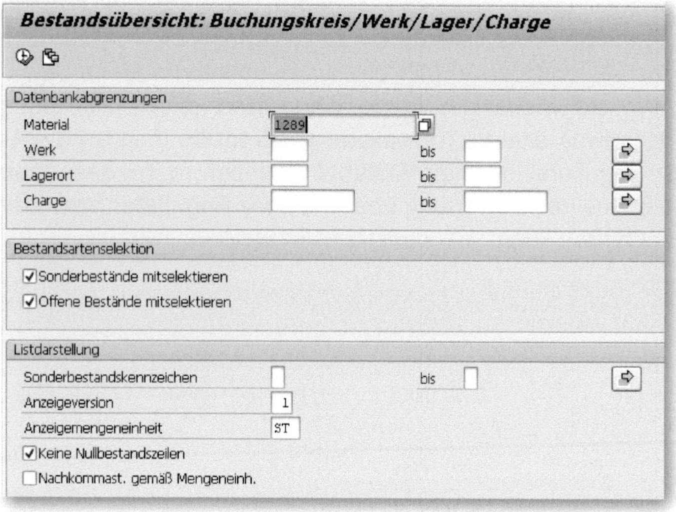

Abbildung 11.25: Transaktion MMBE – Selektionsbildschirm

Die aus der Eingrenzung resultierende Liste führt die aktuellen Mengen in den unterschiedlichen Bestandsarten auf (siehe Abbildung 11.26).

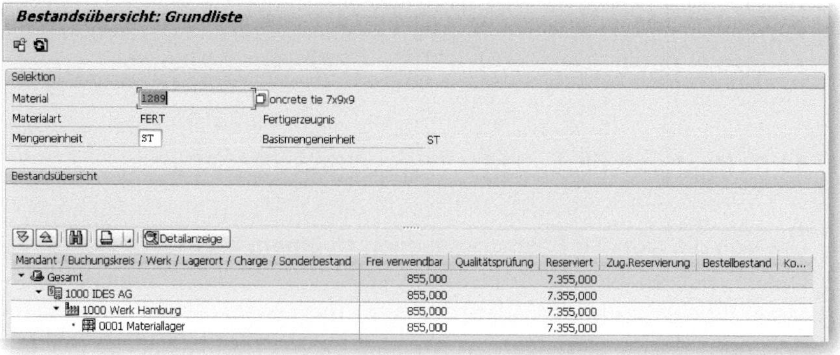

Abbildung 11.26: Transaktion MMBE – Anzeige Bestandssituation

Bestand überprüfen

Führen Sie die Transaktionen *MMBE* für Ihr Material aus Abschnitt 3.1.2 aus. Wie sieht die Bestandssituation derzeit aus?

11.6 Lagerbestände zum Material – Transaktion »MB52«

Die Transaktion *MB52* (Lagerbestände zum Material, SAP-Menü: LOGISTIK • MATERIALWIRTSCHAFT • BESTANDSFÜHRUNG • UMFELD • BESTAND) bietet gegenüber der Transaktion *MMBE* den Vorteil, dass das Feld MATERIAL im Selektionsbildschirm kein Pflichtfeld ist (siehe Abbildung 11.27).

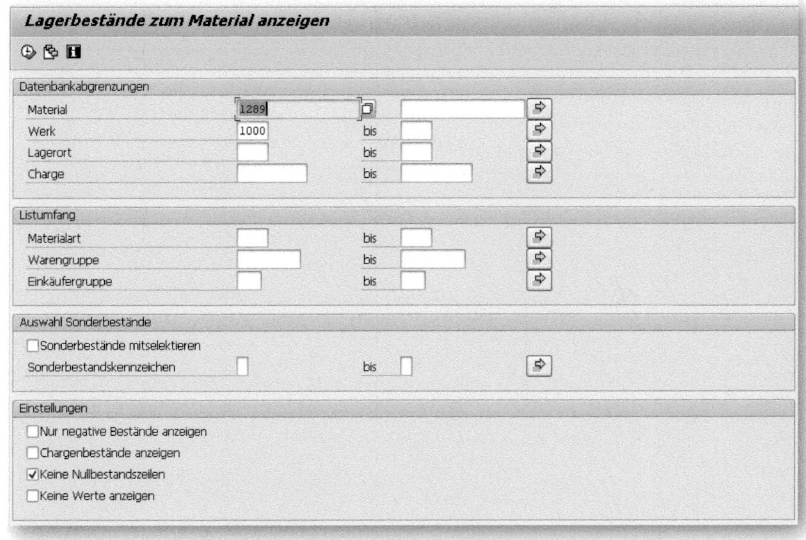

Abbildung 11.27: Transaktion MB52 – Selektionsbildschirm

Die Darstellung der Informationen ist etwas anders als bei Transaktion *MMBE* (siehe Abbildung 11.28).

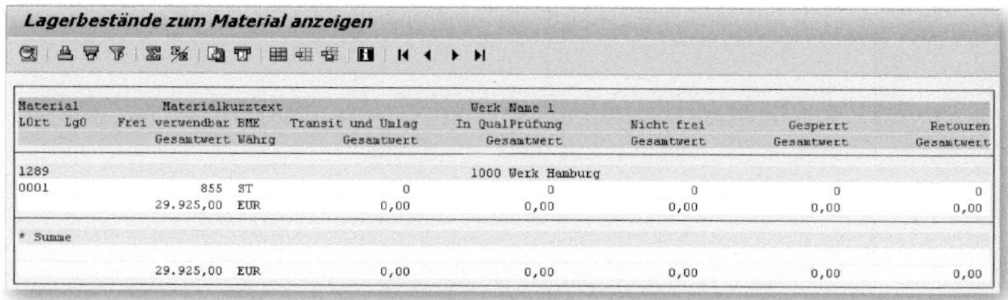
Lagerbestände zum Material anzeigen

Material		Materialkurztext			Werk Name 1			
LOrt	LgO	Frei verwendbar	BME	Transit und Umlag	In QualPrüfung	Nicht frei	Gesperrt	Retouren
		Gesamtwert	Währg	Gesamtwert	Gesamtwert	Gesamtwert	Gesamtwert	Gesamtwert
1289					1000 Werk Hamburg			
0001		855	ST	0	0	0	0	0
		29.925,00	EUR	0,00	0,00	0,00	0,00	0,00
* Summe								
		29.925,00	EUR	0,00	0,00	0,00	0,00	0,00

Abbildung 11.28: Transaktion MB52 – Liste

Lagerbestand prüfen

Führen Sie die Transaktionen *MB52* aus. Falls Sie im Laufe dieses Buches mehrere Materialien angelegt haben, lassen Sie sich gleichzeitig die Lagerbestände zu allen Materialien anzeigen.

12 Troubleshooting

Beim Arbeiten mit SAP gibt das System unzählige Meldungen aus, die für den Anwender wertvolle Informationen enthalten. Dieses Kapitel behandelt ausgewählte häufige Meldungen und gibt Ihnen Hilfestellung, wie Sie mit den jeweiligen Hinweisen umgehen.

In Abschnitt 1.2 hatte ich bereits Allgemeines zum Umgang mit SAP-Meldungen erläutert und beschrieben, wo die Meldungsnummern zu finden sind. Nachfolgend ist für jeden Arbeitsschritt innerhalb des Vertriebsprozesses ein Unterkapitel mit ausgewählten Meldungen – alphabetisch nach Meldungsnummer sortiert – angelegt. Dieses Kapitel erhebt natürlich in keiner Weise Anspruch auf Vollständigkeit. In SAP gibt es Millionen von Meldungen – ich habe hier eine kleine Auswahl wahrscheinlicher Meldungen für Sie getroffen.

Zunächst aber eine allgemeine Meldung, die in allen Arbeitsschritten vorkommen kann:

Meldung 00055: Füllen Sie alle Mußfelder aus.

In manchen Feldern, die obligatorisch auszufüllen sind, wurden keine Werte eingetragen. Bitte füllen Sie alle Pflichtfelder (gekennzeichnet durch ein Häkchen: ☑) aus.

12.1 Troubleshooting Vorbereitung Vertriebsprozess

12.1.1 Kundenstamm

Die in diesem Abschnitt beschriebenen Fehlermeldungen treten beim Anlegen von Kundenstämmen (Transaktion *XD01* bzw. *VD01*) auf.

Meldung F2036: Es existieren bereits allgemeine Daten. Das Konto hat die Kontengruppe »Auftraggeber«.

Bei dieser Meldung handelt es sich um eine Warnung. In diesem Fall wurde im Feld DEBITOR eine bereits existierende Kundennummer eingegeben. Sie würden, wenn Sie weitermachten, den existierenden Kunden erweitern. Wenn Sie eigentlich gerade einen neuen Kunden anlegen wollten, wählen Sie bitte eine andere Kundennummer.

Meldung F2037: Kontengruppe »xy (Bezeichnung der Kontengruppe)« hat externe Nr-Vergabe. Bitte eine Kontonummer angeben.

Sie haben im Feld DEBITOR dem System keine Kundennummer vorgegeben. Sie haben jedoch eine Kontengruppe (für Details hierzu vgl. Abschnitt 10.1.3) gewählt, für die der Anwender die Kundennummer vergeben muss. Für Details zur externen Nummernvergabe siehe Abschnitt 4.1.

Meldung F2042: Das Konto 89547 wird zurzeit vom Benutzer KUEHBERGER bearbeitet.

Sie selbst oder ein anderer Benutzer bearbeiten gerade denselben Kunden. Bitte warten Sie, bis der andere User mit der Bearbeitung fertig ist, bzw. beenden Sie selbst die Materialbearbeitung.

Meldung F2043: Bitte Nummer zwischen 0000000001 und 0000099999 eingeben.

Sie wählen im Einstiegsbild eine Kontengruppe (für Details hierzu vgl. Abschnitt 10.1.3), und dieser ist jeweils ein Nummernkreis (vgl. Abschnitt 4.1) zugeordnet. Wählen Sie im Einstiegsbild der Transaktion im Feld DEBITOR eine der Fehlermeldung entsprechende Nummer.

Meldung F2047: Kontengruppe »xy (Bezeichnung der Kontengruppe)« hat int. Nr-Vergabe. Bitte keine Nummer eingeben.

Sie haben im Feld DEBITOR dem System eine Kundennummer vorgegeben, gleichzeitig jedoch eine Kontengruppe (für Details hierzu siehe Abschnitt 10.1.3) gewählt, für die das System die Kundennummer automatisch vergibt (interne Nummernvergabe). Für Details zur internen Nummernvergabe siehe Abschnitt 4.1.

Meldung F2111: Die Kontonummer ist fehlerhaft. Bitte prüfen Sie Ihre Eingabe.

Es wurde in diesem Fall eine Kundennummer im Feld DEBITOR gewählt, die nicht den Regeln entspricht – sie enthält entweder unzulässige Leerzeichen oder ist länger als zehn Zeichen. Bitte wählen Sie entsprechend eine andere Kundennummer.

Meldung F2151: Debitor »xy (Kundennummer des Debitors)« existiert bereits.

In diesem Fall haben Sie im Feld DEBITOR eine Kundennummer eines bereits existierenden Kunden gewählt – wählen Sie eine andere Kundennummer.

Meldung F2152: Der Debitor »xy (Kundennummer des Debitors)« existiert bereits im Buchungskreis »xy (von Ihnen eingegebener Buchungskreis)«.

Sie haben im Feld DEBITOR eine Kundennummer eines bereits existierenden Kunden gewählt, und dieser ist schon für den von Ihnen eingegebenen Buchungskreis angelegt – wählen Sie eine andere Kundennummer bzw. einen anderen Buchungskreis, sofern Sie den existierenden Kunden um eine Buchhaltungssicht erweitern wollen (für Details hierzu vgl. Abschnitt 10.1.1).

Meldung F2157: Der Debitor »xy (Kundennummer der Debitors)« existiert bereits im Vertriebsbereich »1000 10 00 (von Ihnen eingegebener Vertriebsbereich)«.

Hier wurde im Feld DEBITOR eine Kundennummer eines bereits existierenden Kunden gewählt, und dieser ist schon für den von Ihnen eingegebenen Vertriebsbereich (Kombination Verkaufsorganisation/Vertriebsweg/Sparte) angelegt – wählen Sie eine andere Kundennummer bzw. einen anderen Vertriebsbereich, sofern Sie den existierenden Kunden um eine Vertriebssicht erweitern wollen (für Details hierzu vgl. Abschnitt 10.1.1).

Meldung F2644: Der Vertriebsbereich »1000 01 (der von Ihnen eingegebene Vertriebsbereich)« ist für Debitoren nicht vorgesehen.

Sie haben entweder den Vertriebsbereich nicht vollständig eingegeben oder eine ungültige Kombination aus Verkaufsorganisation, Vertriebsweg und Sparte gewählt. Durch Klick auf den Button [Alle Vertriebsbereiche...] bekommen Sie die gültigen Kombinationen angezeigt und können eine davon bequem per Mausklick auswählen.

12.1.2 Materialstamm

Die in diesem Abschnitt beschriebenen Fehlermeldungen treten bei der Materialstammpflege auf (Transaktionen *MM01* und *MM02*).

Meldungen M3020, M3022, M3023, M3024, M3026, M3029:

Sie selbst oder ein anderer Benutzer bearbeiten gerade dasselbe Material. Bitte warten Sie, bis der andere User fertig mit der Bearbeitung ist, bzw. beenden Sie selbst die Materialbearbeitung.

Meldungen M3055-M3058: Gewünschte Daten für Mat. ... nicht vorhanden.

Sie haben Organisationseinheiten (Werk, Verkaufsorganisation, Vertriebsweg, ...) gewählt, für die das Material nicht angelegt ist. Wenn Sie die [F4]-Hilfe für das jeweilige Feld benutzen, sehen Sie, für welche Werte das Material gepflegt ist – wählen Sie eine dieser Alternativen.

Meldung M3317: Für Materialart »xy (von Ihnen gewählte Materialart)« keine externe Nummernvergabe möglich.

Für die gewählte Materialart vergibt das System automatisch die Materialnummer beim Sichern des Materials. Machen Sie in diesem Fall keine Eingabe im Feld MATERIAL.

Meldung M3318: Die Nummer »12345 (die von Ihnen eingegebene Materialnummer)« ist zur Materialart »Dienstleistung (von Ihnen gewählte Materialart)« nicht vorgesehen.

Der Materialart kann ein interner Nummernkreis zugeordnet sein, der die erlaubten Nummernintervalle für die manuelle Eingabe einer Materialnummer festlegt (für Details siehe Abschnitt 4.1). Leider gibt das System keine Information dazu aus, wie die Nummer aussehen soll. Die Überprüfung des Customizings ist hier relativ komplex (Pfad in der Transaktion *SPRO*: LOGISTIK ALLGEMEIN • PRODUCT LIFECYCLE MANAGEMENT (PLM) • MATERIALSTAMM • GRUNDEINSTELLUNGEN • MATERIALARTEN • NUMMERNKREISE PRO MATERIALART FESTLEGEN, klicken Sie im nächsten Bild auf den Button und suchen Sie die von Ihnen gewählte Materialart und den Nummernkreis dazu). Wenn Ihnen die Prüfung der Customizingeinstellungen zu kompliziert ist, experimentieren Sie und wählen eine andersartige Materialnummer (z. B. beginnend mit einem Buchstaben) oder probieren Sie, das Feld MATERIALNUMMER leer zu lassen – ggf. macht das System weiter (bei externer Nummernvergabe) und vergibt beim Sichern des Materials selbst eine Nummer.

Meldung M3319: Für Materialart »xy (die von Ihnen eingegebene Materialart)« keine interne Nummernvergabe möglich.

Geben Sie im Feld MATERIAL eine Nummer ein (für Details zur Nummernvergabe siehe Abschnitt 4.1)

Meldungen M3309-3311: Materialart bzw./und Branche aus Stammsatz übernommen.

Bei dieser Meldung handelt es sich wieder um eine Warnung. Sie führen gerade die Transaktion *MM01* für eine bereits existierende Materialnummer aus. Die von Ihnen eingegebenen Werte für Branche und/oder Materialart wurden aus dem existierenden Material übernommen und haben Ihre soeben getätigte Eingabe überschrieben. Wenn Sie eigentlich ein komplett neues Material anlegen wollten, so wählen Sie eine andere Materialnummer.

Meldung M3565: Die ext. Materialnr darf bei dieser Materialart nicht nur Zahlen enthalten.

Die gewählte Materialnummer muss Buchstaben enthalten – wählen Sie dementsprechend im Feld MATERIAL eine andere Nummer.

12.1.3 Lagerbestand aufstocken

Diese Meldungen können beim Einbuchen von Lagerbestand mit der Transaktion *MIGO* auftreten:

Meldung M7006: Material 39330 A 1000 0006 ist nicht vorhanden.

In diesem Beispiel für die Meldung M7006 stellt *39330 A* die Materialnummer dar, *1000* ist die Werks- und *0006* die Lagerortnummer. Beim Buchen des Wareneingangs ins Lager muss bei diesem Material im Materialstamm die Sicht ALLGEMEINE WERKSDATEN/LAGERUNG 1 für das Werk und den Lagerort gepflegt sein. Legen Sie diese Sicht mit der Transaktion *MM01* für Ihre Materialnummer an.

Meldung M7053: Buchen nur in Perioden 2019/03 und 2019/02 möglich im Buchungskreis 1000.

Sie haben ein Buchungsdatum eingegeben (bzw. dieses wurde vom System automatisch vorgegeben), das nicht innerhalb der geöffneten Perioden liegt. Einige Daten im Zusammenhang mit dem Materialstamm (Bestände und bestimmte Bewertungsdaten) werden im SAP-System pro Periode (meist Monate) geführt. Logistische Buchungen sind im SAP-System nur in der laufenden und nächsten Periode möglich. In unserem Beispiel müsste das Buchungsdatum im März oder Februar 2015 liegen. Damit Werte und Warenbewegungen auf die richtige Periode gebucht werden, wird diese zu Beginn jeder neuen Periode gesetzt bzw. geöffnet. Hierfür gibt es ein spezielles Programm, den sogenannten *Periodenverschieber*. Im laufenden Betrieb wird dieser in der Regel einmal monatlich am Anfang einer neuen Periode ausgeführt, meist als fest eingeplanter Hintergrundjob (zur Hintergrundverarbeitung siehe Abschnitt 5.1.2). In Testsystemen ist relativ häufig nicht die aktuelle Periode eingestellt. Die schnelle Lösung: Ändern Sie den Wert im Feld BUCHUNGSDATUM in der Transaktion *MIGO* auf ein Datum, das innerhalb der beiden in der Meldung angegebenen Monate liegt. Besser ist es allerdings, wenn Sie eine Periodenverschiebung vom Systemverantwortlichen durchführen lassen bzw. (wenn erlaubt und abgesprochen) selbst ausführen. Dies geht mit der Transaktion *MMPV* (SAP-Menü LOGISTIK • MATERIALWIRTSCHAFT • MATERIALSTAMM • SONSTIGE). Im Einstiegsbild geben Sie den Buchungskreis und die nächste Periode ein (siehe Abbildung 12.1). Führen Sie die Transaktion durch Klick auf den Button aus.

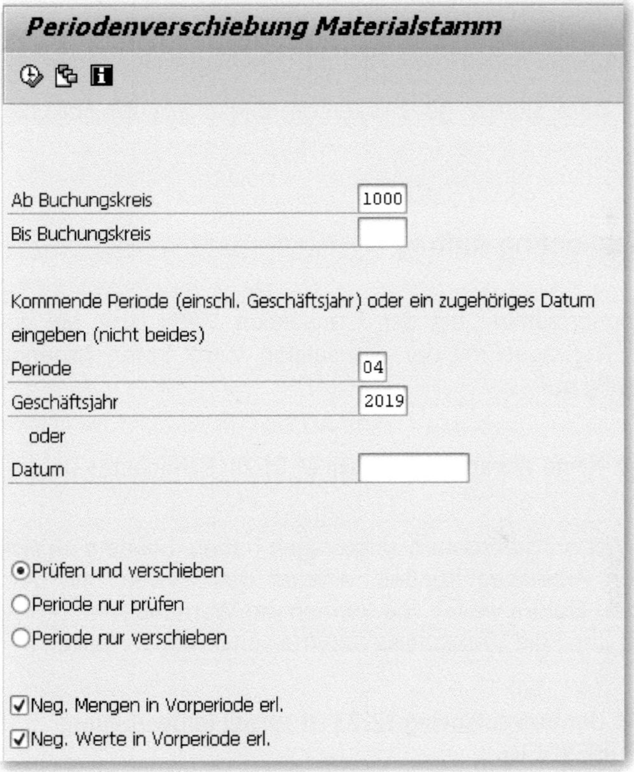

Periodenverschiebung Materialstamm

Ab Buchungskreis 1000
Bis Buchungskreis

Kommende Periode (einschl. Geschäftsjahr) oder ein zugehöriges Datum eingeben (nicht beides)
Periode 04
Geschäftsjahr 2019
oder
Datum

(•) Prüfen und verschieben
( ) Periode nur prüfen
( ) Periode nur verschieben

[x] Neg. Mengen in Vorperiode erl.
[x] Neg. Werte in Vorperiode erl.

Abbildung 12.1: Transaktion MMPV – Periodenverschieber

Es erscheint ein Protokoll – nun können Sie die Transaktion durch zweimaliges Klicken des Buttons in der Systemfunktionsleiste verlassen.

Periodenverschiebung absprechen

Halten Sie vor dem Ausführen des Periodenverschiebers Rücksprache mit einem Systemverantwortlichen, ob Sie dies auch tun dürfen. Die Ausführung des Programms hat Auswirkungen auf alle anderen Benutzer.

Meldung MIGO007: Sie haben keine Position mit OK gekennzeichnet.

Setzen Sie vor dem Sichern ganz unten am Bildschirm das Häkchen bei ☑Position OK .

12.2 Troubleshooting Auftrag

Bei der Auftragserfassung mit der Transaktion *VA01* bzw. bei der Änderung von Aufträgen mit der Transaktion *VA02* treten folgende Meldungen häufig auf:

Meldung V1019: Keine Warenannahme am 01.01.2019 (Nächstes Datum: 02.01.2019).

Wenn Sie ein Wunschlieferdatum eingetragen haben, bei dem es sich nicht um einen Arbeitstag handelt, arbeitet das System mit dem nächstmöglichen Datum weiter. Sie können die Warnung mit `Enter` bestätigen und das Feld WUNSCHLIEFERDATUM unverändert lassen.

Meldung V1042: Der Verkaufsbeleg 12233 ist zurzeit in Bearbeitung (Benutzer KUEHBERGER).

Sie haben in der Transaktion *VA02* einen Auftrag eingegeben, den gerade ein anderer Benutzer (bzw. Sie selbst) bearbeiten. Diese Meldung kann auch auftreten, wenn Sie gerade erst den betroffenen Auftrag gesichert haben. Es dauert manchmal etwas, bis das System im Hintergrund alles entsprechend eingebucht hat. In diesem Fall versuchen Sie es einfach nach einer kurzen Weile noch einmal.

Meldung V1081: Bitte Folgebelege beachten

Zu diesem Auftrag liegen bereits Folgebelege (z. B. eine Auslieferung oder eine Faktura) vor. Das System informiert Sie über diese Tatsache – die Folgebelege können Sie über den Belegfluss einsehen (vgl. Abschnitt 4.6).

Meldung V1323: Bitte eine oder mehrere Positionen markieren

In diesem Fall wollten Sie eine Funktion ausführen, die jeweils für eine Position gedacht ist. Hierfür müssen Sie zuerst den Cursor in der gewünschten Position platzieren und danach erneut versuchen, die Funktion auszuführen.

Meldung V1382: Material 39330 A in VkOrg 0005, VtWeg 10, Sprache DE ist nicht vorgesehen.

Sie haben ein Material eingegeben, für das die Vertriebssichten für den im Auftrag verwendeten Vertriebsbereich nicht angelegt sind. Um vorerst weiterarbeiten zu können, ändern Sie entweder die Materialnummer auf ein funktionierendes Material oder klicken unten auf den Button, um die Zeile zu löschen. Legen Sie dann das Material für den passenden Vertriebsbereich an (für Details hierzu vgl. Abschnitt 10.2.3).

MeldungV1801: Preisfindungsfehler (Obligatorische Kondition »xy (Konditionsart)« fehlt).

In diesem Fall wurde ein Preiselement (Konditionsart) nicht gefunden, welches aber in dem Auftrag verpflichtend benötigt wird (für Details zur Preisfindung und manuellen Eingabe von Konditionen vgl. Abschnitt 4.7.3).

Meldung VD399: Das Datum liegt in der Vergangenheit (Bitte Datum prüfen).

Bitte prüfen Sie das Datum, welches Sie im Feld WUNSCHLIEFERDATUM eingegeben haben. Da es sich hier nur um eine Warnung handelt, können Sie Ihre Eingabe bei Bedarf auch unverändert lassen.

Meldung VP101: Der Vertriebsbereich 1000 10 00 wurde neu ermittelt.

Sie haben beim Einstieg in die Transaktion *VA01* Organisationsdaten vorgegeben (Verkaufsorganisation, Vertriebsweg, Sparte). Der Debitor, dessen Kundennummer Sie im Feld AUFTRAGGEBER eingetragen haben, ist für genau einen anderen Vertriebsbereich (in unserem Beispiel 1000/10/00) angelegt – d. h., Ihre Eingabe vom Einstiegsbild wird überschrieben.

Meldung VP199: Für Auftraggeber »xy (die von Ihnen eingegebene Kundennummer)« ist kein Kundenstamm vorhanden.

In diesem Fall haben Sie im Feld AUFTRAGGEBER eine Kundennummer eingegeben, welche nicht im System existiert. Vielleicht haben Sie sich vertippt? Wenn der Kundenstamm des Auftraggebers zwar existiert, aber bisher keine Vertriebsbereichsdaten angelegt wurden, so erscheint auch diese Meldung – pflegen Sie in diesem Fall die Vertriebsbereichsdaten. Für Details hierzu vgl. Abschnitt 10.1.1.

12.3 Troubleshooting Versand

12.3.1 Auslieferung

Wenn Sie Auslieferungen bearbeiten (Transaktionen *VL01N* und *VL02N*), sind u. a. folgende Meldungen wahrscheinlich:

Meldung VL016: Beachten Sie die Hinweise im Protokoll.

Klicken Sie in der Anwendungsfunktionsleiste auf den Button , um weitere Details zu erfahren. Im Protokoll können diverse Meldungen hinterlegt sein. Doppelklicken Sie auf die jeweilige Meldung, um Details und die Meldungsnummer zu erfahren.

Meldung VL037: Position 000030: Liefersplit wegen abweichender Versandstelle.

Sie haben beim Einstieg in Transaktion *VL01N* im Feld VERSANDSTELLE eine Versandstelle eingegeben, die von derjenigen im Auftrag abweicht – geben Sie dieselbe Versandstelle wie im Auftrag gefunden ein (Positionsdaten, Reiter VERSAND – vgl. Abschnitt 4.4.2).

Meldung VL046: Die Lieferung 80015255 wird zurzeit von Benutzer KUEHBERGER bearbeitet.

Sie selbst oder ein anderer Benutzer bearbeiten gerade die Lieferung (z. B. mit der Transaktion *VL02N*). Bitte beenden Sie selbst die Bearbeitung der Lieferung oder warten Sie, bis der andere Benutzer fertig ist. Ggf. haben Sie auch zuvor dieselbe Lieferung gerade erst gesichert und die Verbuchung im Hintergrund dauert eine Weile – in diesem Fall probieren Sie es einfach nach einer kurzen Zeit noch einmal. Diese Meldung erscheint auch, wenn Sie die Lieferung zugleich mit einer anderen Transaktion bearbeiten, z. B. wenn Sie gerade einen Transportauftrag für die Lieferung mit der Transaktion *LT03* anlegen.

Meldung VL096: Der Auftrag ist unvollständig (Pflegen Sie den Auftrag).

Der Auftrag, für den Sie eine Auslieferung anlegen wollen, ist noch unvollständig. Ändern Sie also zuerst den Auftrag (Transaktion *VA02*) und bearbeiten Sie dort das Unvollständigkeitsprotokoll (Menü im Auftrag: BEARBEITEN • UNVOLLSTÄNDIGKEITSPROTOKOLL).

Meldung VL248: Bis zum ausgewählten Datum sind keine Einteilungen zur Lieferung fällig.

Das von Ihnen eingegebene Datum im Feld SELEKTIONSDATUM im Einstiegsbildschirm der Transaktion *VL01N* liegt zu früh. Wählen Sie ein hinreichend spätes Datum (für Hintergrundinformationen hierzu vgl. Kapitel 5).

Meldung VL412: Material xy ist im Lagerort »1000 (Werk) 0001 (Lagerort)« nicht vorhanden.

Im Materialstamm fehlt die Sicht ALLGEMEINE WERKSDATEN/LAGERUNG 1 für das Werk und den Lagerort. Legen Sie diese Sicht mit der Transaktion *MM01* für Ihre Materialnummer an (für Details hierzu vgl. Abschnitt 10.2).

Meldung VL461: Der Auftrag kann nicht beliefert werden

Diese Meldung kann verschiedene Gründe haben. Häufig ist eine Liefersperre im Auftrag dafür verantwortlich (vgl. Abschnitt 4.3, Felder für den Versand), oder der Auftrag ist unvollständig (Menü im Auftrag: BEARBEITEN • UNVOLLSTÄNDIGKEITSPROTOKOLL).

12.3.2 Troubleshooting Kommissionierung

Meldung L3124: Es wurden keine zu kommissionierenden Positionen gefunden.

In diesem Fall ist die Lieferung entweder bereits voll kommissioniert, oder es ist kein Transportauftrag erforderlich (für Details hierzu vgl. Abschnitt 5.4.1). Diese Meldung erscheint auch, wenn man beim Einstieg in der Transaktion *LT03* eine Lagernummer oder ein Werk eingibt, welche(s) nicht mit dem Werk bzw. der Lagernummer in der Auslieferung übereinstimmt. Die Lagernummer und das Werk findet man in den Positionsdaten in der Lieferung, Reiter KOMMISSIONIERUNG.

12.3.3 Troubleshooting Warenausgang

Meldung M7021: LG frei verwendbar um 10 ST unterschritten: »39330 G (Material) 1000 (Werk) 0001 (Lagerort)«.

Diese Meldung wird ausgegeben, wenn beim Warenausgang nicht genügend Bestand im Lager vorhanden ist. Buchen Sie erst Bestand zu. Im Testsystem können Sie hierzu wie in Abschnitt 3.1.3 beschrieben vorgehen.

Meldung M7053: Buchen nur in Perioden 2019/03 und 2019/02 möglich im Buchungskreis 1000.

Das IST-WARENAUSGANGSDATUM liegt nicht innerhalb der geöffneten Perioden. Entweder lassen Sie eine Periodenverschiebung durchführen (vgl. Abschnitt 12.1.3), oder Sie ändern das Warenausgangsdatum, sodass es in die aktuell geöffneten Perioden fällt (in unserem

Beispiel also ein beliebiges Datum im Februar oder März 2019). Als Buchungsdatum für den Warenausgang nimmt das System automatisch das Tagesdatum. Dies kann man ändern, indem man in der Lieferung das Feld IST-WARENAUSG. mit einem anderen Datum füllt (siehe Abbildung 12.2).

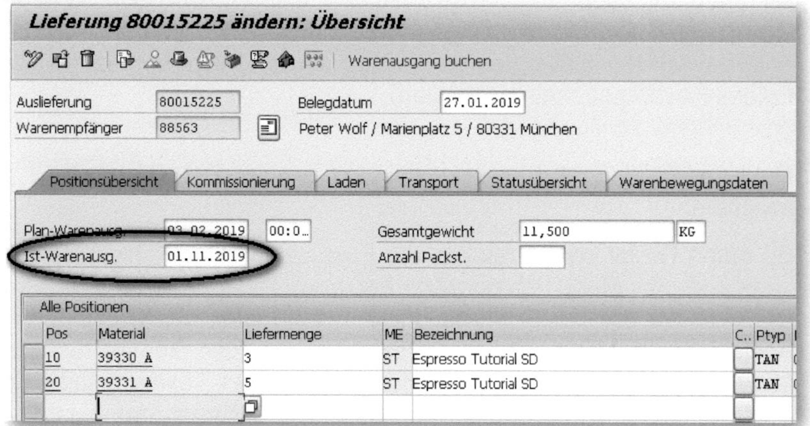

Abbildung 12.2: Änderung des Warenausgangsdatums

Meldung VL604: In Lieferposition 000010 ist der Lagerort nicht bekannt.

In diesem Beispiel fehlt der Lagerort in POSITION *10*. Tragen Sie ihn in der betreffenden Position ein (Positionsdaten, Reiter KOMMISSIONIERUNG).

Meldung VL608: Lieferung ist nicht oder nicht vollständig. Lieferung ist noch nicht oder nicht vollständig vom WM bearbeitet.

Sie müssen die Kommissionierung noch durchführen und einen Transportauftrag mit der Transaktion *LT03* für die Auslieferung anlegen (vgl. Abschnitt 5.4.1).

Meldung VL609: Lieferung ist nicht oder nicht vollständig eingelagert/kommissioniert.

Sie müssen die Kommissionierung vor der Buchung des Warenausgangs noch durchführen (vgl. Abschnitt 5.4.1).

12.4 Troubleshooting Faktura

Meldung VF014: Der Vertriebsbeleg ist für die Fakturierung gesperrt.

Es ist im Auftrag (Kopf- bzw. Positionsdaten, Reiter FAKTURA) oder in der Lieferung (Kopf- bzw. Positionsdaten, Reiter FINANZIELLE ABWICKLUNG) eine Fakturasperre eingetragen, die vor Erstellung der Faktura entfernt werden muss (leeren Eintrag in der Drop-down-Liste des Feldes FAKTURASPERRE auswählen).

Meldung VF032: Es wurden keine Fakturen erzeugt. Bitte Protokoll beachten.

Es traten Fehler beim Erstellen der Faktura auf. Das Fehlerprotokoll kann über das Menü BEARBEITEN • PROTOKOLL aufgerufen werden. Im Protokoll werden die Fehlermeldungen aufgelistet. Wenn Sie in der Ansicht den Ordner TECHNISCHE DATEN aufklappen, können Sie die Meldungsnummer der Fehlermeldungen ermitteln – diese setzt sich aus der Nachrichtenidentifikation und der Nummer der System-Nachricht zusammen. In dem Beispiel aus Abbildung 12.3 wäre es also die Meldung »VF0003«.

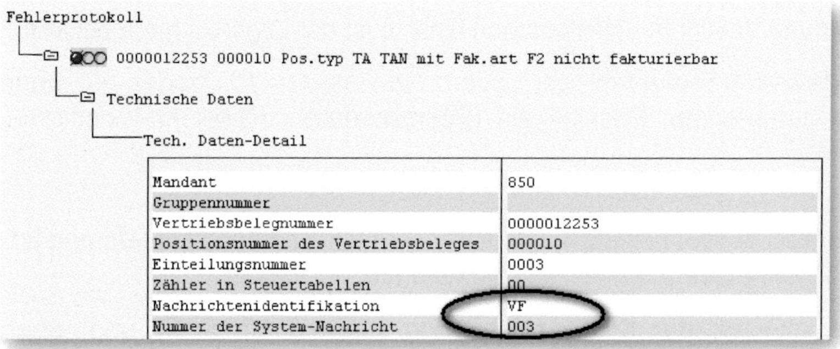

Mandant	850
Gruppennummer	
Vertriebsbelegnummer	0000012253
Positionsnummer des Vertriebsbeleges	000010
Einteilungsnummer	0003
Zähler in Steuertabellen	00
Nachrichtenidentifikation	VF
Nummer der System-Nachricht	003

Abbildung 12.3: Fehlerprotokoll bei der Fakturaerstellung

Meldung VF033: Der Vertriebsbeleg 80015259 existiert nicht.

Entweder Sie haben in diesem Fall eine Auftrags- bzw. eine Auslieferungsnummer angegeben, die nicht existiert (Tippfehler?), oder Sie haben gerade erst den Bezugsbeleg gesichert, und das System ist mit dem Prozess noch nicht komplett fertig. Warten Sie ggf. eine kurze Weile und probieren Sie es erneut.

Meldung VF050: Beleg 90036339 gesichert (Buchhaltungsbeleg nicht erstellt).

In diesem Fall hat das Anlegen der Faktura zwar geklappt, aber die Überleitung der Faktura an die Finanzbuchhaltung nicht – es wurde kein Buchhaltungsbeleg erstellt. Dies kann verschiedene Gründe haben, z. B. könnte ein Fehler in der Kontenfindung vorliegen oder eine Buchungssperre im Kundenstamm gesetzt sein (Menü bei der Kundenbearbeitung ZUSÄTZE • SPERRDATEN). Welches Problem in Ihrem Fall zutrifft, können Sie prüfen, indem Sie die Faktura im Änderungsmodus aufrufen (Transaktion *VF02*) und dann über das Menü FAKTURA • FREIGABE BUCHHALTUNG gehen. Es erscheint eine Fehlermeldung in der Statusleiste. Es ist ebenso möglich, dass die Fakturaart im Customizing eine Buchungssperre vorsieht. Dann wird über das Menü FAKTURA • FREIGABE BUCHHALTUNG der Buchhaltungsbeleg erstellt.

Meldung VF066: Für den Lieferschein ist der Warenausgang noch nicht gebucht.

Der Warenausgang fehlt noch – bitte buchen Sie diesen für die Lieferung, bevor Sie fakturieren.

Meldung VF197: LEB-Rückmeldung noch nicht oder noch nicht vollständig erfolgt.

Hier wird eine Lieferempfangsbestätigung erwartet, bevor die Faktura erstellt werden kann. Dies ist der Fall, wenn im Auftrag in den Kopfdaten, Reiter VERSAND das Häkchen im Feld LEB-RELEVANT gesetzt ist. Dieses Häkchen wird im Auftrag aus dem Warenempfänger übernommen (im Kundenstamm in den Vertriebsbereichsdaten, Reiter VERSAND, Häkchen LEB-RELEVANT). Um die Lieferempfangsbestätigung im System einzugeben, führen Sie die Transaktion *VLPOD* (SAP-Menü: LOGISTIK • VERTRIEB • VERSAND UND TRANSPORT • LIEFEREMPFANGSBESTÄTIGUNG • ÄNDERN EINZELBELEG) für Ihre Lieferung aus. Tragen Sie ein Datum für die Lieferempfangsbestätigung ein, und klicken Sie auf den Button (siehe Abbildung 12.4).

Abbildung 12.4: Eintragen der Lieferempfangsbestätigung

Meldung VF342: Der Beleg 0080015259 ist zurzeit in Bearbeitung.

Sie selbst oder ein anderer Benutzer bearbeiten gerade die Lieferung (z. B. mit der Transaktion *VL02N*) bzw. den Auftrag. Bitte beenden Sie selbst die Bearbeitung der Lieferung, oder warten Sie, bis der andere Benutzer fertig ist. Ggf. haben Sie auch zuvor dieselbe Lieferung oder einen Transportauftrag dazu gerade gesichert und die Verbuchung im Hintergrund dauert eine Weile – in diesem Fall probieren Sie es einfach nach einer kurzen Zeit noch einmal.

13 Ausblick

Ein Schnelleinstieg in die Vertriebsprozesse mit SAP SD kann nur einen Ausschnitt dieser mächtigen Funktionalität darstellen. Daher habe ich mich auf die aus meiner Sicht zentralen Themen beschränkt.

Sie haben in diesem Buch die in der Praxis weit verbreitete Terminauftragsabwicklung (Auftragsart *TA*) kennengelernt. Hat man hier die einzelnen Schritte und Zusammenhänge verstanden, kann man das Gelernte leicht auf andere Formen der Auftragsabwicklung übertragen.

Auf Basis der Terminauftragsabwicklung konnten wir uns den wichtigsten Funktionalitäten im SD-Umfeld wie Versandterminierung, Verfügbarkeitsprüfung, Preisfindung, Nachrichten und Unvollständigkeitsprüfung zuwenden. Nun ist es an Ihnen, die zahlreichen weiteren Funktionen als neugieriger und schon ein wenig SD-erfahrener SAP-Anwender zu erkunden (z. B. Materialfindung, Naturalrabatt, Stücklisten, Kreditprüfung, Bonusabsprachen, Chargenfindung, Dynamischer Produktvorschlag, Cross-Selling, ...).

Randthemen des Vertriebs wie die Vorverkaufsaktivitäten und die Reklamationsabwicklung haben wir kurz beleuchtet. Und schließlich durften auch die für den Verkauf wichtigsten Organisationseinheiten, Stammdaten (Kundenstamm, Materialstamm, Kunden-Material-Infosatz) sowie einige zentrale Auswertungen nicht fehlen.

Damit haben Sie das notwendige Rüstzeug, um sich professionell im SD-Umfeld zu bewegen. Hat man sich einmal mit der Funktionsweise von SAP vertraut gemacht, lassen sich neue Themengebiete und weitere Prozesse und Funktionalitäten leichter erarbeiten – ich hoffe, Sie konnten diese harte Nuss für sich knacken!

Beim Arbeiten mit SAP wird man niemals auslernen. Auch nach vierzehn Jahren Berufserfahrung mit SAP bleibt es für mich nach wie vor spannend. Bewahren auch Sie sich Ihre Neugierde, und lassen Sie sich von der Komplexität nicht abschrecken! In diesem Sinne wünsche ich Ihnen viel Erfolg bei der Vertriebsabwicklung mit SAP SD.

Sie haben das Buch gelesen und sind mit unserem Werk zufrieden? Bitte schreiben Sie uns eine Rezension für dieses Buch!

Unser Newsletter

Wir informieren Sie über Neuerscheinungen und exklusive Gratisdownloads in unserem Newsletter.

Melden Sie sich noch heute an unter *http://newsletter.espresso-tutorials.com*

A Die Autorin

Christine Kühberger fand den Einstieg in die SAP-Welt nach Abschluss ihres Informatikstudiums zunächst bei einem Global Player – hier übernahm sie in einem internationalen Rollout-Projekt an verschiedenen Standorten eine tragende Funktion.

Seit 2008 ist sie als selbstständige Beraterin und Dozentin für SAP SD und MM bei verschiedenen Unternehmen tätig. Neben der SAP-Beraterzertifizierung (SD und MM) bilden fundiertes Expertenwissen im Customizing, ABAP-Programmierkenntnisse und Expertise in Formular-, Workflow- und Schnittstellenentwicklung die fachliche Basis für ihre Arbeit.

Ihre Kommunikationsstärke setzt sie in diesem Buch ein, um auch komplexe Sachverhalte für den Leser verständlich und nachvollziehbar darzulegen.

B Index

C

D

E

F

L

M

N

W

Z

C Disclaimer

Die in diesem Werk wiedergegebenen Gebrauchsnamen, Handelsnamen, Warenbezeichnungen usw. können auch ohne besondere Kennzeichnung Marken sein und als solche den gesetzlichen Bestimmungen unterliegen. Sämtliche in diesem Werk abgedruckten Bildschirmabzüge unterliegen dem Urheberrecht der SAP SE, Dietmar-Hopp-Allee 16, 69190 Walldorf.

In dieser Publikation wird auf Produkte der SAP SE Bezug genommen. SAP, R/3, SAP NetWeaver, Duet, PartnerEdge, ByDesign, SAP BusinessObjects Explorer, StreamWork und weitere im Text erwähnte SAP-Produkte und Dienstleistungen sowie die entsprechenden Logos sind Marken oder eingetragene Marken der SAP SE in Deutschland und anderen Ländern. Business Objects und das Business-Objects-Logo, BusinessObjects, Crystal Reports, Crystal Decisions, Web Intelligence, Xcelsius und andere im Text erwähnte Business-Objects-Produkte und -Dienstleistungen sowie die entsprechenden Logos sind Marken oder eingetragene Marken der Business Objects Software Ltd. Business Objects ist ein Unternehmen der SAP SE. Sybase und Adaptive Server, iAnywhere, Sybase 365, SQL Anywhere und weitere im Text erwähnte Sybase-Produkte und -Dienstleistungen sowie die entsprechenden Logos sind Marken oder eingetragene Marken der Sybase Inc. Sybase ist ein Unternehmen der SAP SE. Alle anderen Namen von Produkten und Dienstleistungen sind Marken der jeweiligen Firmen. Die Angaben im Text sind unverbindlich und dienen lediglich zu Informationszwecken. Produkte können länderspezifische Unterschiede aufweisen.

Der SAP-Konzern übernimmt keinerlei Haftung oder Garantie für Fehler oder Unvollständigkeiten in dieser Publikation. Der SAP-Konzern steht lediglich für Produkte und Dienstleistungen nach der Maßgabe ein, die in der Vereinbarung über die jeweiligen Produkte und Dienstleistungen ausdrücklich geregelt ist. Aus den in dieser Publikation enthaltenen Informationen ergibt sich keine weiterführende Haftung.

Weitere Bücher von Espresso Tutorials

Ilona Bauer:

Preisfindung und Konditionstechniken in SAP® SD

- Grundlagen der Preisfindung in SAP ERP
- Umsetzung eigener Preisfindungsstrategien
- Konditionstechniken in der Preisfindung
- Analyse der Preisfindung

http://5039.espresso-tutorials.com

Jürgen Stuber, Jörg Siebert:

Umsatzsteuer mit SAP® ERP im internationalen Warenverkehr

- rechtliche Rahmenbedingungen und Systematik der Umsatzsteuer
- Meldewesen, Buchungen und Customizing in SAP ERP
- Handhabung grenzüberschreitender Warenlieferungen
- Umsatzsteuertheorie, kombiniert mit SAP-Einstellungen

http://4037.espresso-tutorials.de

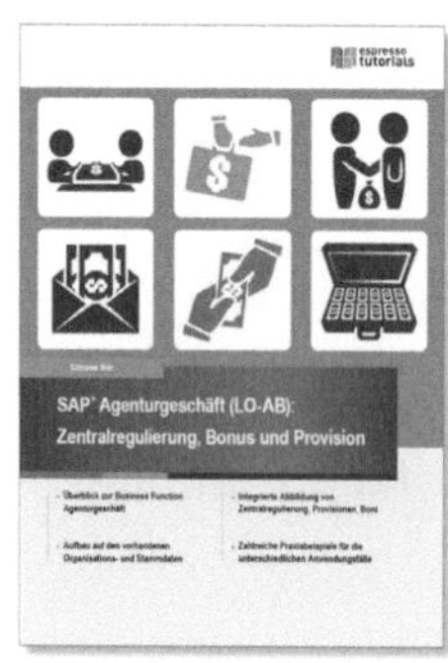

Simone Bär:

SAP® Agenturgeschäft (LO-AB): Zentralregulierung, Bonus und Provision

- das leistet die Business Function »Agenturgeschäft«
- Aufbau auf den vorhandenen Organisations- und Stammdaten
- integrierte Abbildung von Zentralregulierung, Provisionen, Boni
- Praxisbeispiele für verschiedenste Anwendungsfälle

http://5061.espresso-tutorials.com

Markus Frey:

Schnelleinstieg in SAP® CRM

- Stammdatenverwaltung und bereichsrelevante Funktionalitäten
- Architektur und Konzepte der Datenhaltung
- CRM-eigenes webbasiertes Userinterface
- Beispielprozesse und Erweiterungsmöglichkeiten

http://5197.espresso-tutorials.de

Kerstin Velhorst:

Außenhandel mit SAP® GTS – Der Leitfaden für Anwender

- grundlegende zoll- und außenwirtschaftliche Kenntnisse
- Ausfuhrkontrolle mit dem Compliance Management
- Embargo- und Sanktionslistenprüfung
- produktbezogene Prüfung mittels »Gesetzlicher Kontrolle«

http://5212.espresso-tutorials.de

Ulrika Garner:

SAP® SD – Vertriebsprozesse leicht gemacht

- 32 Videos mit einer Gesamtlaufzeit von 3 h
- Grundlagen, Stammdatenpflege, Auftragsabwicklung
- Vertriebsbelege und Kundenauftragsinformationen abrufen
- mit interaktiven Übungen zum nachhaltigen Lernen

http://5220.espresso-tutorials.de